优秀医疗建筑作品集

EXCELLENT HOSPITAL ARCHITECTURE

中国勘察设计协会高等院校勘察设计分会
医院与养老建筑学术联盟 策划
江立敏等 编

广西师范大学出版社
·桂林·

策划：中国勘察设计协会高等院校勘察设计分会

医院与养老建筑学术联盟

主编：江立敏

副主编（排名按姓氏拼音）：曹伟、陈剑飞、王健、徐更、薛铁军、姚红梅、周智伟

FOREWORD
/
序 言

孟建民 /
中国工程院院士

随着党的十九大重要方针“实施健康中国战略”的提出，“以人民健康为中心”的理念已深入落实到健康行业的各项领域，医养行业的建设者与管理者也积极响应国家政策，投身到一线工作中。如今，随着 5G 时代的到来，智慧医院的概念将被重塑，医疗大数据、人工智能等新技术、新方法都将迭代更新，我国的医疗建设事业已进入高速发展的新纪元。医院建设者必须创新管理模式和设计理念，以迎接新的探索与实践。

高校设计院是我国勘察设计行业中颇具代表性的一支队伍，有着独特的“产学研”一体化特征，在几十年的发展过程中，逐步成为医疗建设事业的举旗者。高校设计院依托学院资源等优势，秉承学院派对建筑创作的方法论与精研创新的传统，将设计问题和学术研究相结合，积极参与医疗类项目的探索实践。近十年来，高校设计院在该领域已经取得了可喜的成绩。

为了加强行业内医疗建设的学习与交流，顺应国家“医改”创新发展的总体趋势，中国勘察设计协会高等院校勘察设计分会于 2019 年 4 月成立了“医院与养老建筑学术联盟”。该联盟由清华大学建筑设计研究院有限公司、天津大学建筑设计研究院、东南大学建筑设计研究院有限公司、同济大学建筑设计研究院（集团）有限公司、浙江大学建筑设计研究院有限公司、华南理工大学建筑设计研究院、哈尔滨工业大学建筑设计研究院和重庆大学建筑规划设计研究总院有限公司 8 家高校设计研究院组成，并筹划出版《优秀医疗建筑作品集》。本书作为一部专业性学术书籍，收录了多家高校设计院近年来的优秀医疗建筑成果，以分享精选案例为契机，为促进我国医疗建筑设计的发展与提升贡献力量。

《优秀医疗建筑作品集》提供的精彩案例，包含了对当前医疗设计领域的新规划、新理念、新技术的理解，更展示了高校设计院的创作思路与手法，体现其解决复杂医疗设计及工艺问题上的技术和能力。随着人口老龄化时代的到来，人民对优质医疗资源的诉求不断高涨，高校设计院将面临更多的挑战。我真心期待他们能够继续发扬自身优势迎难而上，在此领域不断耕耘、积极创新，创建出更多高水平的医院！

孟建民

CONTENTS
/
目 录

本书由同济大学建筑设计研究院（集团）有限公司负责版式确定、征稿统筹、联系出版等事宜，能够在较短时间内高质量地编辑出版，要感谢中国勘察设计协会高等院校分会的指导，尤其要感谢孙光初副会长兼秘书长的提议和全程指导，感谢各兄弟高校设计院领导和同仁的大力支持，特别感谢我的同事周亮、王鑫、杨一秀的全程策划和不辞辛劳的跟踪落实，感谢同济设计集团王健总裁的悉心指导。

同济大学建筑设计研究院（集团）有限公司党委副书记、副总建筑师
中国勘察设计协会高等院校勘察设计分会医院与养老建筑学术联盟主任
江立敏

丹东市第一医院（一期工程）

DANDONG FIRST HOSPITAL (PHASE 1)

清华大学建筑设计研究院有限公司

丹东市第一医院始建于 1927 年，至今已有 90 年的历史，经数代人的不懈努力，已成为该市一所技术力量雄厚，集预防、医疗、教学科研为一体的三级甲等综合性医院。但是医院门诊和住院部长期分离，给医院运营和发展带来了巨大的障碍。同时，随着市场竞争的日益激烈，原有的医院设施已经不能满足市民不断提高的医疗需求、医疗环境急需改善。

■ 总平面图

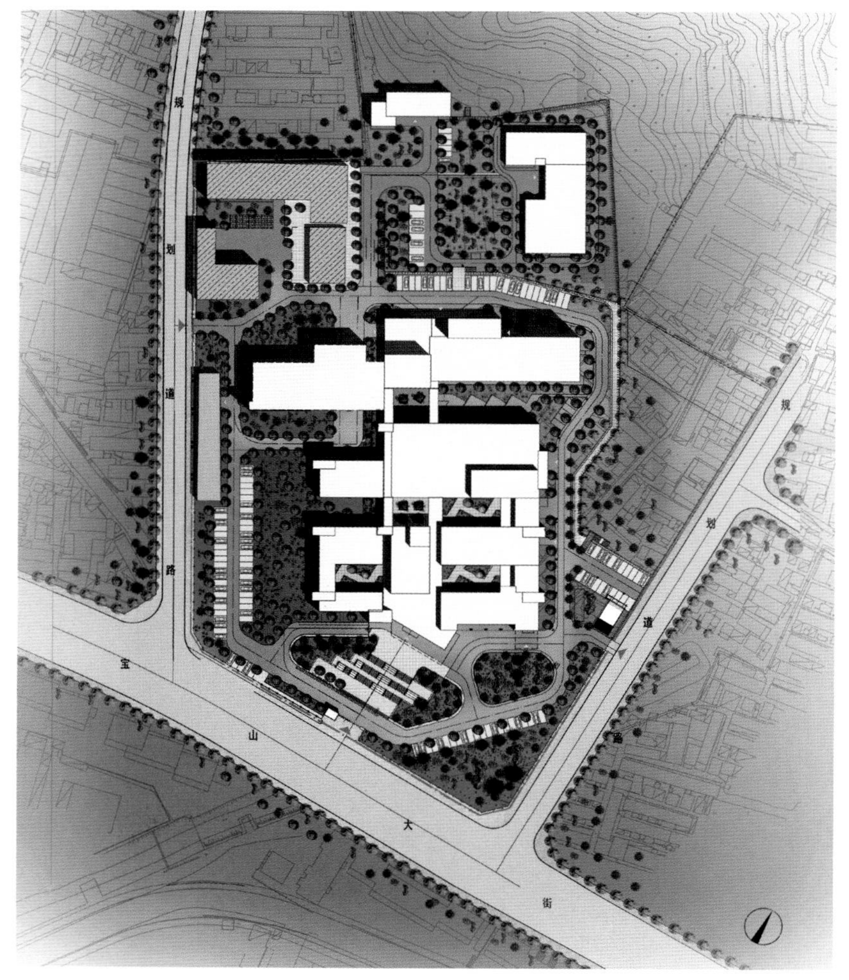

01

辽宁省丹东市 / 项目地点
佐藤综合计画（日本）/ 合作单位
2005 年 / 设计时间
2008 年 / 建成时间
65 300 平方米 / 用地面积
29 941 平方米 / 建筑面积
333 床（一期）/ 床 位 数
框架结构建筑 / 结构形式
地上 8 层 / 层　　数
庄惟敏、方云飞 / 总 负 责
方云飞、胡珀、成旭东 / 建筑专业
任晓勇 / 结构专业
徐青、王磊、崔晓刚、贾昭凯 / 设备专业

01 / 主入口实景

02 / 住院部入口立面

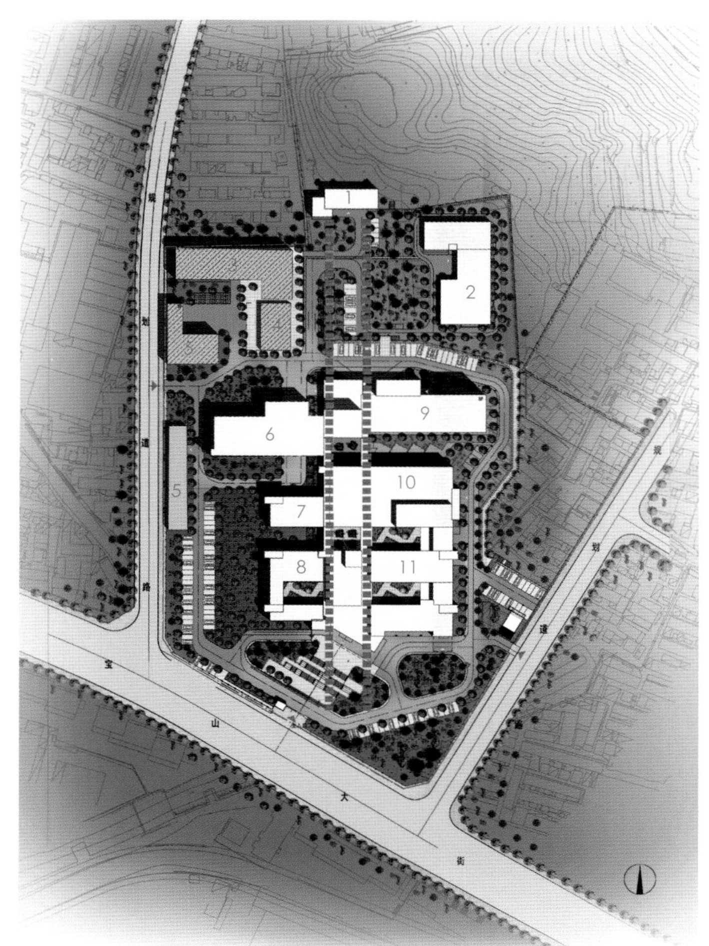

1 特需康复区
2 动力中心
3 外科楼（保留）
4 放疗中心（保留）
5 医技楼（保留）
6 二期 C 段：病房扩展
7 二期 B 段：医技扩展
8 二期 A 段：门诊扩展
9 一期 C 段：病房楼
10 一期 B 段：医技楼
11 一期 A 段：门急诊楼

■ 双轴发展模式

先进的双轴发展模式

“双轴”的理念是新医院建设和发展的核心思想。设计改变传统医院单轴通道的模式，以两条轴线贯穿医院，作为联系各部门的交通空间。两轴之间设置核心医技单位，服务于医院的一期以及未来的二期。

双轴理念给医院建筑的生长带来了极大的便利，一、二期的衔接将更加灵活，二期可以根据需要在西轴的不同位置接入，甚至医院远期医疗功能的接入也非常方便，任何医疗功能的接入都不影响整个医疗构架的完整性。分期实施降低了一次性投资的风险，同时给医院的建设留有余地。医院可以根据运营和市场的情况，有机地调整和组织二期的医疗功能单元，与一期的医疗单元进行整合，使医院发展更具弹性。

双轴的植入大大削弱了二期建设对一期的影响，西轴本身也是一种屏障，将二期的噪声、污染等不利因素加以隔绝，充分保障一期的顺利运转。

轴线的设计十分自由，宽度可以根据功能和人流加以调整。一期东轴由南向北逐渐变窄，局部结合庭院扩大为候诊区等停留空间，二期西轴同样可根据功能将宽度进行收放处理，东西双轴将被打造成极富特色的医院空间。

具有人文气质的建筑形象

建筑师着力改变医院惯用的白色或者暖灰色调的形象，以四种色差的红色面砖按一定的比例拼贴为主要的建筑饰面，配合玻璃和金属，力求打造一种具有人文气质的医疗建筑。

医院的外立面设计对红砖进行了多样的表达：裙楼的红白体块搭配强调了经典的节奏和变化，病房楼南立面跳跃的砖带和白色线条的穿插大大弱化了建筑体量，而病房楼北立面更加注重体量感和虚实的搭配，带形长窗和空调挑板成为立面自然的构成元素。

大气而丰富的景观设计

综合考虑医院的使用特征，建筑师积极利用自然采光和通风。院落的引入不仅打破了东西轴线的长线条带来的疲劳性，美化了医院的环境，而且对各个单元的通风起到了积极的作用。

场地的高差变化为景观设计提供了便利，建筑入口缤纷的花台和喷泉水景形成了大气而丰富的景观层次；建筑东侧平台

02

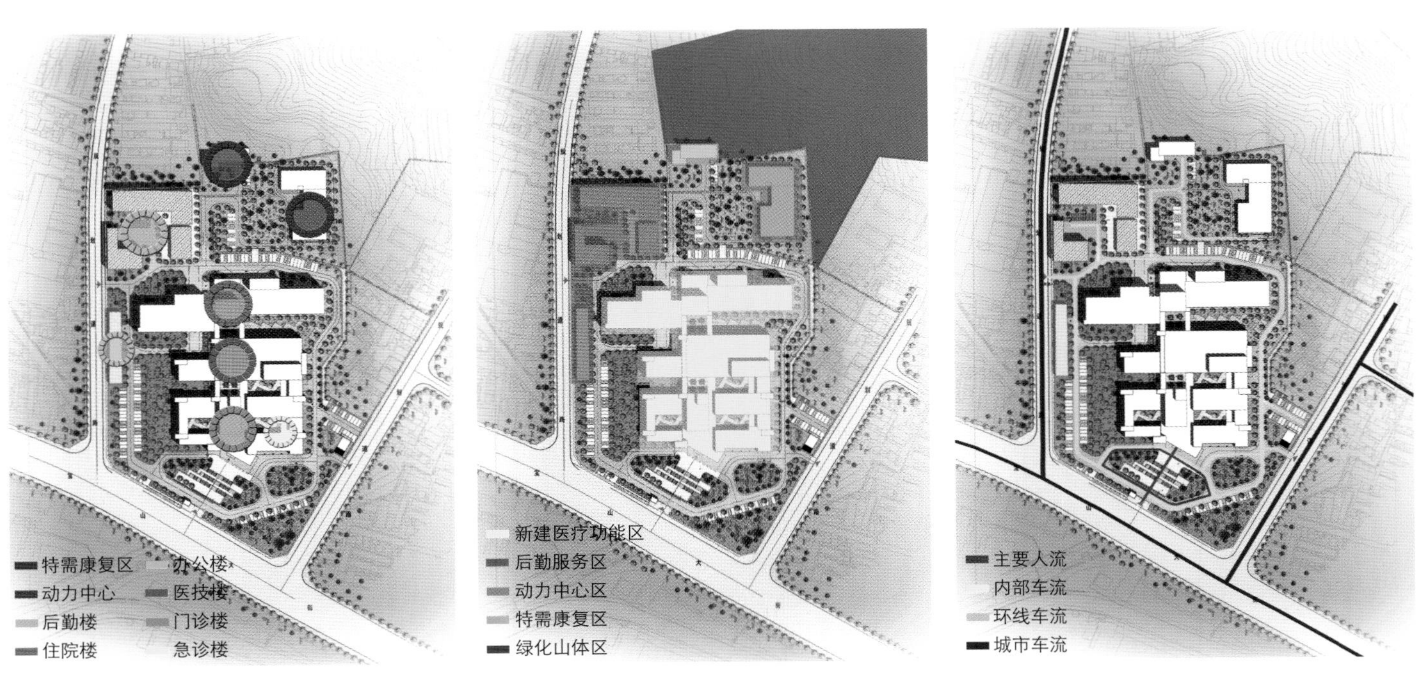

特需康复区
动力中心
后勤楼
住院楼
办公楼
医技楼
门诊楼
急诊楼
新建医疗功能区
后勤服务区
动力中心区
特需康复区
绿化山体区
主要人流
内部车流
环线车流
城市车流

■ 功能分析

03

03 / 住院部立面
04 / 东侧立面

结合地形形成了起伏的绿丘景观系统，绿树掩映下的医院分外亲切自然；北侧的缓坡山体公园成为病人的康复乐园。

人性化的建筑尺度

医院的室内设计力求贴近患者，大厅简洁通透，以暖灰色烧毛石材为主，配合局部磨光处理，体现了微妙的细节变化。空间设计利用地面和天花板相互呼应的导向转折设计，配合深色石材的提示，巧妙地将人流在入口处进行引导转折，同时也丰富了地面和天花板的设计。

门诊单元的设计强调空间的归属感、识别性和舒适感，从单元入口到护士站，每一个门诊单元都采用了不同的颜色。此外，建筑师还巧妙地利用柱子及地面铺装形成舒适且便捷的门诊等候空间。

不同单元功能的等候空间设计是室内设计的重点，无论是药房的候药区域，还是影像中心的等候空间，都在强调自然空间的渗透及联系。

04

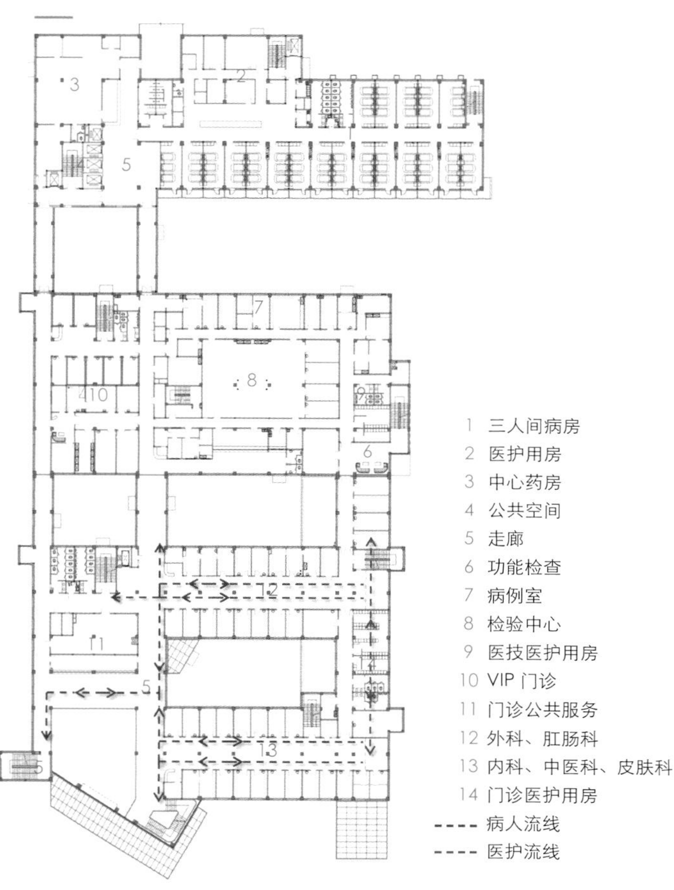

■ 二层功能平面图

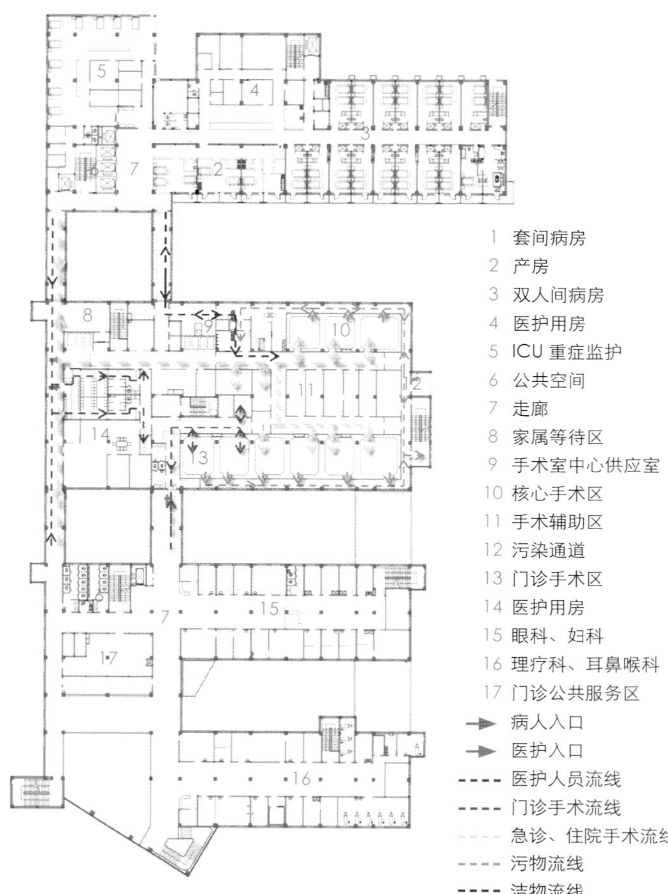

■ 三层功能平面图

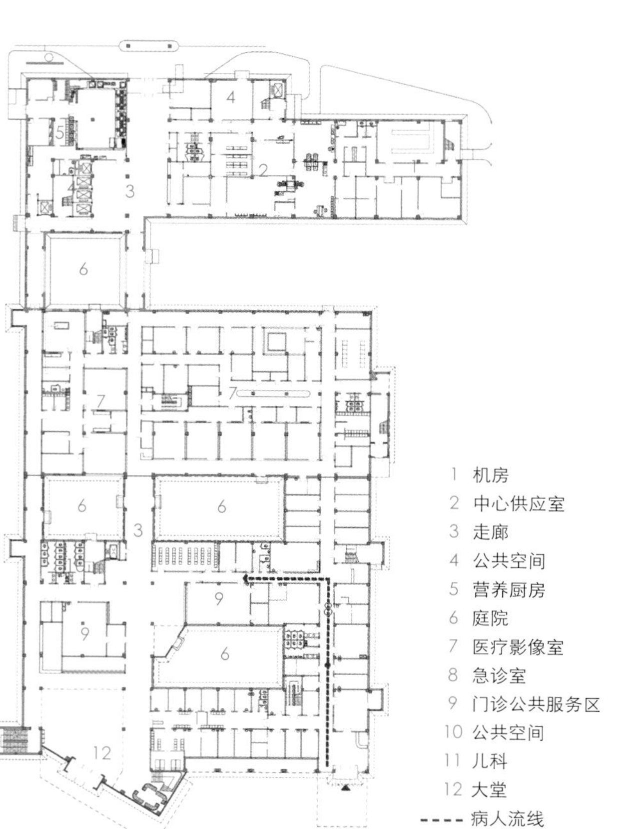

■ 一层功能平面图

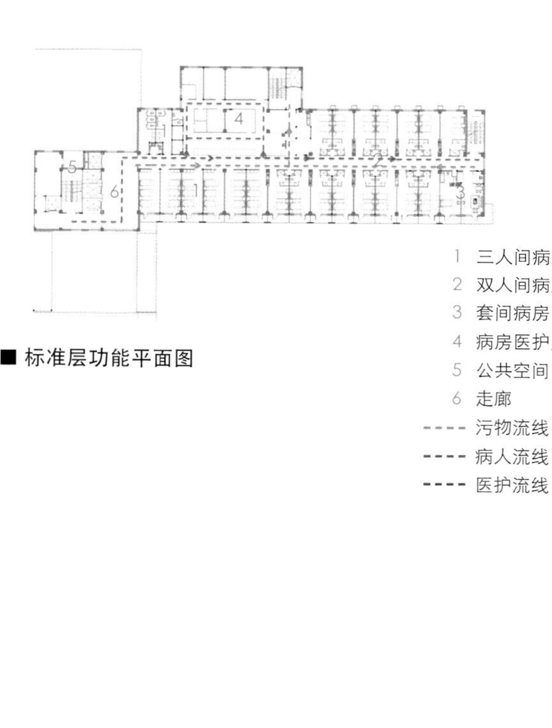

■ 标准层功能平面图

05 / 入口侧山墙
06 / 主入口
07 / 入口大厅

承德医学院附属新城医院

AFFILIATED HOSPOTAL OF CHENGDE MEDICAL UNIVERSITY

清华大学建筑设计研究院有限公司

承德医学院附属新城医院位于河北省承德市双桥区，东、西、南均为规划道路。总用地面积 53 800 平方米，建筑面积 122 985 平方米，设有 1200 个床位。其中，1 号、2 号病房楼为 17 层，建筑高度 70.5 米；3 号门诊楼为 4 层，建筑高度 19.95 米；4 号综合楼为 8 层，建筑高度 33.9 米。

■ 总平面图

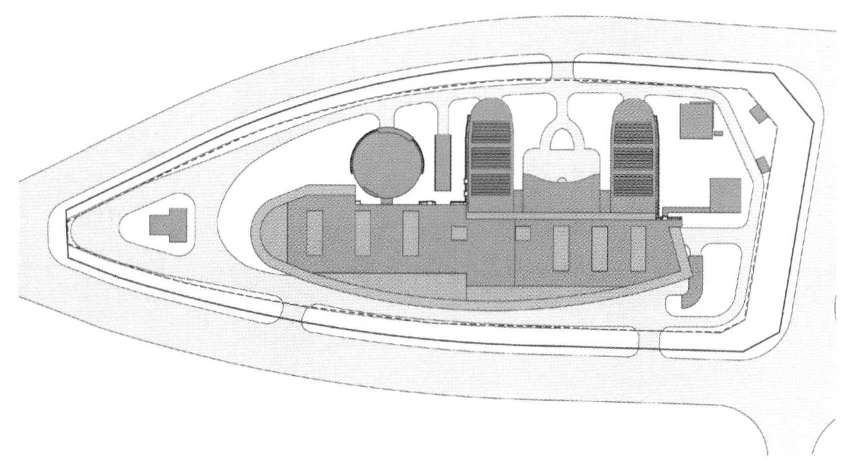

01

河北省承德市 / 项目地点
2009 年 / 设计时间
2016 年 / 建成时间
53 800 平方米 / 用地面积
122 985 平方米 / 建筑面积
1200 床 / 床 位 数
框架 - 剪力墙结构建筑 / 结构形式
地上 17/4/8 层 / 层　　数
方云飞 / 总 负 责
方云飞、梁增贤、张葵、张伟 / 建筑专业
李剑、刘彦生、王彩玲 / 结构专业
刘程、徐京晖、刘丽红、刘素娜、黄景峰、华君、王一维、周溯 / 设备专业

01 / **主入口实景**

02 / 北立面
03 / 鸟瞰图

高效铺陈，界面展开

约 130 000 平方米的建筑沿南北向铺展开来，门诊、急诊及医技部门分布在总长 240 米的四层裙房系统中，充分利用场地的面宽，进行人流疏导和分散。结合场地的南北入口，急诊、普通门诊、儿科和特需及感染门诊的入口沿裙房长廊依次展开。在裙房东侧，一幢 8 层的圆形体量和两幢 17 层的船形体量分别为办公单元和病房单元。办公、透析、住院及食堂的出入口分别布置在场地的东侧。

双轴动脉，医患共享

建筑在整体的动线布置上并没有采用简单的“医疗街”的模式，而是采用“一外一内”两条轴线将医院错综复杂的医疗功能串接起来。外轴面向就医人员，宽度从 20 米到 10 米不等，也可以说是一个个独立功能大厅的串联体；内轴以医护人员的使用为主，总宽 4 米，兼具部分医疗功能及住院病患的院内流动的功能。外轴外侧连接门急诊等各种对外的出入口，内轴内侧衔接各种内部及后勤出入口，内外轴布置联系密切的门

02

03

■ 入口功能分析

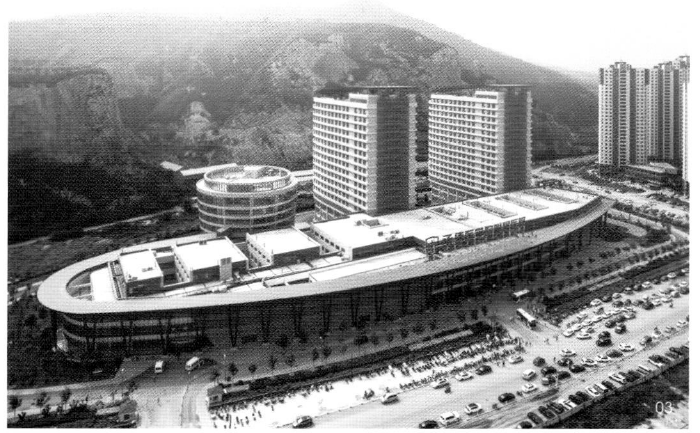

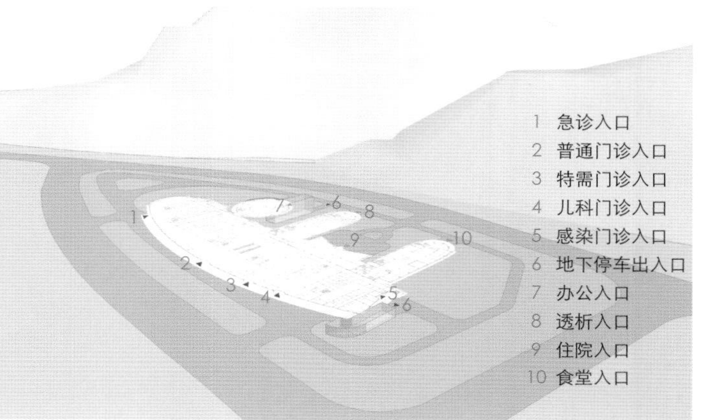

1 急诊入口
2 普通门诊入口
3 特需门诊入口
4 儿科门诊入口
5 感染门诊入口
6 地下停车出入口
7 办公入口
8 透析入口
9 住院入口
10 食堂入口

附 院
医院
AL UNIVERSITY

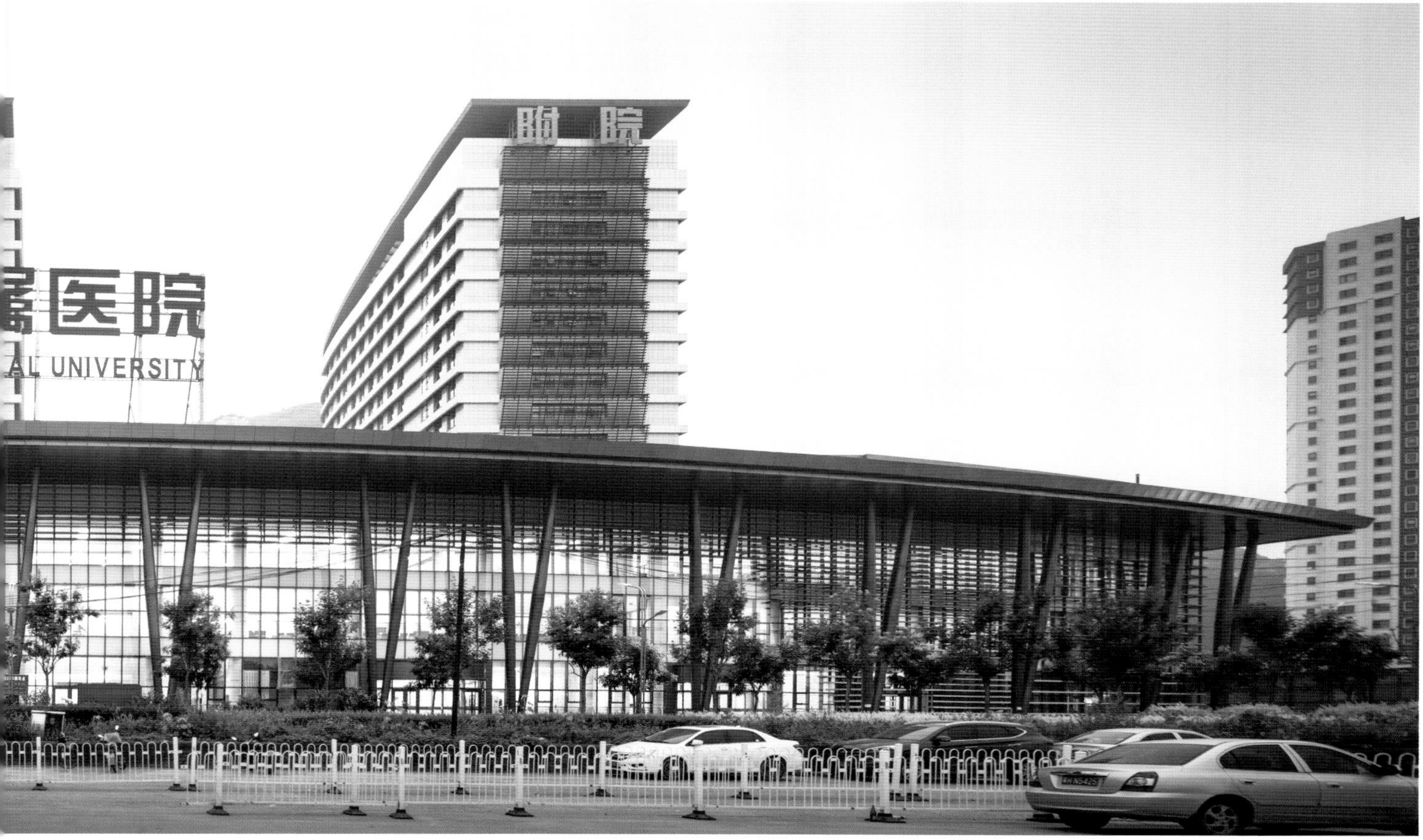

04 / 南立面入口

急诊及医技单元，保证就医人员及医护人员由外轴和内轴分别进入医诊单元，互不干扰。

弹性变化、适应生长

医院的设计需要高度适应随时可能发生的满足患者需求和医护调整的功能变化，尤其是在门诊及医技单元，功能的调整和变化在整个医院的运营周期内可能不会停止，建筑设计要通过多种措施来适应这种调整和变化。

在充分考虑结构经济性的基础上，该设计尽可能提供大跨度的结构模数，医院的门急诊及医技单元整体构造的模数为8~10米，室内尽可能采用轻质隔断。层高被适度增加，首层至四层的层高分别为5.4米和4.5米。地下两层设置大型医技设备，层高均为6米。

独具特色的“串堂”空间

外轴是空间打造的重点，虽说外轴的长度近200米，感觉像线形空间，但实际是由不同尺度和功能的多个大堂空间串接而成。整体由中间向两侧收缩的造型不是简单地适应场地，而是结合人流量递减自发形成的空间尺度变化，由人流量最大的普通门诊大厅，自发地向医技、儿科、特需等功能区疏解，形成一种整合病患流动的空间特色。堂与堂之间以墙隔、以门通，实现不同大堂在功能上的相对独立性。不同的门诊大堂空间配置不同的空间设计，打造出新城医院独具特色的“串堂”空间。

船形布局的护理单元

在整个新城医院的建筑版图上，两艘17层的“巨轮”是医院功能的重中之重——病房楼。26个1650平方米的标准护理单元为医院提供了800~1100张床位的弹性变化空间。船形护理单元布局是一种复廊和单廊相结合的平面形态，和“方舟”之理念契合的同时，也很好地与医疗工艺相匹配。“船尾”宽大，结合电梯、护理站及医护独立办公区，形成高效的核心区域。“船芯”内核布置了处置治疗等医疗功能，两侧病房沿“船舷”展开，布置三人、二人及单人间，“船头”大空间作为集中活动区。由于船头逐渐入缩，所有病房都在护士站的视线之中，形成高效的护理模式。

界面友好的表皮语言

精细化的表皮处理让建筑的界面变得细腻而丰富，设计在灰白色调之间，无论对石材、玻璃或是金属，都进行精准的控制，从而消磨了建筑的棱角，弱化了建筑的体量。

裙房超长的体量通过34根V形钢柱支持檐廊的设计得以分段化解，不同的入口展于檐廊之间，形成鲜明的节奏。玻璃幕墙外的灰色栅栏高低起伏，颜色由顶至底深浅变化，在檐廊下流动。

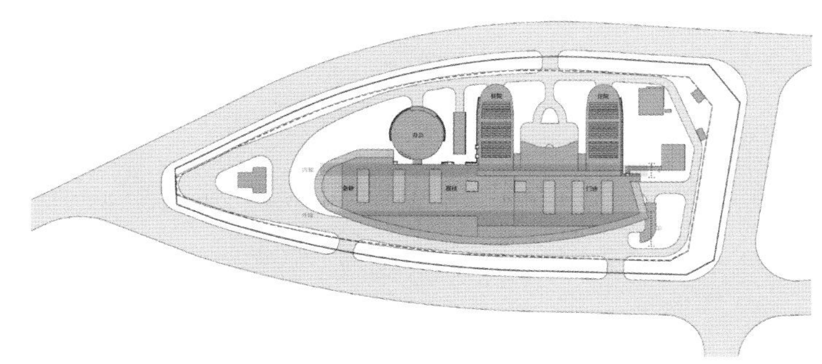

■ 双轴功能模式

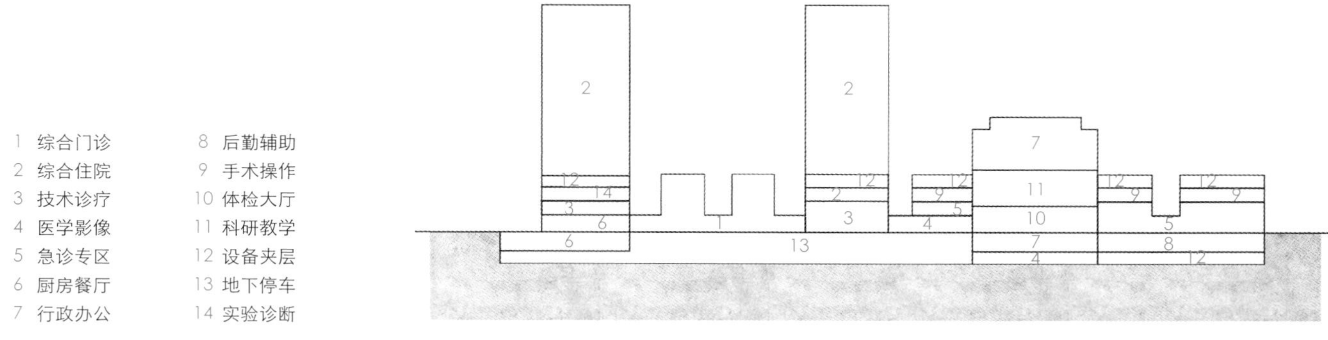
1 综合门诊
2 综合住院
3 技术诊疗
4 医学影像
5 急诊专区
6 厨房餐厅
7 行政办公
8 后勤辅助
9 手术操作
10 体检大厅
11 科研教学
12 设备夹层
13 地下停车
14 实验诊断

■ 剖面功能分析

04

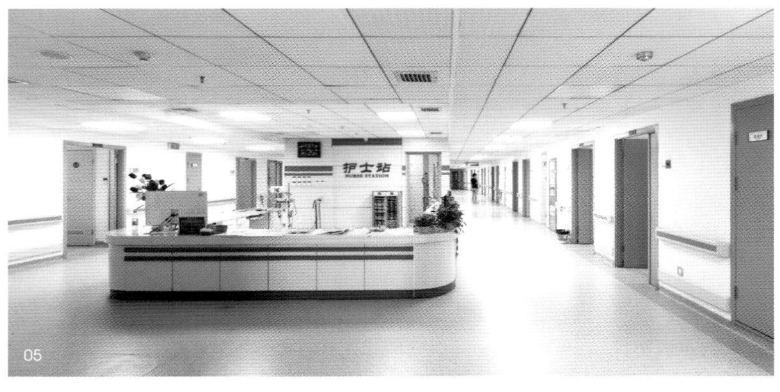

05

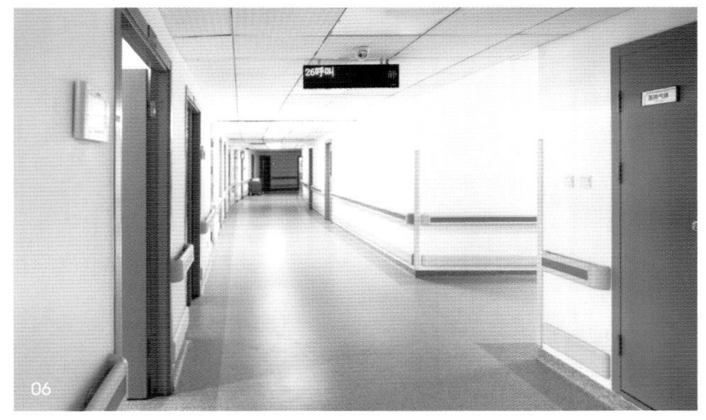
06

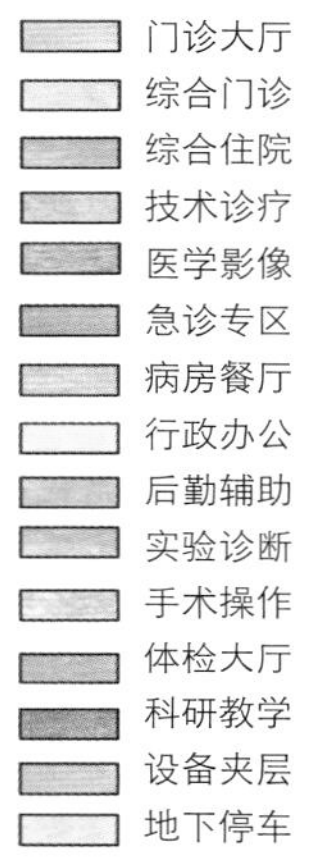

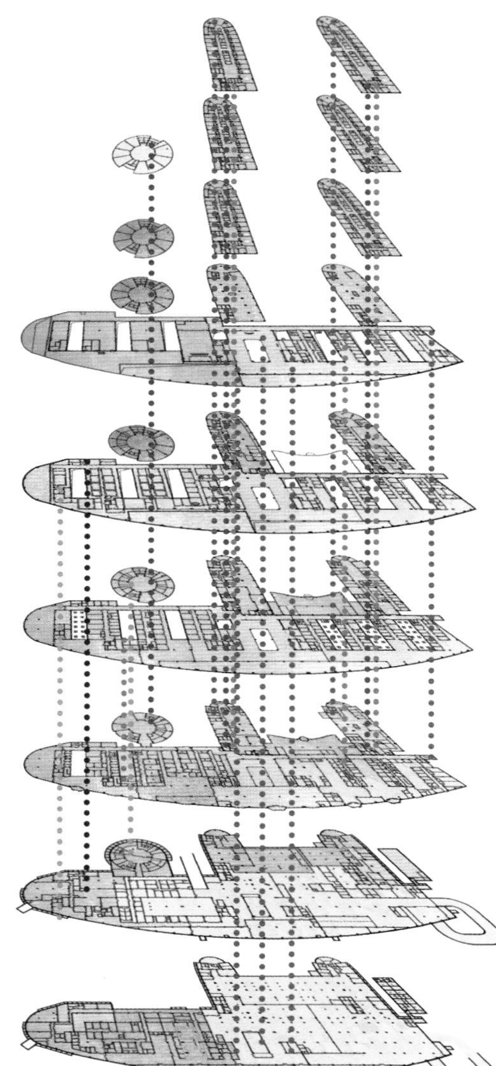

9~18 层 综合住院

6~9 层 综合住院、行政办公

5 层 综合住院、科研教学

4 层 门诊大厅、综合门诊、科研教学、设备夹层

3 层 门诊大厅、综合门诊、综合住院、手术、实验诊断、科研教学

2 层 门诊大厅、综合门诊、综合住院、急诊、技术诊疗、体检

1 层 门诊大厅、综合门诊、综合住院、医学影像、急诊、技术诊疗、餐厅、体检

负一层 停车场、行政办公、设备、后勤辅助、体检、厨房

负二层 停车场、技术诊疗、设备

门诊患者流线
住院患者流线
急诊患者流线
公众探视流线
医护人员流线
洁物流线
污物流线
科研办公
体检流线

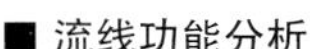

■ 流线功能分析

07

05 / 病房楼室内
06 / 门诊楼室内
07 / 南侧大厅
08 / 立面细部

08

清华大学长庚医院一期工程

CHANGGUNG HOSPITAL OF TSINGHUA UNIVERSITY
（PHASE Ⅰ）

清华大学建筑设计研究院有限公司

清华大学长庚医院是一所新建的三甲综合医院，位于北京市天通苑地区，总用地面积为 94 900 平方米，设计规模为 1500 床，项目分两期实施建设。本项目为一期工程，包括 1 号门诊住院楼、2 号动力中心楼、3 号医疗综合楼，总床位数 1000 床。医院的建设是清华大学医学院可持续发展战略的重要举措之一，对北京市西北部地区的医疗卫生事业的发展同时具有积极的战略和现实意义。

根据基地形状、周边关系和建筑分期要求，该项目坚持可持续发展、整体协调、高效运转、绿色环保和以人为本的设计原则，以为病人和医护人员提供舒适、优美、方便的环境为宗旨，合理分期并区分医护人流、健康人流和病患人流。

■ 总平面图

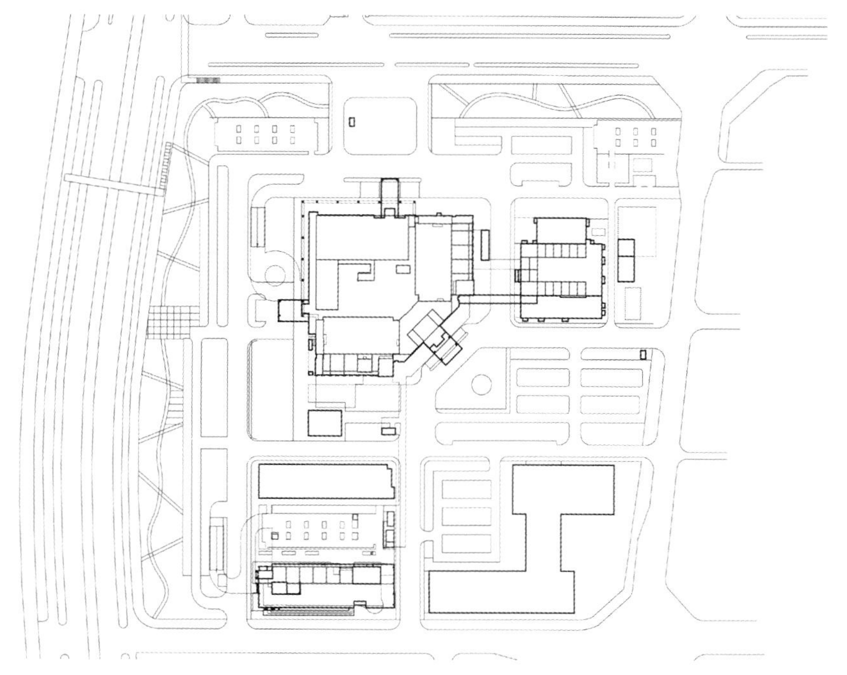

01

北京市 / 项目地点
2009 年 / 设计时间
2014 年 / 建成时间
94 900 平方米 / 用地面积
147 000 平方米 / 建筑面积
1000 床（一期）/ 床 位 数
钢筋混凝土框架抗震墙结构 / 结构形式
地上 13 层，地下 2 层 / 层　　数
刘玉龙、姚红梅 / 总 负 责
胡珀、王彦、许原象 / 建筑专业
李果、经杰、蔡维新 / 结构专业
徐青、贾昭凯、王磊、崔晓刚、刘福利、于丽华、韩佳宝 / 设备专业

01 / 南立面实景

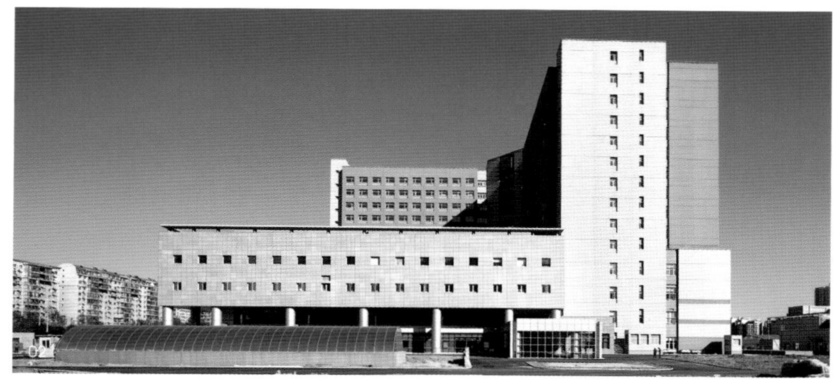

高效的空间利用

该项目没有采用近年来国内大型综合医院通用的医疗街模式，而是一种强调平面紧凑、流线最短的集中式布局，除了门诊住院楼首层的公共大厅，主要医疗空间均以 4 米宽的主通道相连。设计以布局紧凑、流程便捷为首要要素，因此多数诊室没有外窗，普遍依靠机械设备进行通风和采光，这也是长庚医院与国内其他大多数医院在建设理念上的差异之一。项目的经济核算结果显示，紧凑的布局可以有效减少运营成本，而长庚医院倡导的正是一种高性价比的大众服务，医院空间模式的选择实际是综合考量土地价值、建设成本、运营成本与医疗感控的结果。

灵活的弹性空间

医院是一类较复杂的建筑，医疗流程、感控要求、专业化设备等使医院空间的改造难度相当大，但医疗技术、理念的进步和社会需求的变化又使医院建筑空间的调整和改造成为一种常态。清华长庚医院也在设计过程中优先考虑了使用空间的灵活性与未来的可改造性，包括设置单独的动力中心、同层水平走线的设备排布方式、大进深病房的设置等。

切实的人文关怀

长庚医院的空间设置不贪大求洋，而是做到无处不在的体贴细致。空间布局虽然紧凑，但是患者候诊、就医的空间力求

■ 一号楼东南立面图

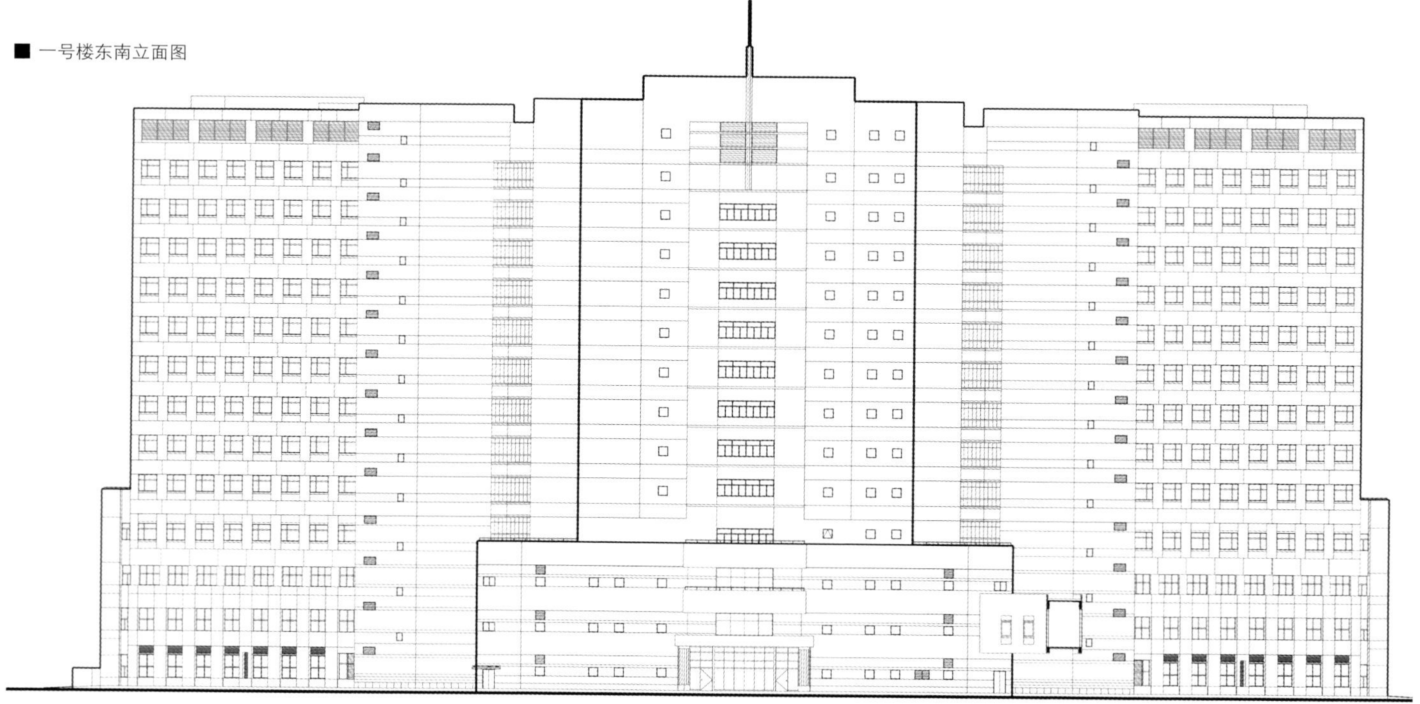

02 / 西侧实景
03 / 住院中心入口

03

04 / 门诊入口
05 / 大厅挂号缴费处
06 / 首层入口大厅

宽敞明亮，室内环境设计以暖色调软质装修材料为主，形成温馨亲切的就诊环境。无障碍设施、导向标示系统等均考虑周到，充分体现了人文关怀。

设计团队对长庚医院设置的保健、美容、心理咨询等新兴科室也做了特别的考量。保健康复、健康咨询等服务性科室布置在首层重要的位置，而美容科则设有专门的出入通道及单独的接待房间，满足就诊者的私密性要求。

此外，医疗中心楼的首层及地下一层布置有各种服务设施，如便利店、水果鲜花店、医疗用品店、书店、美食街、茶室、连锁咖啡馆、快餐店等，让患者获得不一样的就医体验，降低就医的心理压力。

清华校园的建筑传统

“红区”是清华校园的核心空间，以红砖建筑围合，形成宜人的空间环境。长庚医院的设计继承了清华校园的传统，以红色涂料作为外立面主色调，形成温馨、亲切的就医环境。

06

■ 剖面图

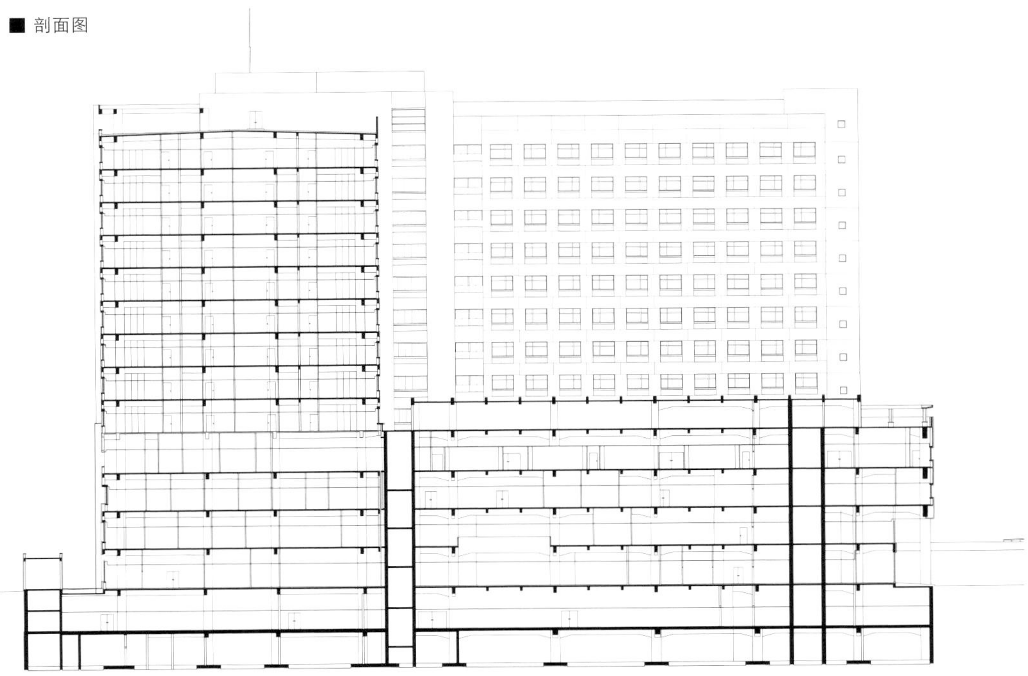

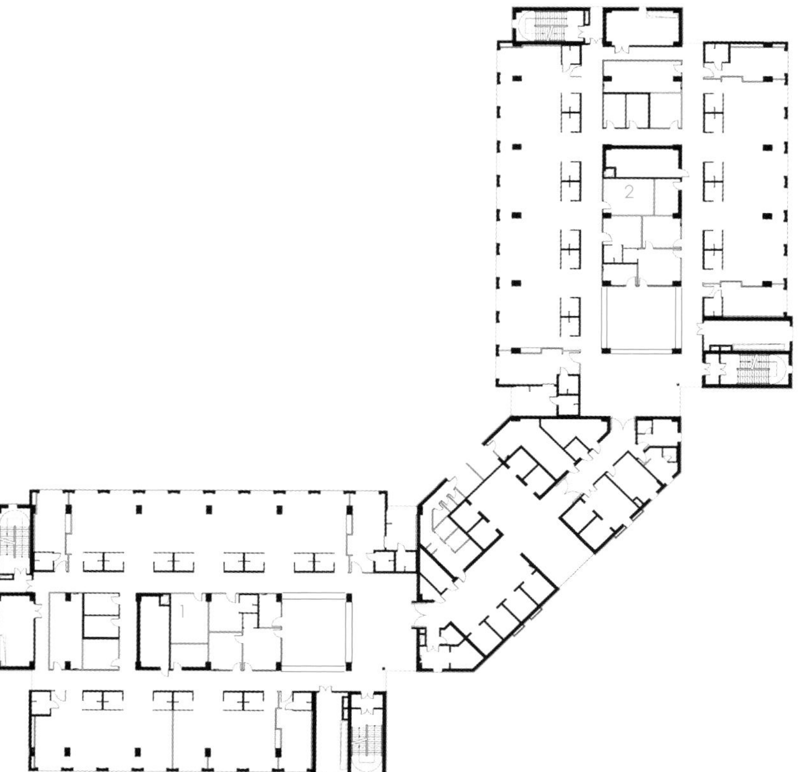

■ 一号楼十层平面图

1 护理单元 A(49 床)
2 护理单元 B(49 床)

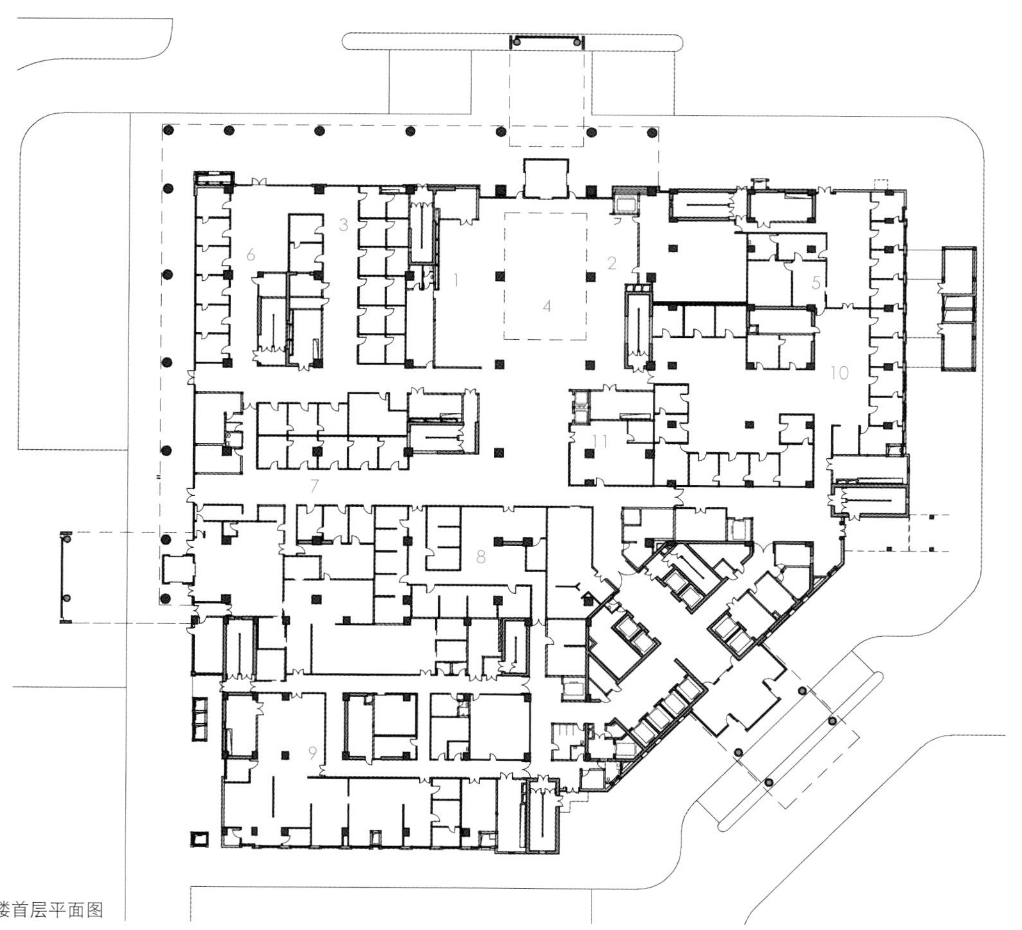

■ 一号楼首层平面图

1 挂号 / 交费处
2 取药处
3 妇科
4 中庭
5 呼吸内科
6 整形科
7 儿科
8 超声科
9 急诊
10 一般门诊
11 出院中心

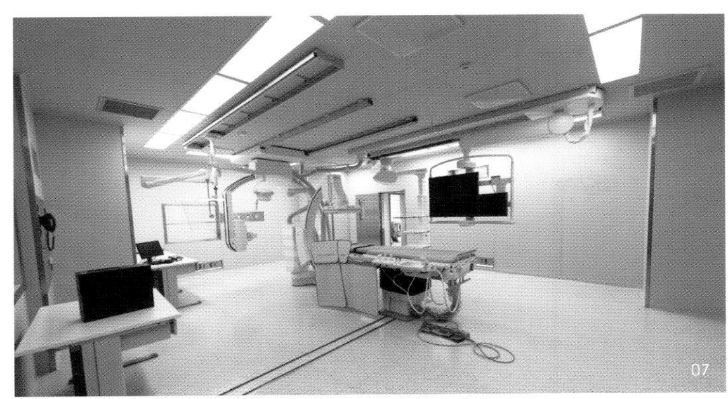

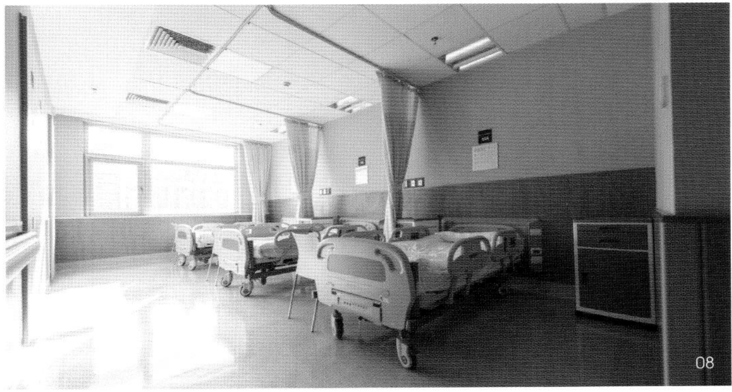

07 / 手术室
08 / 病房
09 / 多媒体室

北京老年医院

BEIJING GERIATRIC HOSPITAL

清华大学建筑设计研究院有限公司

北京老年医院地处中关村高科技园区，位于西山脚下，京密引水渠畔，颐和园西北方向，地理位置优越，院区总用地 163 200 平方米。

该项目为北京老年医院新建的医疗综合楼，包括医技、住院以及医疗后勤辅助设施。新建的医疗综合楼位于院区南部，分为主楼、副楼两部分，通过连廊相连。主楼为病房、医技用房，副楼为医技、手术及科研教学用房。总建筑面积 366 423 平方米，其中地上 26 908 平方米，地下 9735 平方米。建筑层数为地上 4 层，地下 1 层，主体高度为 17.1 米，局部坡屋顶 20 米，病床数为 400 床，手术室为 8 间。

■ 总平面图

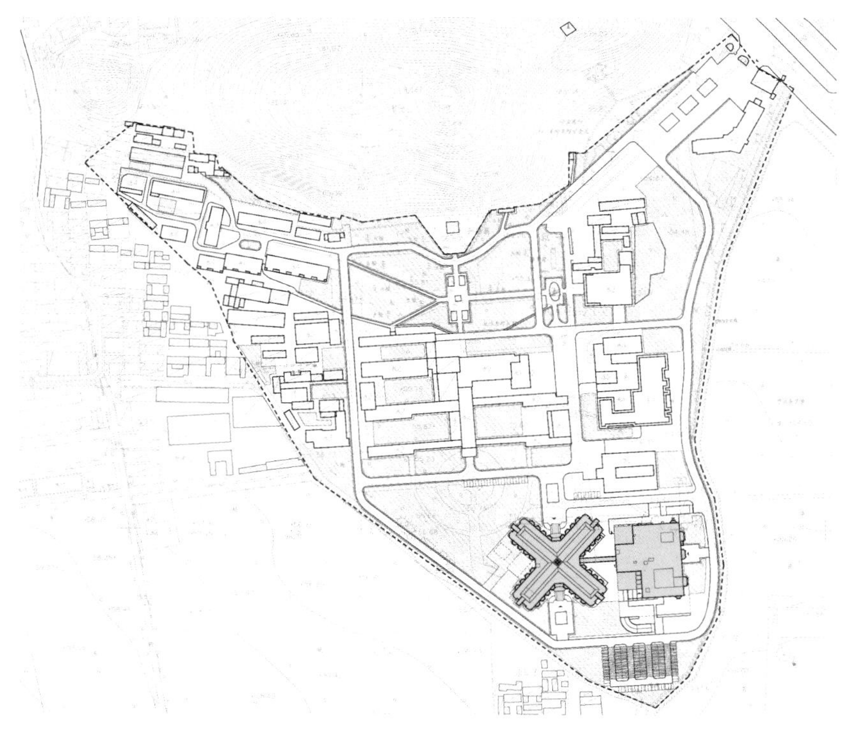

01

北京市 / 项目地点
2011 年 / 设计时间
2017 年 / 建成时间
36 643 平方米 / 建筑面积
400 床 / 床 位 数
地上 4 层，地下 1 层 / 层 数
刘玉龙、姚红梅 / 总 负 责
王彦 / 建筑专业
任晓勇、蔡为新 / 结构专业
徐青、吉兴亮、贾昭凯、韩佳宝、崔晓刚、张松 / 设备专业

01 / 北入口实景

02 / 鸟瞰实景
03 / 西侧花园

充分体现人文关怀的多义场所

面对社会老龄化背景下的问题、机遇和趋势，北京老年医院医疗综合楼项目将人文主义的思想贯穿始终，在满足医疗流程、感控要求、技术指标的前提下，尊重使用者的感受与体会，营造一个关爱老人、医患的“健康之家”。

医院设计在总体布局和医疗空间上体现适老化的要求，更加强调细节与小尺度的处理，并充分利用自然采光和通风，努力营造社区与家庭的氛围。

开放的空间环境也会更有利于疾病的治疗与康复效果，因此该项目通过公共空间和室内外空间的渗透融合及自然过渡，打造友好的诊疗环境，尽量降低老年人到医院就诊的心理压力。

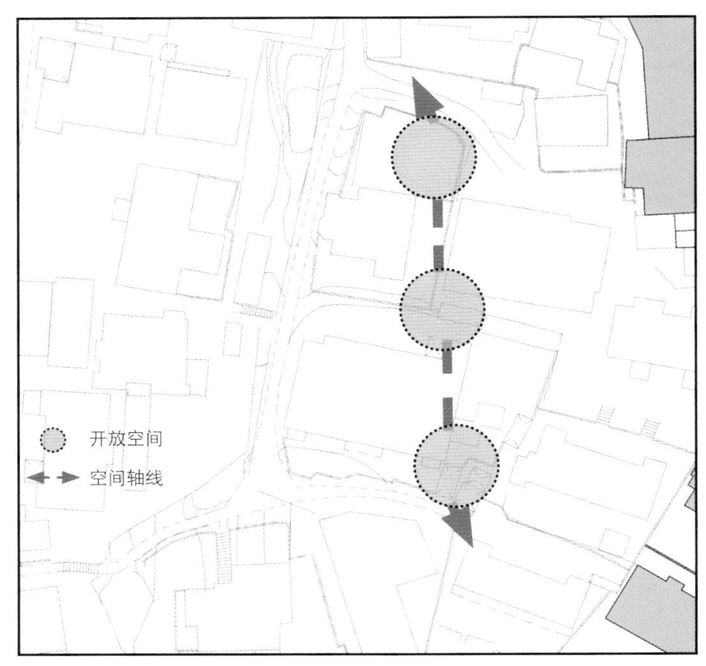

■ 空间与轴线关系

03

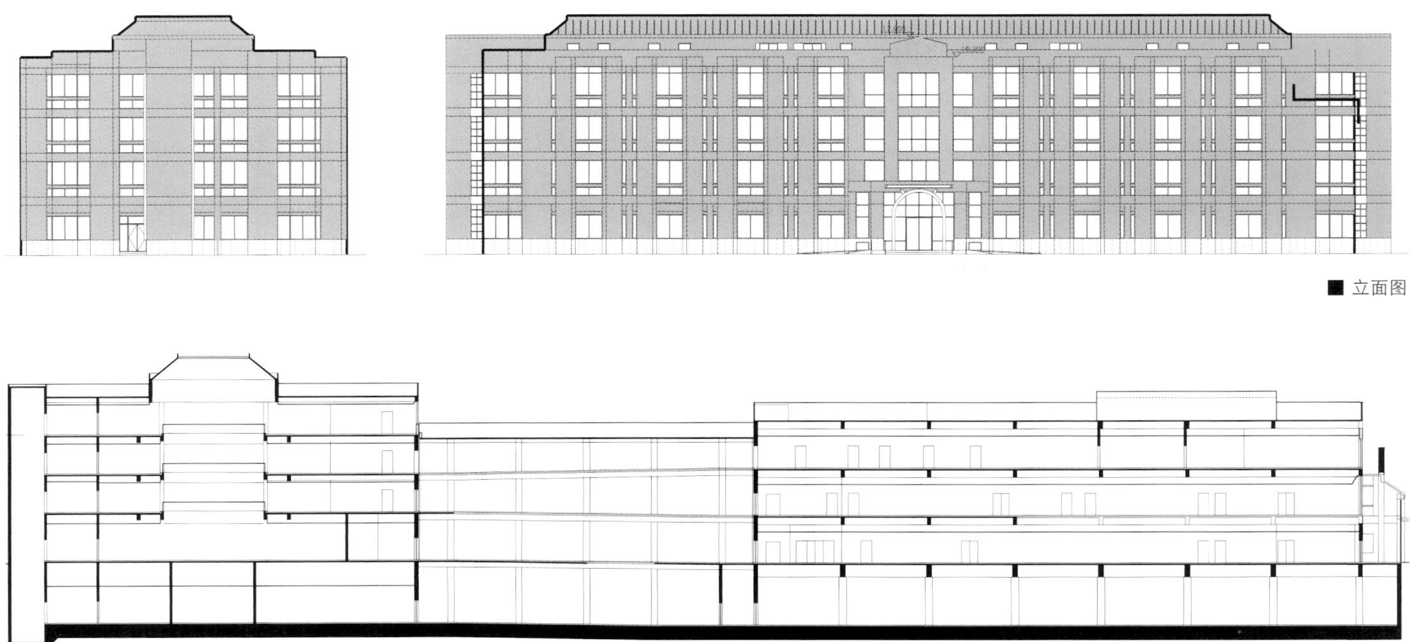

■ 立面图

■ 剖面图

04 / 东南侧夜景
05 / 立面细节
06 / 医技部入口拱廊

积极创新的医疗空间

医疗空间围绕中庭展开，打破了医技、手术等各部门的分割，并结合学科特色和市场需求设立了专科中心。“一站式”以服务患者为中心的医疗服务，适应老年患者病情复杂，需要综合性检查、治疗的需求。

安全健康的环境设施

考虑到老年疾病的长期性与老年人的生理、心理特点，医院的设计全面体现了安全、健康的理念，如设置天轨系统等辅具设施并进行一体化设计。

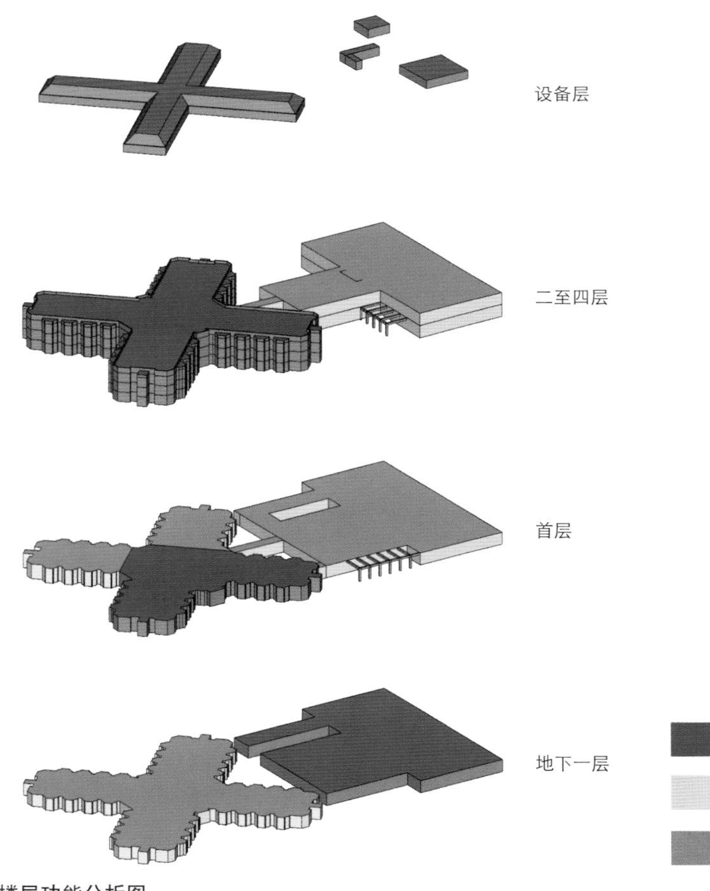

■ 楼层功能分析图

05

06

07 / 单人病房
08 / 护理单元护士站
09 / 四人间病房
10 / 入口大厅

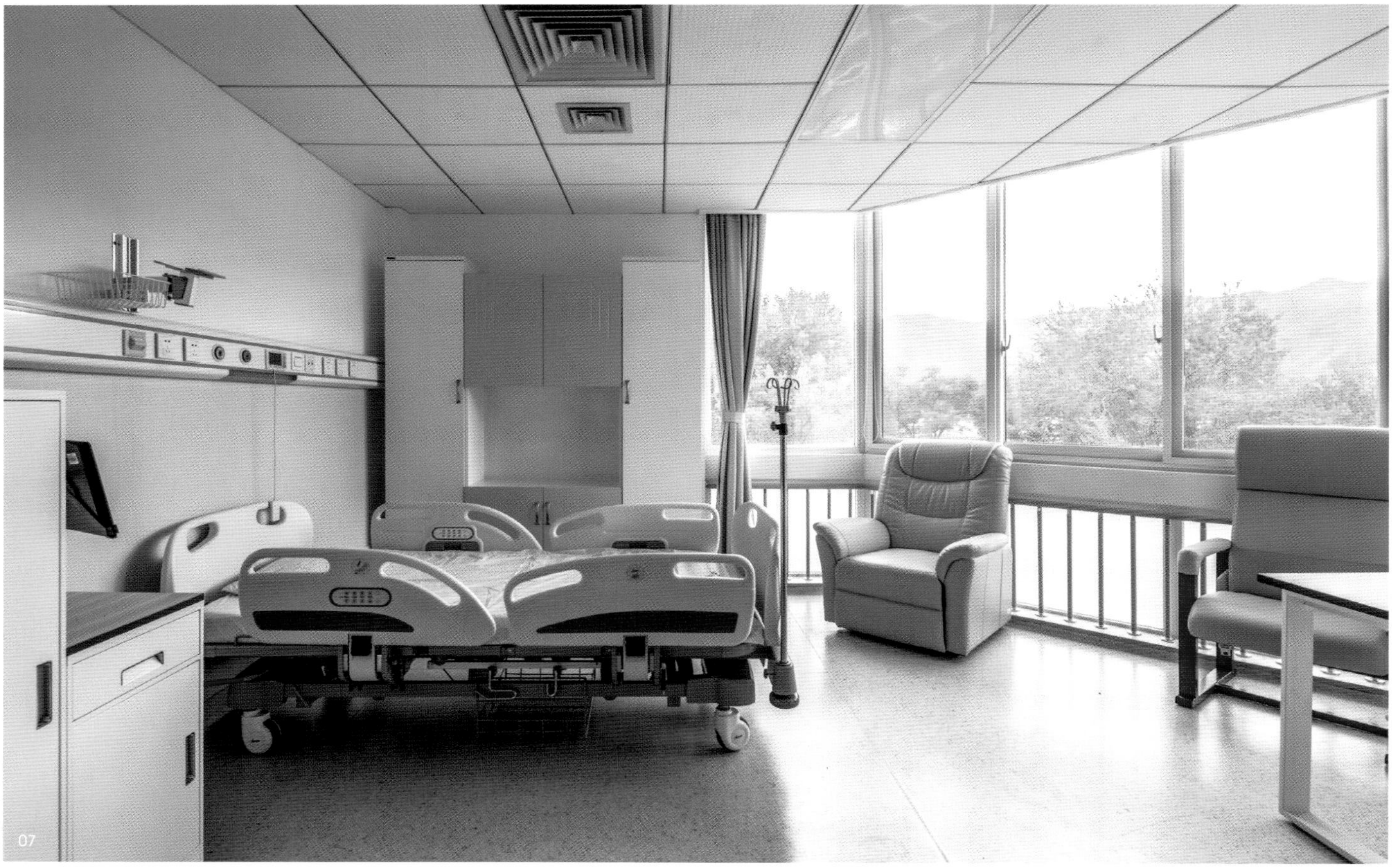

07

08

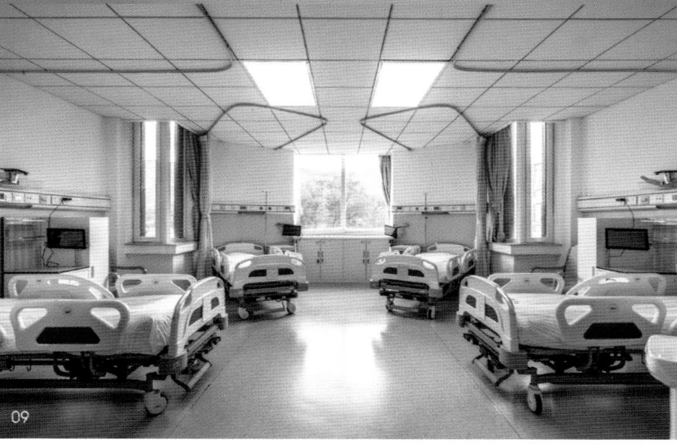

09

10

■ 一层平面图

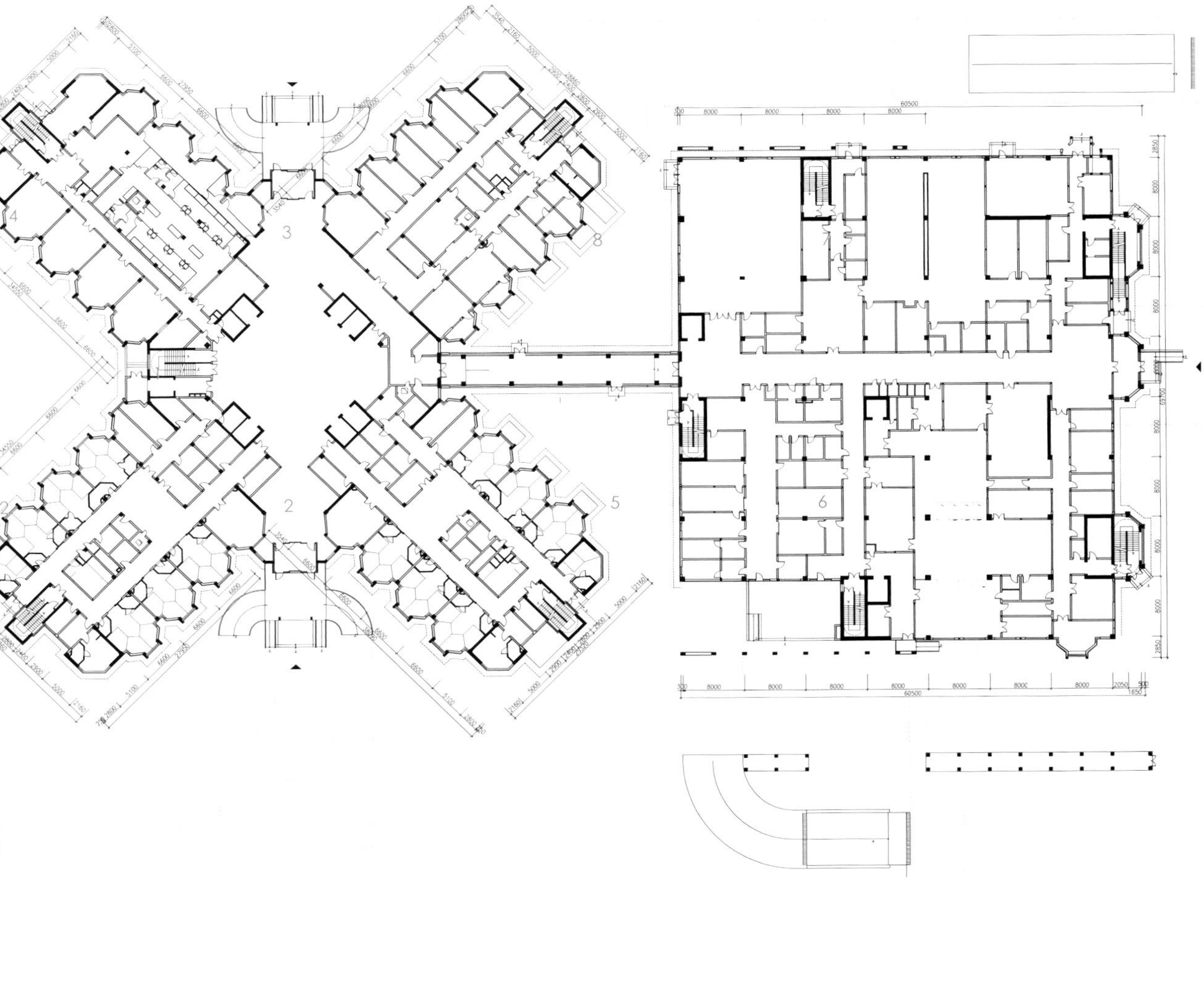

1 入口中庭
2 病房
3 影像科
4 药剂科
5 腔镜中心
6 中心供应区
7 血液透析室
8 报告厅

徐州市中心医院新城区分院一期工程

XUZHOU CENTRAL HOSPITAL FIRST PHASE (NEW CITY BRANCH)

清华大学建筑设计研究院有限公司

该项目位于徐州市新城区明正路和峨眉路交叉口，北邻徐州奥体中心，南邻人才家园，周围环境优美。医院总建筑面积 214 610 平方米，总床位数 2000 床，其中一期总建筑面积 147 868 平方米，床位数 500 床，手术室 21 间。1 号综合楼整体 15 层，其中裙房 4 层，分设医技、住院、手术等功能单元。

■ 总平面图

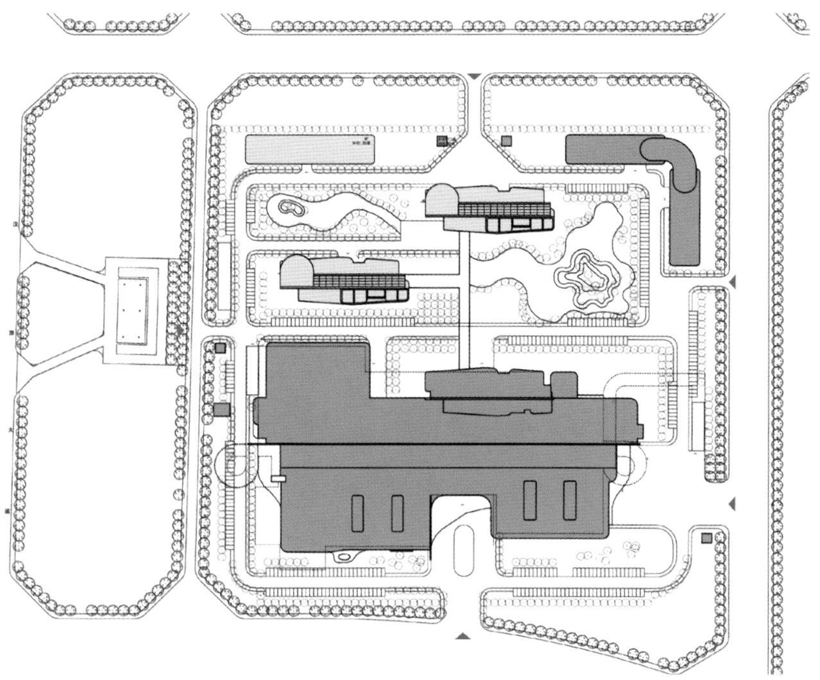

01

江苏省徐州市 / 项目地点
徐州市建筑设计研究院有限公司 / 合作单位
2010 年 / 设计时间
2017 年 / 建成时间
147 868 平方米 / 建筑面积
500 床 / 床 位 数
地上 15 层，地下 2 层 / 层　　数
刘玉龙、姚红梅 / 总 负 责
王彦、刘磊、王家任 / 建筑专业
任晓勇 / 结构专业
徐青、贾昭凯、崔晓刚 / 设备专业

01 / 住院部入口

02

02 / 西侧入口
03 / 东侧入口

紧凑高效的医疗空间

该项目通过并联式的医疗街布局，整合了各医疗功能区，其中门诊、医技分列于医疗街的两侧，合理控制了病患与医护人员的动线距离，明显降低了超大尺度的医院建筑中不同功能区之间的动线距离。此外，医疗科室的布局以相关病症治疗的关联性为出发点，建立若干专科中心，为病患提供包括检查、诊断、治疗的一站式医疗服务。

亲切友好的公共空间

该项目通过合理的规划提供先进的医疗服务平台，致力于满足工艺、技术的规范，适应医疗技术进步的同时，更多地以人的感受为出发点，考虑病人的使用和心理需求，在设计定位、风格与细节处理等方面，体现不同类型的服务人群的差异性需求。

亲切开放的空间环境更有利于疾病的治疗与康复效果，医疗街不仅仅是交通疏散与联系的空间，更重要的是营造一种城市街道的环境氛围，强调医院的公共性，为病患营造温馨如家的就诊环境。

尊重自然的环境设计

医院建筑整体造型以柔和、流畅的建筑形态，与城市环境形

03

04 / 门诊主入口

成平滑的过渡，以平和、温暖的表情，给使用人群亲切、温馨的心理暗示。

在总体规划上，建筑沿街区外廓布置，对外形成良好的城市街道界面，对内围合形成较安静、内向的绿化庭院。主要医疗建筑之间有架空连廊相联系，共同围合形成公共休憩空间。此外，该项目还尽量保留原有的高大树木，合理布置院区各建筑之间的相互联系以及与室内外环境的协调统一。

■ 剖面图

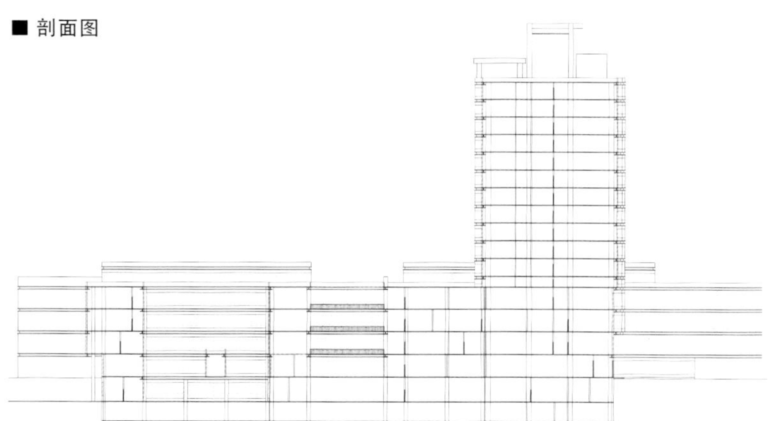

■ 东立面图

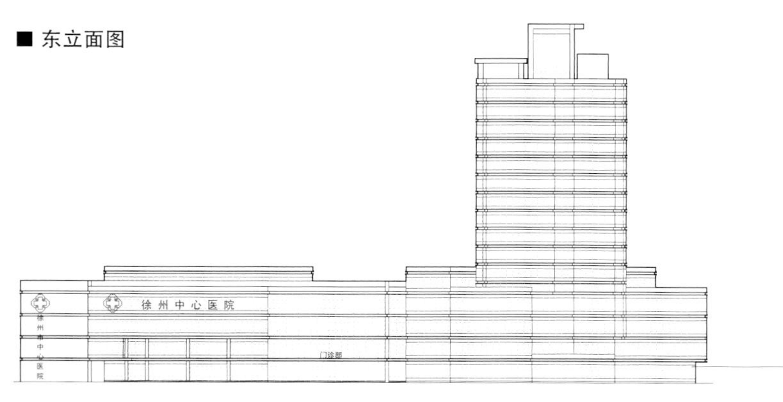

05 / 护理单元护士站
06 / 室内医疗街 1
07 / 室内医疗街 2

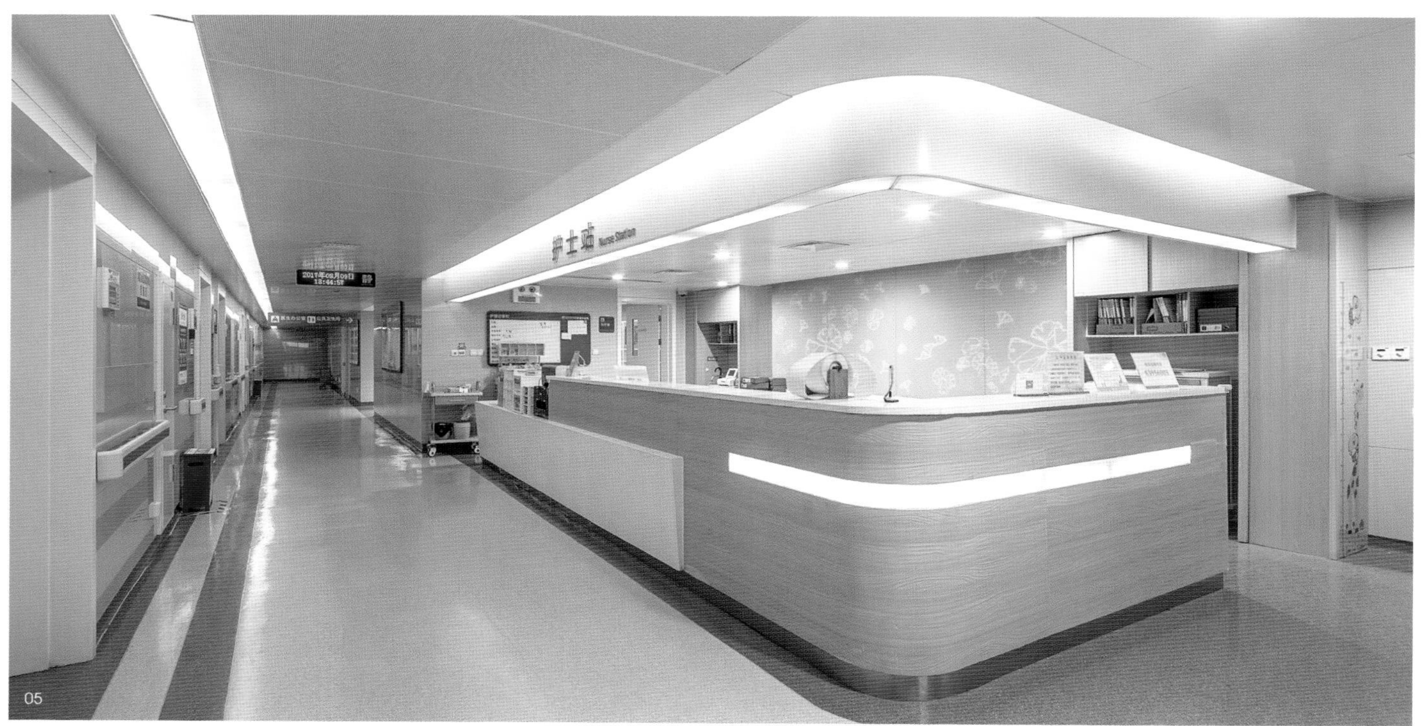

05

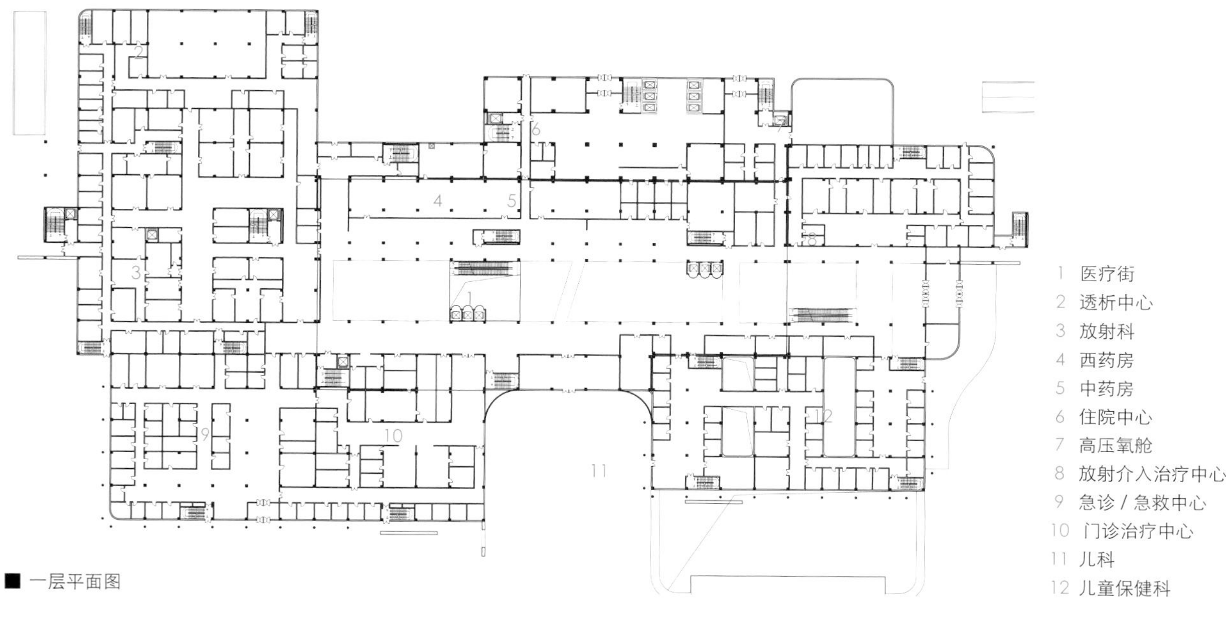

■ 一层平面图

1 医疗街
2 透析中心
3 放射科
4 西药房
5 中药房
6 住院中心
7 高压氧舱
8 放射介入治疗中心
9 急诊 / 急救中心
10 门诊治疗中心
11 儿科
12 儿童保健科

06

07

08 / 医疗街实景
09 / 急诊入口
10 / 院区内景

08

09

10

定州市人民医院门诊、医技、病房综合楼

DIGNZHOU CENTRAL PEOPLE'S HOSPITAL

天津大学建筑设计研究院

定州市人民医院是一所集医疗、科研、预防、保健和康复为一体的综合性二级甲等医院，位于定州市中兴路北侧，占地面积 50 000 平方米。

为了医院的发展以及更好地为广大患者服务，定州市人民医院筹建了新的综合大楼，其中住院楼地上 16 层，地下 1 层；门诊楼地上 4 层，地下 1 层；医技楼地上 2 层；总建筑面积 123 000 平方米，总床位 800 床，为门诊、医技、住院综合体，建成后将成为覆盖整个周边区域的医疗服务和咨询中心。

■ 总平面图

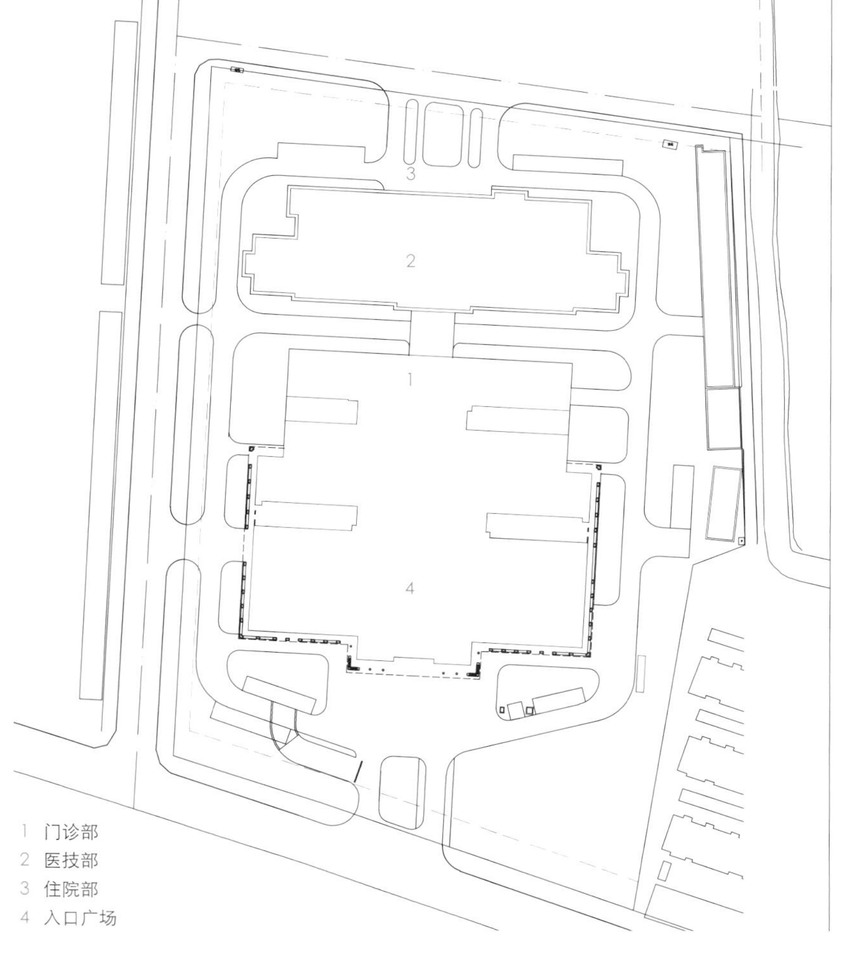

1 门诊部
2 医技部
3 住院部
4 入口广场

01

河北省定州市 / 项目地点
2013 年 / 设计时间
2017 年 / 建成时间
50 000 平方米 / 用地面积
123 000 平方米 / 建筑面积
800 床 / 床 位 数
框架剪力墙结构建筑 / 结构形式
地上 16 层，地下 1 层 / 层　　数
薛铁军 / 总 负 责

01 / 鸟瞰效果图

02

02 / 门诊人视图
03 / 医院正面图

人性化的空间组织

门诊、医技、住院楼相对独立并通过连廊相接，自然围合成室外庭院，具有良好的室内外环境，同时有利于科室采光。医技楼的屋顶绿化丰富了第五立面，给患者带来愉悦的就医感受。门诊和医技楼分为两个部分，前部四层为门诊，后部为医技科室。门诊区的一层为门诊大厅、急诊部、注射科、中西药房、放射科，二层为内科门诊、外科门诊、检验科、病理科、功能科，三层为儿科、妇产科、皮肤科及美容科，四层为五官科、体检科、中医科及理疗科。

明亮的中庭空间

该项目设置了一个四层通高的中庭，在入口将人流直接引进中庭，通过入口雨棚、大厅、多层回廊和中庭共同形成生动活泼的空间序列，再由自动扶梯将人流疏散到各个区域。医院的所有部门都围绕着中庭布置，使中庭犹如一个社区活动中心，在空间序列上成为导向中心。每层设环廊，公共部门环大厅周边布置，既集中在统一的大空间内，又分散在视线所及的不同位置和楼层，科室分布一目了然，空间宽敞明亮，一扫传统医院的压抑阴冷气氛。医院在首层设立导医服务站，由专职接待员服务。另外，该项目还增设候诊患者的休息角和电子显示屏，也同样可以起到缓解病人候诊时的焦急心情和优化环境之作用。

“休憩空间”的重注

目前多数医院都为患者提供休憩活动场所，设计门诊大厅、候诊区、取药大厅等。但对于等候时间较长的科室，简单地提供一个等候区是不够的。该项目在设计中为避免患者及家属在候诊区内因长期等待而带来焦虑的心理以及适当活动的

03

04 / 门诊大厅内景 1
05 / 门诊大厅内景 2

需求，从人性化角度考虑延续等候空间，在人工环境中单辟一角引进了自然元素。病人可以在厅内等候，也可以漫步于人造庭院中。

“滞留空间”的运用

医院不能只是简简单单地将功能科室布局好，还应把生活气息引入医院，以满足患者的精神需求。该项目在设计中将小卖部、花店、书报亭、休息茶座和餐饮之类的生活设施包括在医院建筑的内容里。这种“滞留空间”还可以改善众多科室面貌雷同以及走廊冗长的问题，从而消除患者在医院内行进的过程中经常感到的身体及视觉上的疲劳。不同性质的服务空间采用不同的装修风格及色彩，形成“地标”式的片段，使患者更易识别、记忆医院的布局，清楚自己所在的位置，不至迷路。绿化和装饰手段的灵活运用和浓郁的生活气息改变了医院以往那种严峻冷漠的环境气氛。

04

■ 门诊楼南立面图

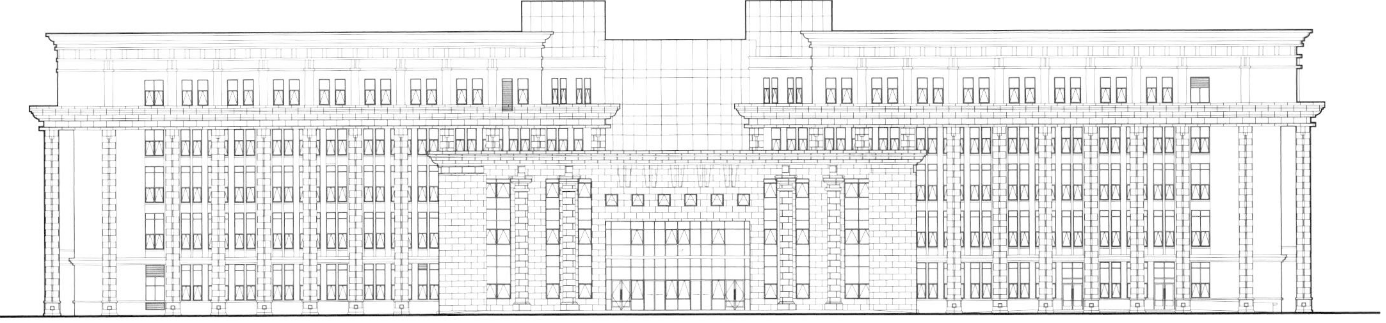

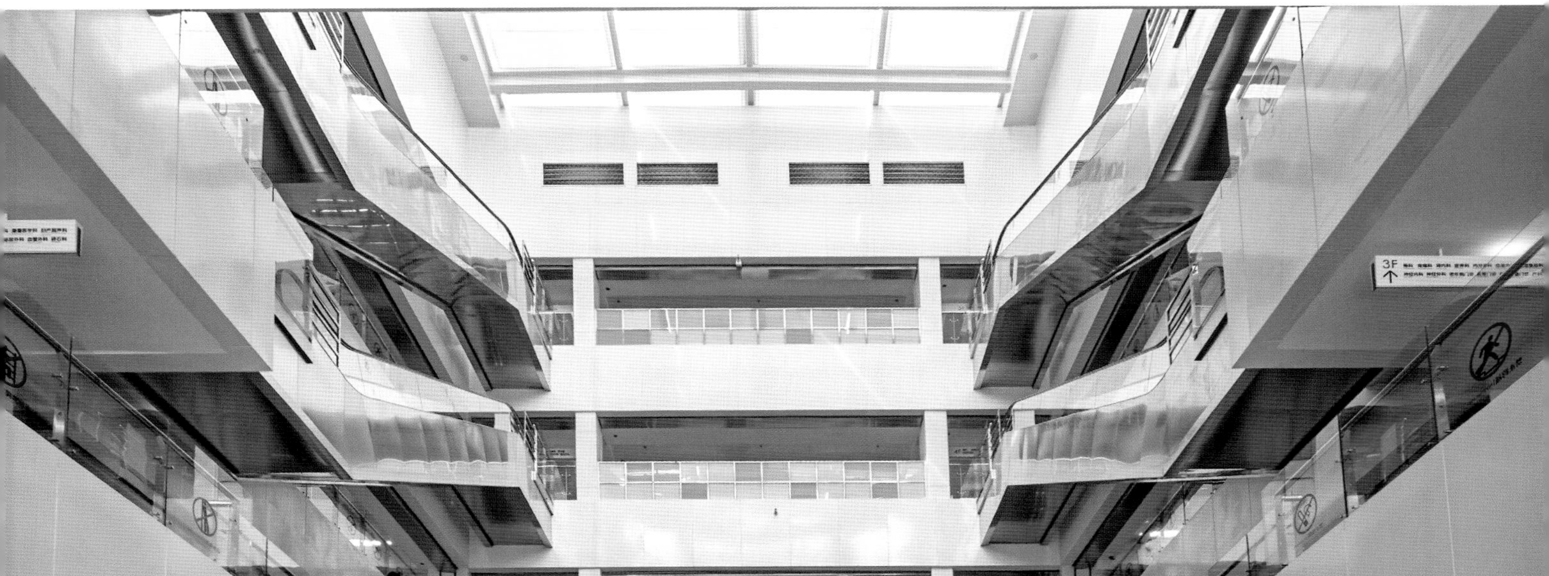
健康扶贫政策解读
(定点医疗机构部分)
敬佑生命 救死扶伤
甘于奉献 大爱无疆
导诊咨询
GUIDE
CONSULTING
05

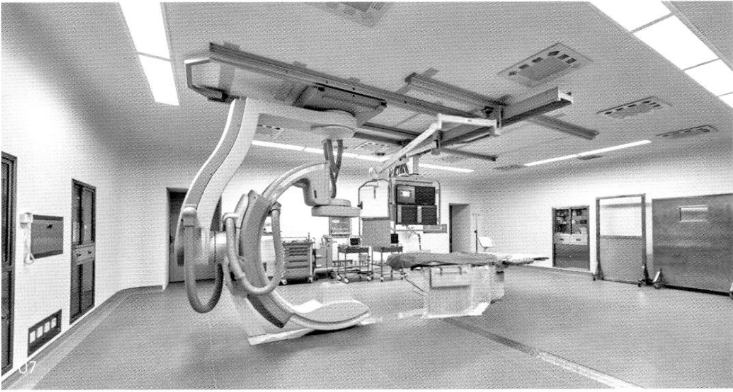

1 门诊大厅
2 急诊部
3 儿科
4 各科诊室

4
4
4
4
2
1
3

0 5 10 20 30m

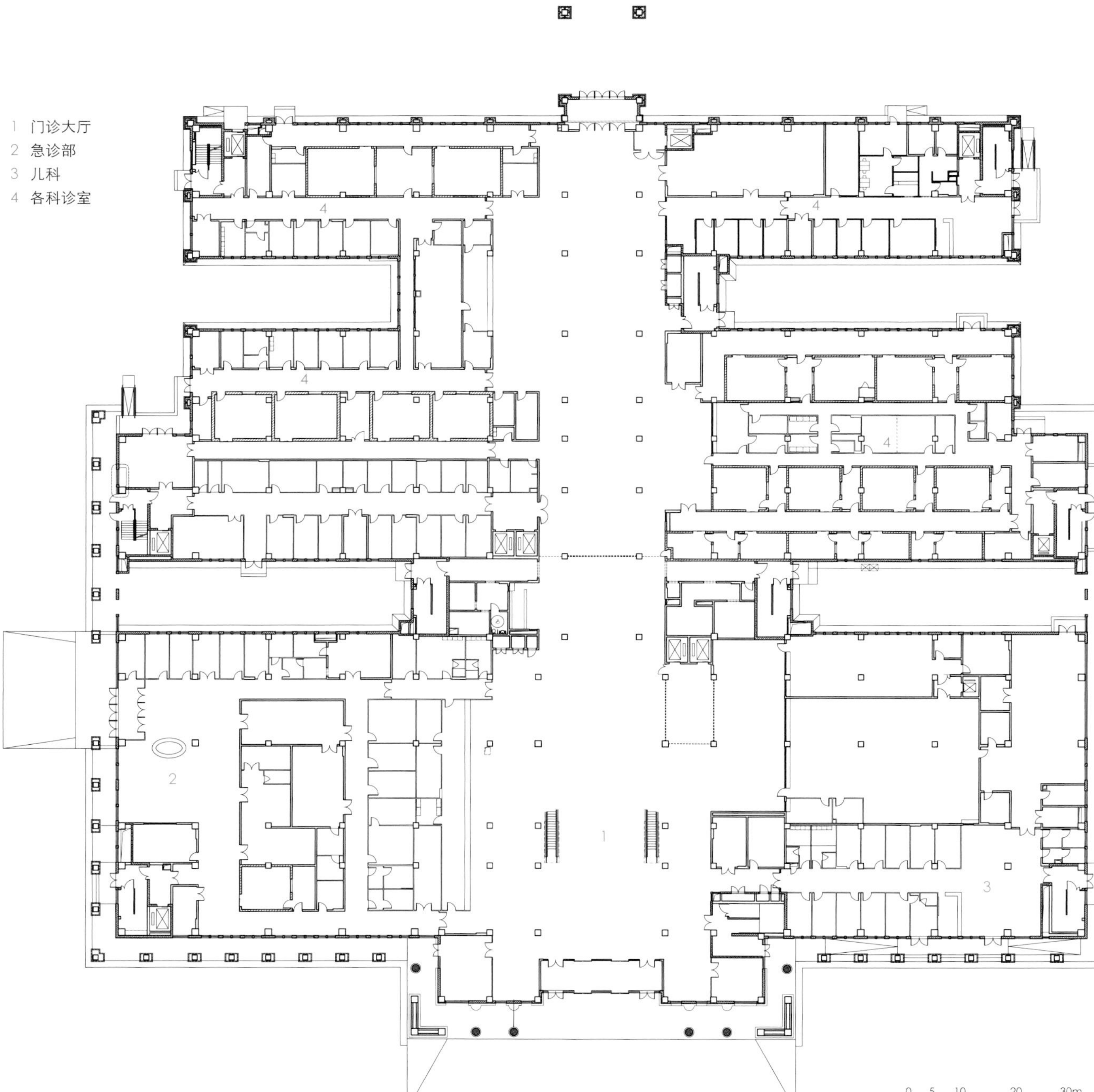

■ 门诊楼首层平面图

06 / 门诊部室内 1
07 / 门诊部室内 2
08 / 门诊部室内 3

08

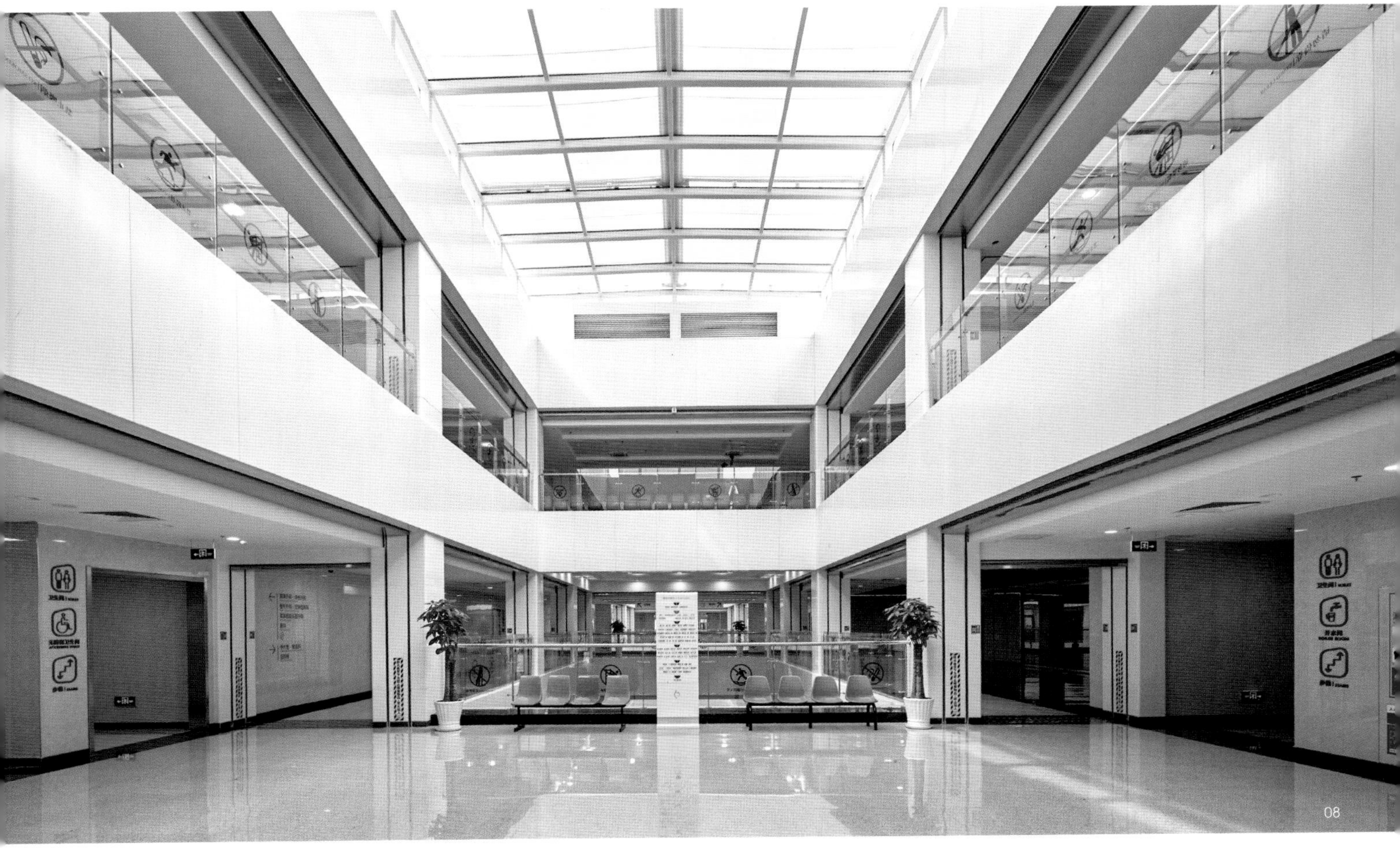

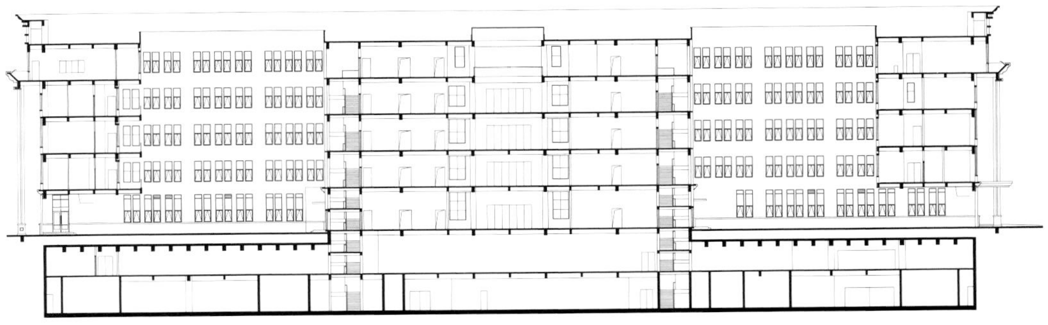

■ 门诊楼剖立面图

衡阳市中心医院

HENGYANG CENTRAL HOSPITAL

天津大学建筑设计研究院

衡阳市中心医院是湘南地区历史上最早成立的西医医院。迁址新建的湖南衡阳市中心医院选址于雁峰区湘江乡奇峰村，基地南至铜桥路，东至碧塘路，西、北临开发用地，总规划面积约 67 300 平方米。

基地地势平坦，依山傍水。建筑组群中以贯穿南北的建筑实轴与代表“山水相依”意向的景观虚轴为空间构架，两条轴线平行展开相得益彰，构图丰满有序，景观虚轴起到了衔接建筑与环境的过渡作用。

■ 总平面图

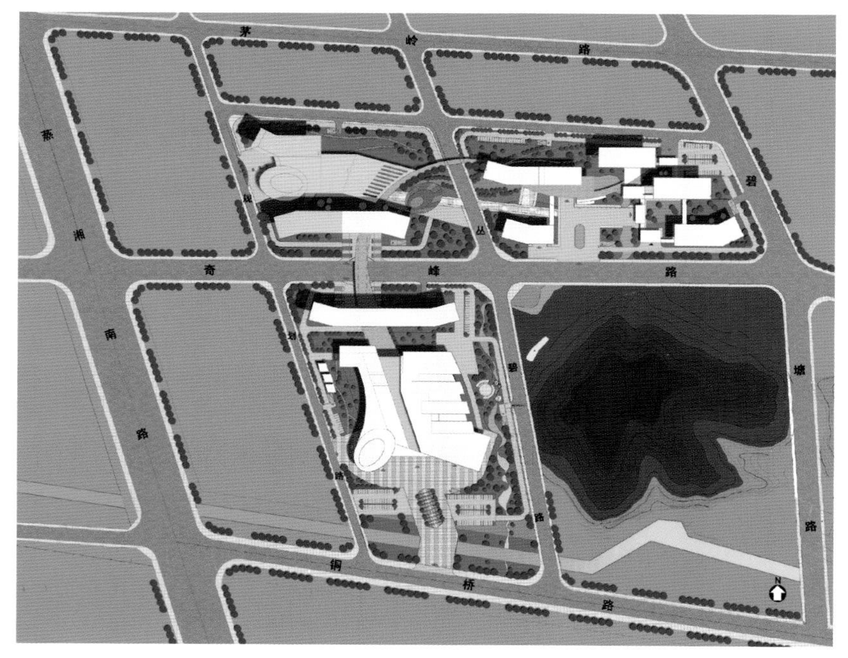

01

湖南省衡阳市 / 项目地点
2009 年 / 设计时间
2018 年 / 建成时间
67 300 平方米 / 用地面积
160 000 平方米 / 建筑面积
1500 床（一期）/ 床 位 数
框架剪力墙结构建筑 / 结构形式
地上 17 层，地下 1 层 / 层 数
薛铁军 / 总 负 责

01 / 人视效果图

02 / 鸟瞰图

平层医技，资源共享

衡阳市中心医院的设计打破了医院门诊、医技和病房三大功能各自相对独立的传统模式，提倡"平层医技，资源共享"的理念。该方案将门诊中与医技部门紧密相关的科室进行同层、就近布置，并梳理相关流线，使检查、诊断等活动能够便捷、流畅、高效地完成。

基于以上理念，首层儿科输液与门诊输液大厅相邻，共享配液、注射等资源；二层将检查室、检验室、B超室布置于在门诊及住院部之间，缩短病患的就诊流程；三层将输血科、手术室、ICU相互串联。这样的布局既提高了医院辅助空间的效率，又充分节约了人力、物力资源，并可减少用房，有效降低了建设成本和管理、运营成本。如此布局不但避免了集中式布局易交叉感染、竖向交通压力过重等困难，也避免了分散式布局流线过长、功能重叠、效率低、占地大的弊端。

根据"平层医技"的理念，医技科室靠近住院部，内、外科就近布置于医技周围，达到减少病人乘用电梯次数的目的。功能科室的布局引入了医疗街概念，通过医疗街将各功能科室串联起来，医疗街及两侧布置采光中庭和若干天井，将绿化、景观、阳光、新鲜空气引入建筑内部，让病人在就医时能减少心理压力、放松心情，同时降低了医院的运营能耗。

医患分流，分区明确

除了考虑为病患提供舒适便捷的就医环境，该设计还关注医护人员的日常工作环境，在平面交通组织中，以中央景观医疗街作为干线，设置平行辅道供医护人员使用。辅道一侧为诊室，采用多个内庭空间，实现自然采光和通风，另一侧为办公休息区，实现了完全意义的医患分流。设计还充分考虑了医生的工作特点，在医生活动区设置休息室和小型咖啡厅等设施，为医生营造更好的工作环境，从而提高医疗质量。

02

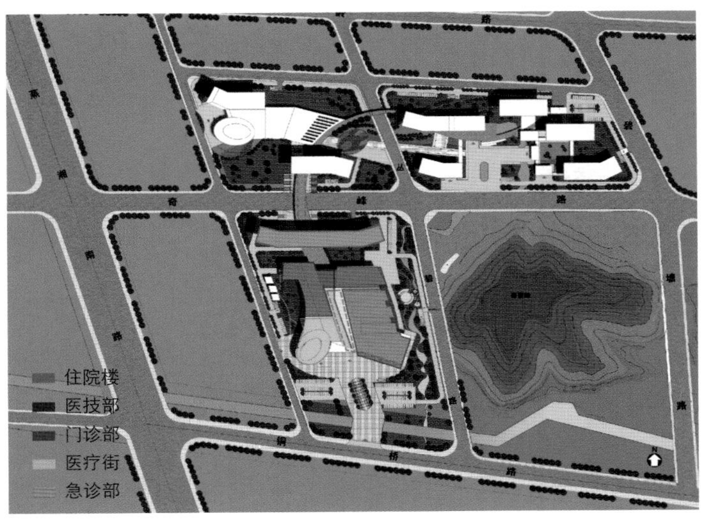

■ 功能分析

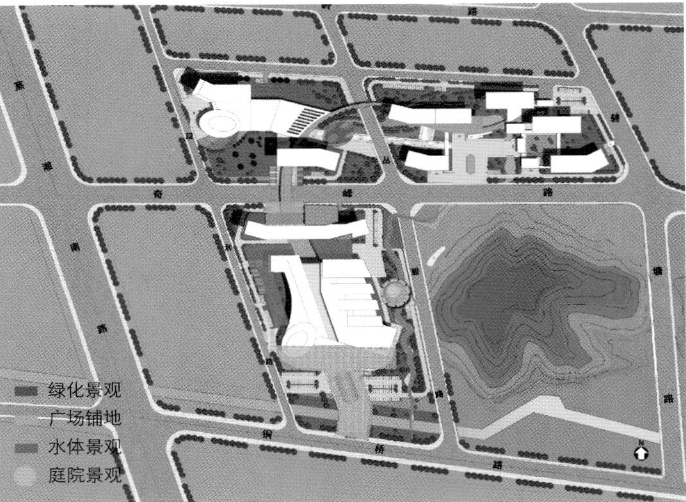

■ 景观分析

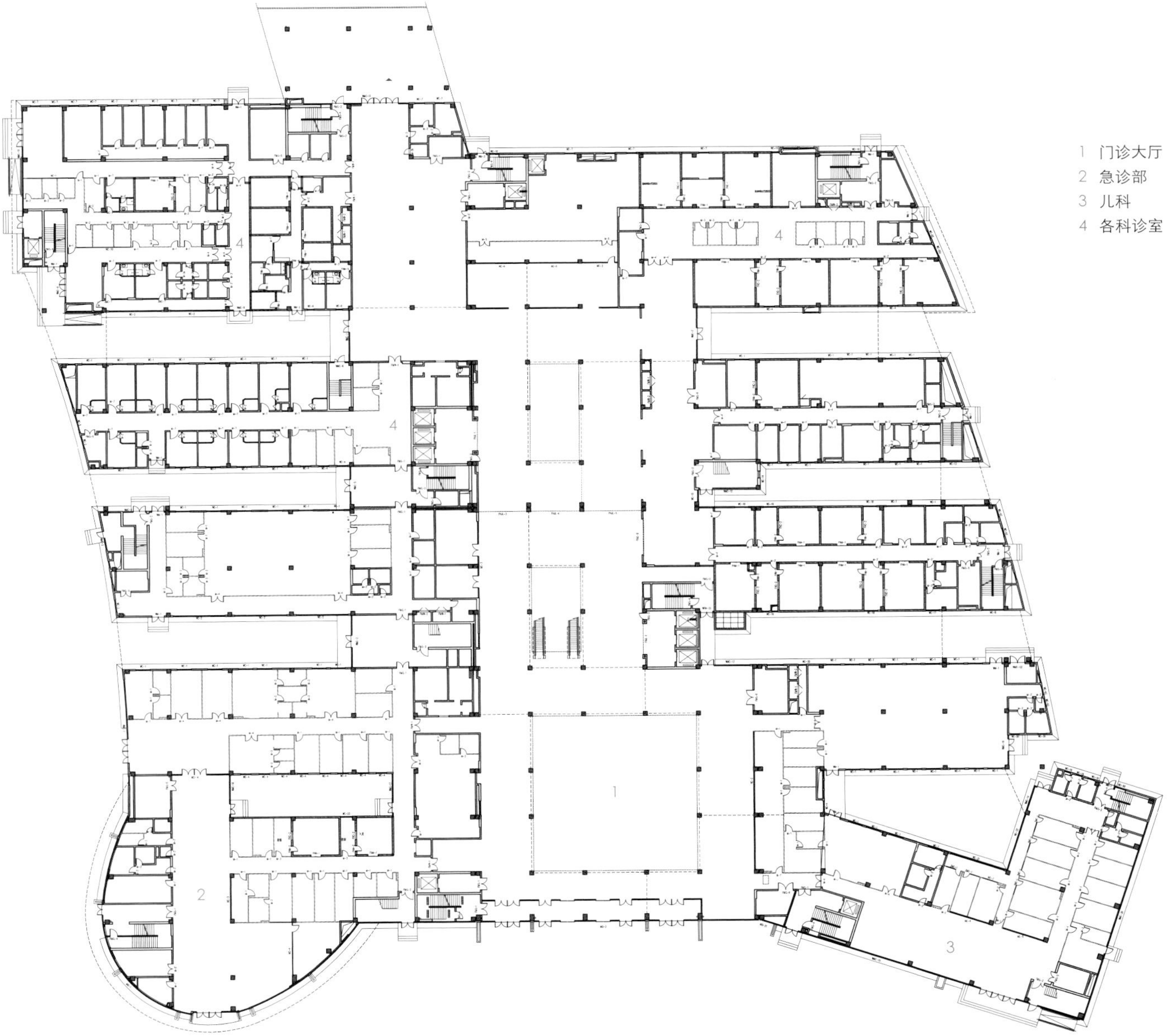

1 门诊大厅
2 急诊部
3 儿科
4 各科诊室

■ 门诊部首层平面图

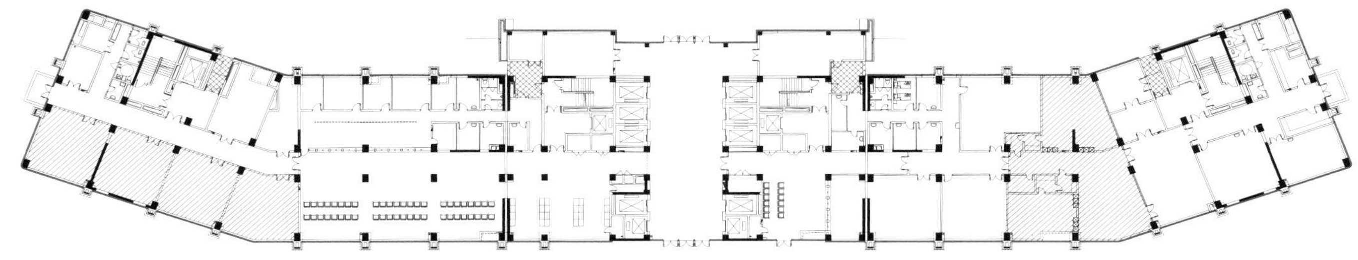

■ 住院部首层平面图

人车分流，交通有序

院区主入口作为人行通道设在铜桥路方向，急救出入口设在西侧规划路上，住院出入口设在奇峰路上。污物出入口设在丛碧路和北侧规划道路上，减少污物运输对整个院区的干扰。整个院区设环形消防车道，机动车道路在院区出入口位置便与人行道路分离。在门诊、急诊、住院出入口位置集中设置地上停车场，其他机动车由汽车坡道进入地下停车场，解决停车问题，进一步避免人车混杂，做到机动车与行人的分离。

景观规划理念先行，打造现代山水医院

在院区规划中，贯穿南北的水系形成了主要的景观轴线，加之两岸的亭台、小径、树木，形成了一条建筑组团之间的步行景观通廊。这条景观轴线与山势结合，同时也形成了一条欣赏山景的路径。设计利用景观轴线通过方向的不断变化调整建筑的摆位，巧妙运用园林设计中“借景、框景”的构图原则将周围风景借到建筑群体当中。

该方案还在院区中散点布置楼前绿地、庭院绿化、小品建筑及特殊的浅草停车场绿化，点、线、面相结合，创造出环境优雅、气候宜人的现代化医院。

03

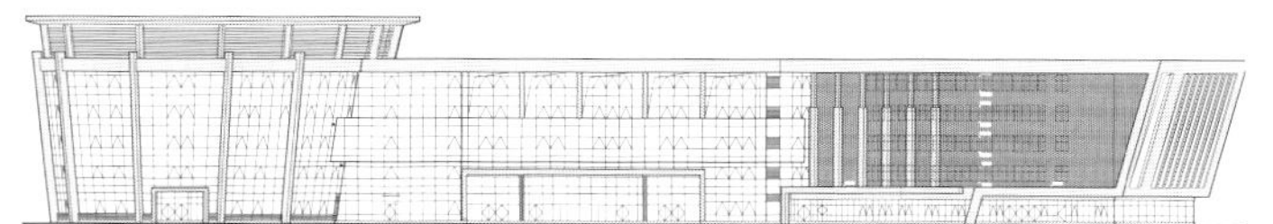

■ 门诊部南立面图

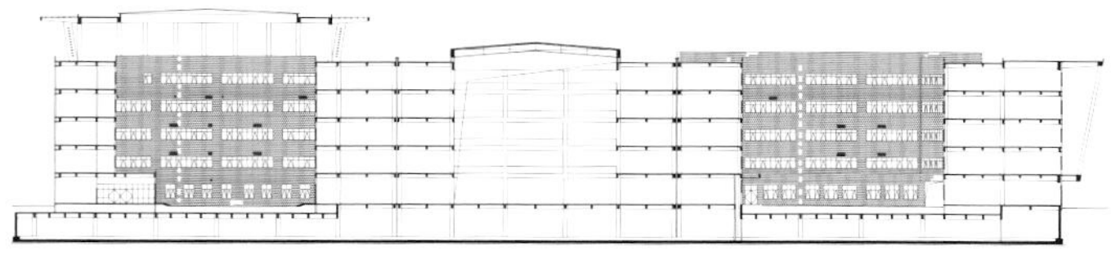

■ 门诊部剖面图

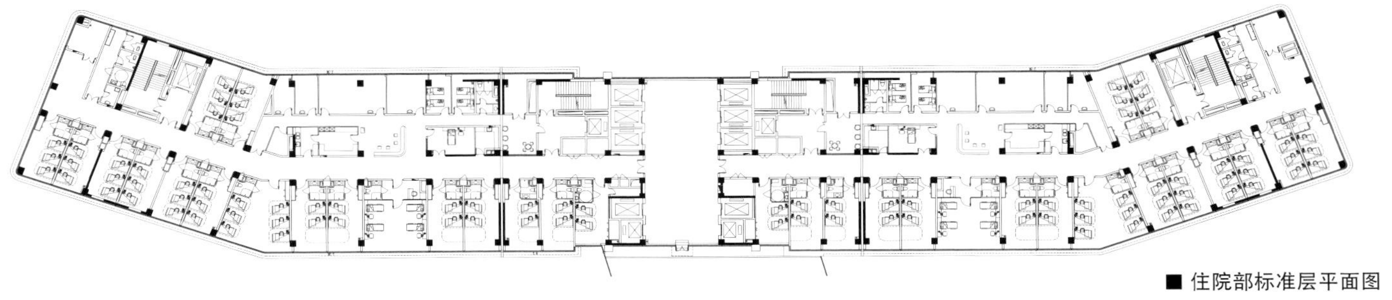

■ 住院部标准层平面图

03 / 住院部人视效果图

天津医科大学附属肿瘤医院住院楼改造工程

RECONSTRUCTION PROJECT OF INPATIENT BUILDING OF TIANJIN MEDICAL UNIVERSITY CANCER INSTITUTE & HOSPITAL

天津大学建筑设计研究院

天津医科大学附属肿瘤医院住院楼建成于 1987 年，随着社会的发展和广大群众医疗需求的不断提高，原有的住院条件日渐窘迫，床位数量不足，医疗环境急需改善。设计人员和建设单位经过多方面权衡和多次技术论证，最终确定了接建改造的设计方案。

原住院楼地下 1 层，地上 15 层，建筑面积 17 881 平方米，床位数 660 床。接建设计以原有住院楼主体为依托，在北侧和西侧分别接建 8.8 米和 9.1 米的单跨同高建筑，建筑主体加至 17 层，建筑高度 66.32 米，接建后总建筑面积 30 614 平方米。住院楼在平面布局、立面造型、主体结构、设备系统、消防设施、无障碍设施、节能环保等方面得到了全面的升级改造。

■ 总平面图

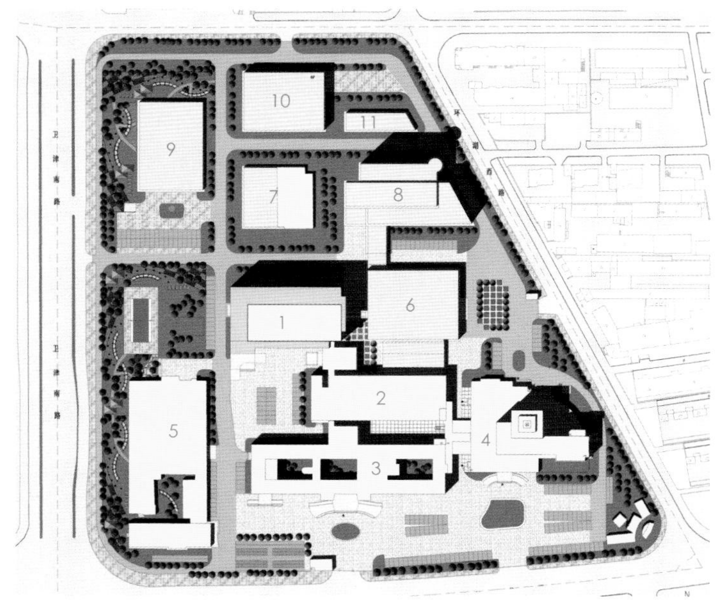

1 住院楼
2 医技楼
3 门诊楼
4 新建住院楼
5 放疗中心
6 规划医技楼
7 动力及维修中心
8 规划住院楼
9 规划职工活动中心
10 立体停车库
11 立体自行车库

01

天津市 / 项目地点
2004 年 / 设计时间
2006 年 / 建成时间
64 400 平方米 / 用地面积
30 614 平方米 / 建筑面积
943 床 / 床 位 数
钢筋混凝土框架—剪力墙体系 / 结构形式
地上 17 层，地下 1 层 / 层　　数
曹治政、祝捷 / 总 负 责
田军、范玮炜 / 建筑专业
丁永君、于敬海、王湘安、王亨、于泳 / 结构专业
刘洪海、沈优越、胡振杰、冯卫星、孙绍国、韩瀛 / 设备专业

01 / 西南侧实景

02 / 南侧实景

更新平面布局，加固新旧连体建筑结构

改造后，地下层为供应室和设备用房。一层除检验科和药剂科外，还增加了住院部的独立入口门厅；二至十六层为病房层，每层设一至两个护理单元，采用岛式布局，中心布置护理站、医护办公、附属用房等，病房位于南、北、西三面。病房由原来的6人间(不带卫生间)改为4人间或2人间(均带卫生间)，每层都设有重症监护室，其中十六层设有套间病房。改造后，总床位数增加到943床。为解决交通问题，接建部分增设2部电梯由地下一层通至地上十七层，原有的6部电梯改为通至十六层。各功能区垂直交通流线严格区分，做到人货分流、医患分流、洁污分流，快捷便利，互不交叉干扰。

新建结构采用钢筋混凝土框架-剪力墙体系，为消解新建结构高宽比过大的不利影响，设计将新建结构与原建筑结构进行刚性连接。专家论证会评审认为结构体系合理可行，满足抗震设防要求。为保持原有建筑结构的整体抗震性能，根据评审专家意见，剪力墙边缘构件的箍筋不进行加固，但第一道抗震设防防线框架柱采用外包型钢加固法，提高框架柱的抗震性能。为协调新旧规范的应用，原建筑结构根据结构内力分析结果，参照国家抗震加固规范执行。因本工程新旧建筑连体未设沉降缝，为减小新旧建筑之间不同建设期可能造成的沉降差异，项目在施工期间设置后浇带，提高了地下室的防水性能，又可以有效减少沉降差异。

通过采取以上技术措施，本工程成功地解决了新旧连体建筑结构的关键技术，满足了“小震不坏，中震可修，大震不倒”的抗震设防目标。

建筑立面以条形玻璃帷幕的竖向分割为主导，搭配香槟色铝板，不但增加了病房的采光面积，而且具有现代风格。

改善就医环境，全面体现“以患者为中心”的理念

交通便捷，合理分流。整栋大楼共设8部电梯，患者、医用、污物、洁物分别设置，其中两部观光电梯为家属探视专用梯，

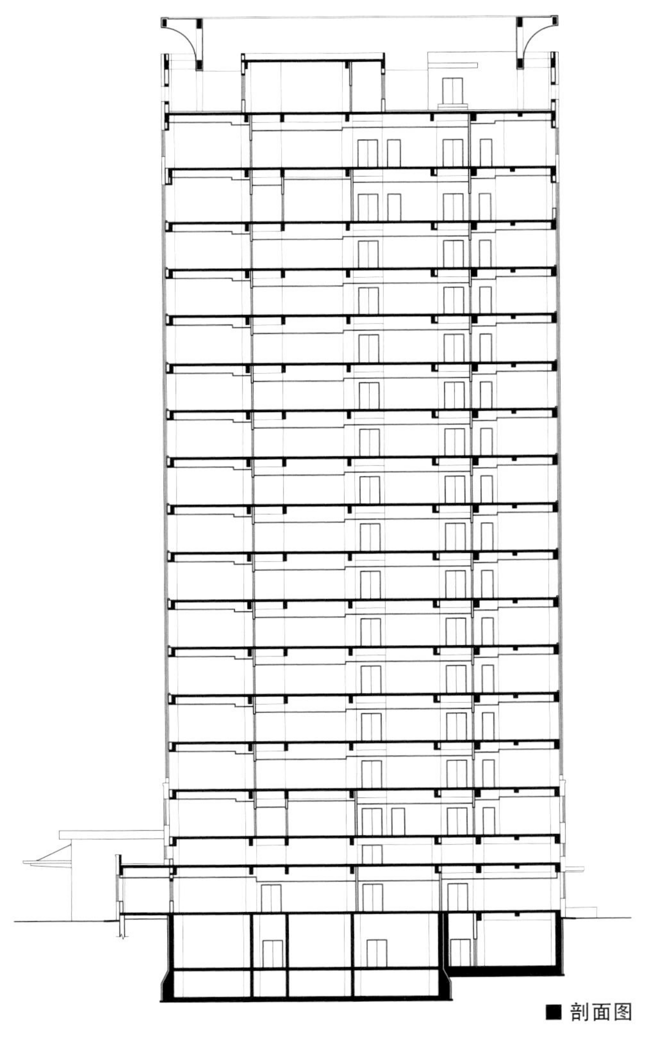

■ 剖面图

03 / 西南侧夜景
04 / 病房内景
05 / 护理站内景

较好地解决了人货分流、医患分流、洁污分流的问题，杜绝了医用物品交叉感染的可能。

病房内设施完备。普通病房均为4人间或2人间，每间病房设有独立卫生间。每间病房配有电话、卫星电视、宽带网络、患者衣物柜和地灯等设施。电视音乐系统使每个病人可通过床头的耳脉收听广播节目，收看或收听卫星电视以及医院自办广播节目。每个病人的床头均安装宽带网插口和电话插座，可以使病人随时保持与外界的信息交流沟通。设在病人床头的医护对讲系统，实现了患者和医护之间便捷的交流。

无障碍设施落实到每个角落。建筑入口设有无障碍坡道，可供轮椅通行。各楼电梯均有无障碍专用梯，病房区走道设有靠墙扶手。卫生间无障碍设施完备。

改造内部设施，实现楼宇智能化

优质、舒适的医疗环境是新型医疗建筑的必备条件，高科技、高效率的医疗设备是当代大型医院的必要组成条件。该工程的设计充分运用现代化高科技手段，实现楼宇智能化、信息化管理，增加了楼宇设备中央控制系统、保安闭路电视监视系统、有线电视接收系统、医用呼叫系统、气动物流传输系统、洁净物品传输系统、中央空调系统、新风系统、中水系统、消防系统等。

提高建筑品质，打造节能环保建筑

医院设计了实现节能建筑和绿色环保，使建筑的品质得到提升。建筑选用保温幕墙、LOW-E中空镀膜玻璃和断热铝型材，建筑节能50%。该项目还建立了每日可处理200吨中水的节水系统，供绿化、地面卫生用水及冲厕用水；医务人员及公共部分的水具全部采用延时的节水器具。普通住院楼已更新成为一座现代化、高品质的节能环保型医疗大厦。

03

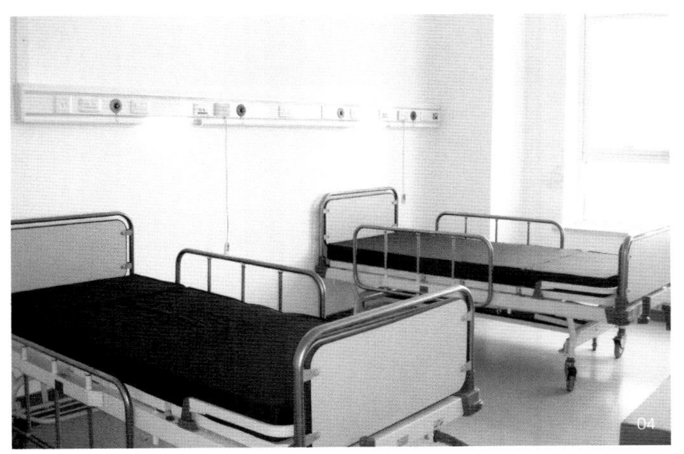
04

05

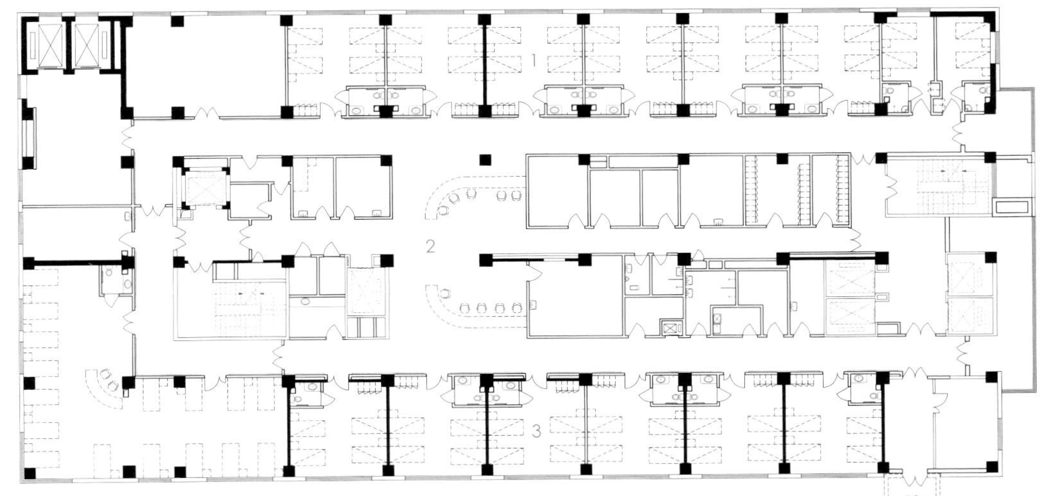

1 病人区
2 医护区
3 病人区

■ 标准层平面图

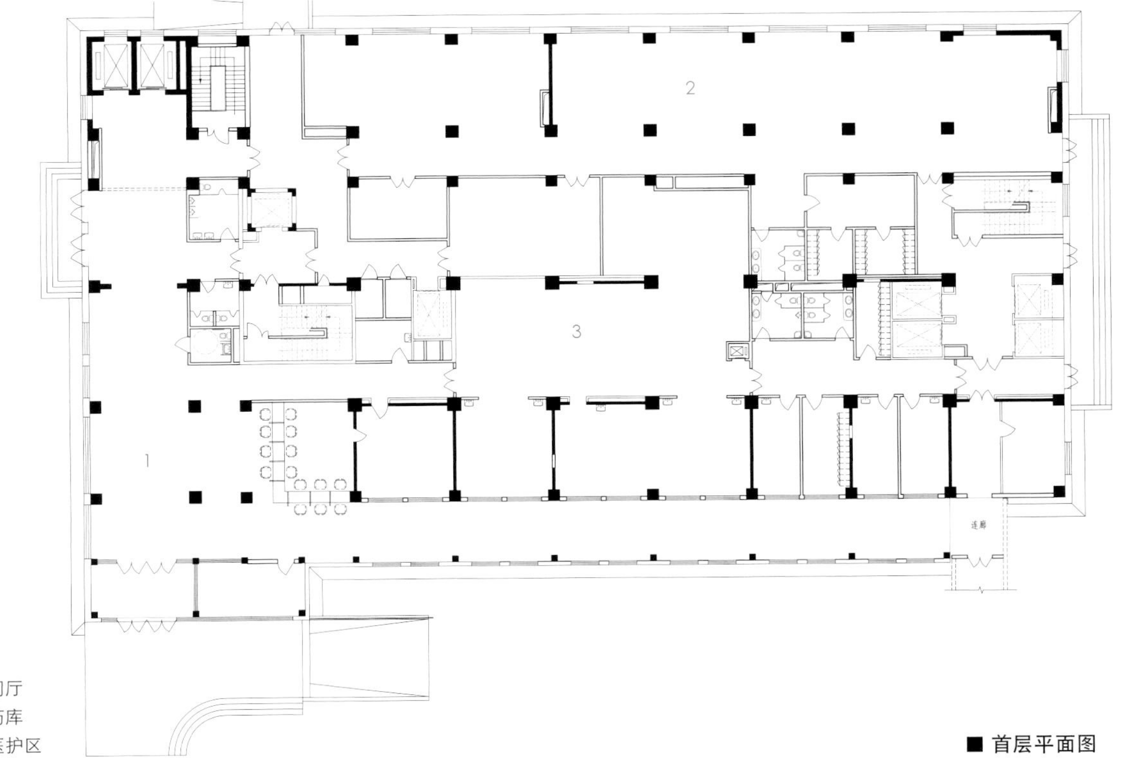

1 门厅
2 药库
3 医护区

■ 首层平面图

天津市医科大学代谢病医院

METABOLISM HOSPITAL OF TIANJIN MEDICAL UNIVERSITY

天津大学建筑设计研究院

天津市医科大学代谢病医院位于天津市北辰区北辰道与辰达北路交汇处。新院将成为集临床诊疗中心、科技研发中心、教育培训中心于一体，是亚洲最大的以代谢病为特色的综合性三级甲等大学医院。本工程占地面积90 000平方米，总建筑面积120 000平方米，门诊楼地上3层，住院楼为地上16层。

■ 总平面图

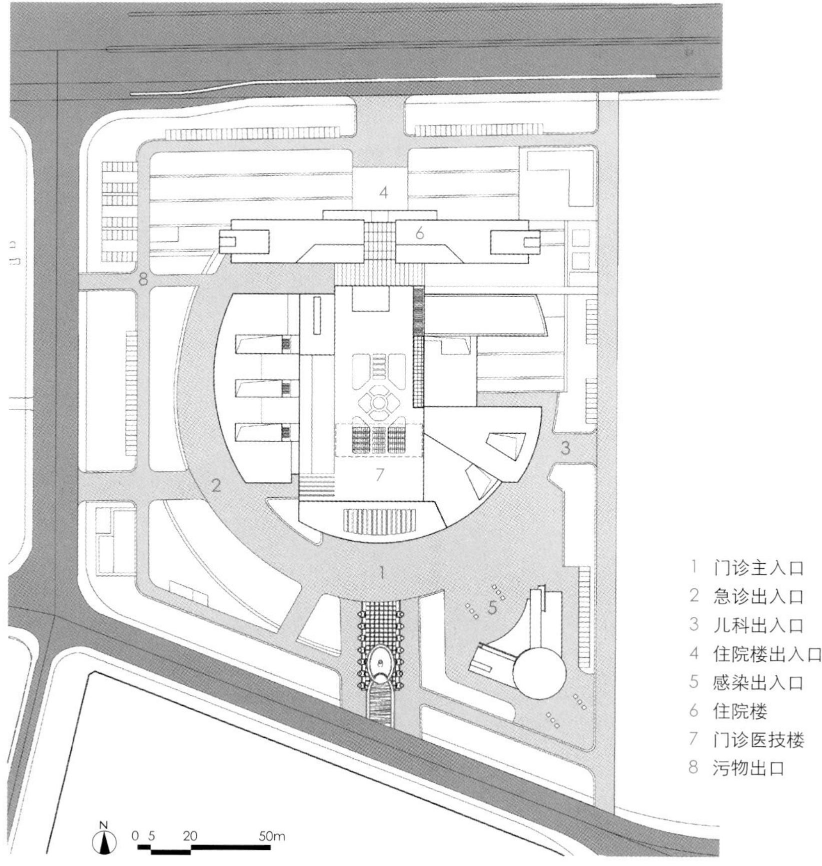

1 门诊主入口
2 急诊出入口
3 儿科出入口
4 住院楼出入口
5 感染出入口
6 住院楼
7 门诊医技楼
8 污物出口

01

天津市 / 项目地点
2012 年 / 设计时间
2018 年 / 建成时间
90 000 平方米 / 用地面积
120 000 平方米 / 建筑面积
1200 床 / 床 位 数
框架剪力墙结构形式 / 结构形式
地上 16 层，地下 1 层 / 层 数
薛铁军 / 总 负 责
薛铁军、田军、张波、宋军勇、韩秀瑾、王莹、刘印宣 / 建筑专业
王湘安、张金海、孟范辉、单玉坤 / 结构专业
沈优越、涂岱昕、韩瀛、田宇、刘冬、李研、乌聪敏 / 设备专业

01 / 西南向鸟瞰图

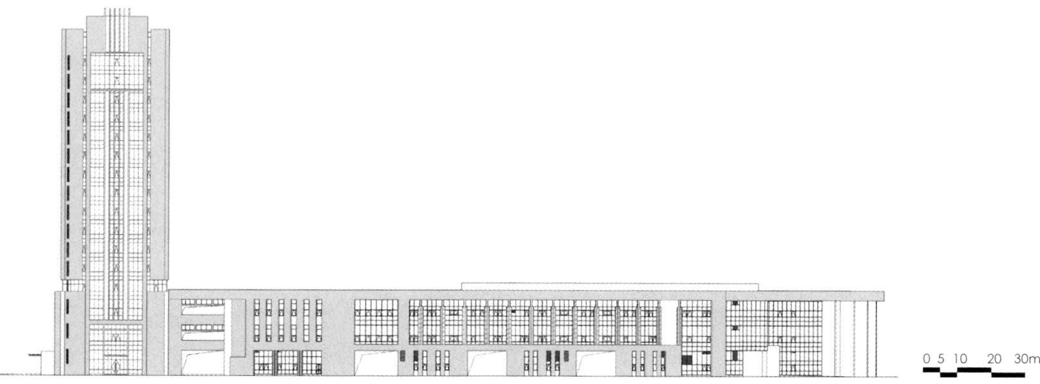

■ 西向立面图

空港式科室布局

常规医院设计一般有两种模式，一种为门诊、医技、住院按纵向进深设置，另一种为门诊、医技、住院横向并列设置，两种模式医疗街的长度最短均在 110 米左右。但根据代谢病诊疗特点，院方提出将医技集中放于一层，并将常规检验设于各科室内，以方便患者简化流程。按照这个要求，如采取门诊和住院楼的进深布局方式将大大缩短医疗街长度，而门诊和住院楼横向并列却不符合这个要求，也避免不了住院楼与门厅过远的问题，因此该设计方案是门诊和住院楼沿纵向展开，用此布局，医疗街长度仅为 50 米，大大缩短了患者就诊流程，体现医院的以人为本的设计理念。

同时，该设计方案还将“空港式科室布局”概念延伸到医院设计中，实现集中候诊、分科室就诊及检验的功能设计。各门诊成组团式布局，行政办公楼、培训科研楼穿插其中，既与医疗区联系紧密又相对独立，又方便为医疗区提供服务。

人性化的空间设计

门诊大厅是医院直接对外开放的区域和窗口，其设计特点应表现明快、顺畅、简洁、大方的特色。因此，设计以淡雅柔和的米色、乳白色等为主调，选用经久耐用的人造石英石地面、石材和抗贝特板墙面以及金属板吊顶为主材。

医疗街和连廊贯通连接门诊楼与住院楼，有导视、分区的功能。交通空间强调简洁与秩序感，突出标志指引，体现不同空间的衔接与过渡。

候诊及诊疗空间强调医疗环境的特色，突出为病人创造安静、祥和的空间环境。病人在这里应可以感受到安静有序的氛围，

02

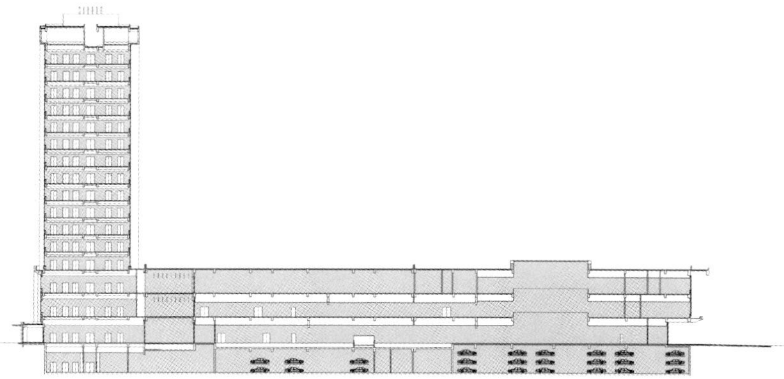

■ 剖面图

03

02 / 主入口鸟瞰图
03 / 主入口人视图

04 / 大厅
05 / 院病房走廊
06 / 护士站

04

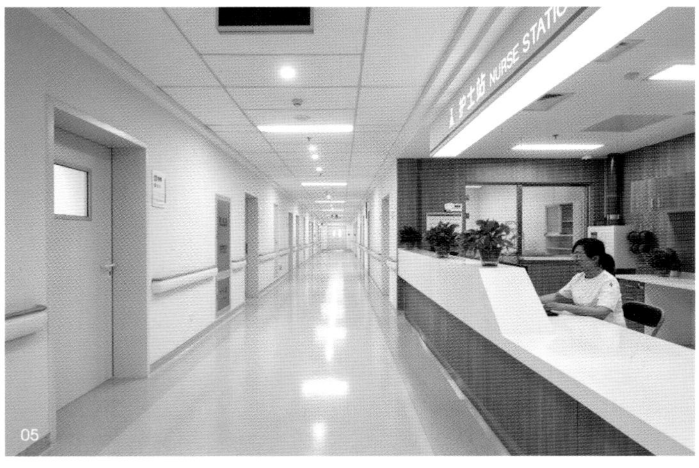

05

06

缓解等候时的紧张心情，减轻精神上的压力和负担，因此设计以明快的色调为主，但根据不同科室的诊疗特点进行适当的变化调整。设计手法简洁、明了，便于病人辨识。

诊室是室内设计最应该简化的部分。在这一空间内，人的活动较为简单，因而这一空间除了按几种基本模式布局家具设施外，无需任何造型。色彩以淡雅偏白为主调，灯光以色温合适、不影响患者面色为宜，便于医生观察病人做出准确判断。

现代明快的设计风格

立面设计以现代风格为主，门诊主入口采用内凹处理，自然围合出门前广场。内凹式建筑造型对视线及入院的人流具有很强的指引性，其内凹流动的形体也与第二儿童医院共同形成了环瑞北路完整的城市街墙。

门诊楼摒弃过多的烦琐装饰，以大面积虚实对比追求整体气势，塑造出了现代、简约、明快的建筑风格特点。作为建筑独特的“第五立面”，方案还对屋顶进行了绿化，提升了住院楼景观环境，可供患者休憩使用，体现了绿色医院设计理念。

对城市空间的贡献

由于大部分代谢病住院患者能正常活动，因此除药物治疗外，医院需要一个极佳的康复活动场所。方案在院区西侧布置了一个 10 000 多平方米的生态康复花园，成为整个院区的“绿肺”。良好的室外景观对提高病人的康复有极大的作用。同时，大面积的绿化也构成了辰达北路极佳的城市景观，大大提升了周边地块的商业价值，为城市空间做出了贡献。

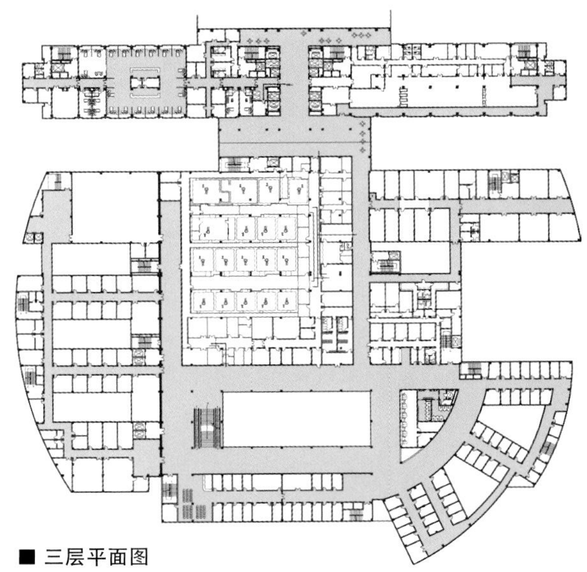

■ 三层平面图

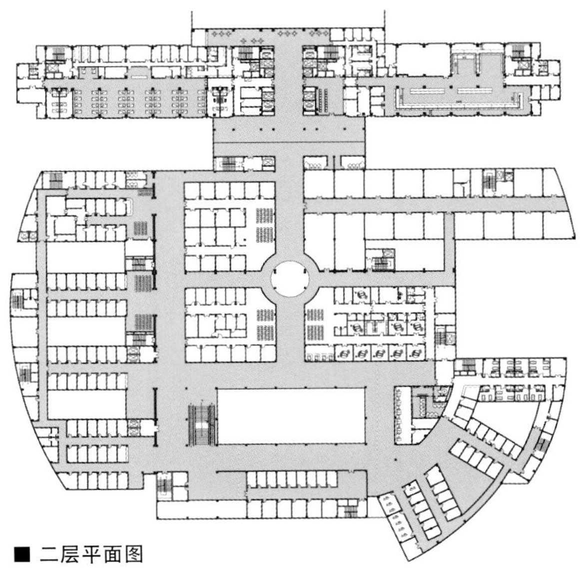

■ 二层平面图

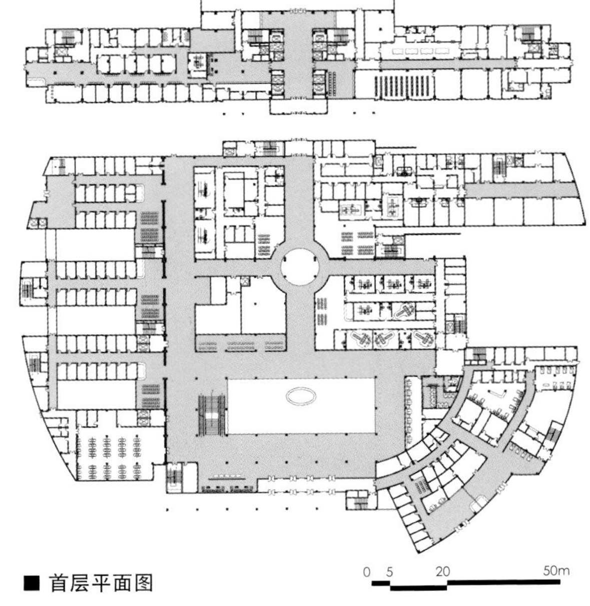

■ 首层平面图

07 / 大厅人视图
08 / 候诊区
09 / 透析室

07

08

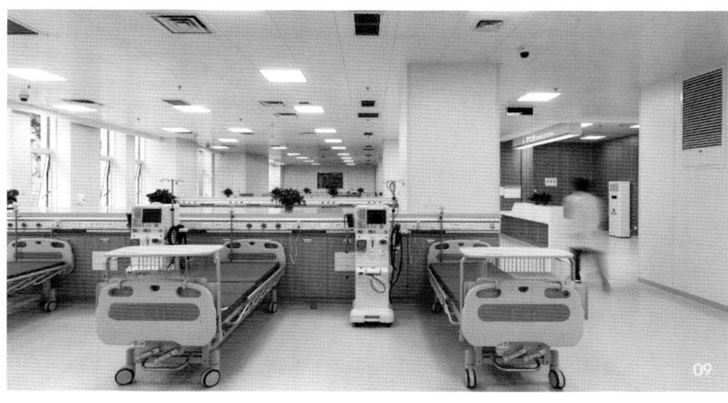
09

潍坊市中医院

WEIFANG CHINESE MEDICINE HOSPITAL COMPLEX

天津大学建筑设计研究院

潍坊市中医院门诊综合楼为山东潍坊市重点工程之一，坐落于潍坊市潍州路西侧。医院地上 22 层，地下 1 层，总建筑面积 40 160 平方米，为门诊、住院综合体，其建成后将成为覆盖整个周边区域的医疗服务和医疗咨询中心。

01 / 东南向人视图

■ 总平面图

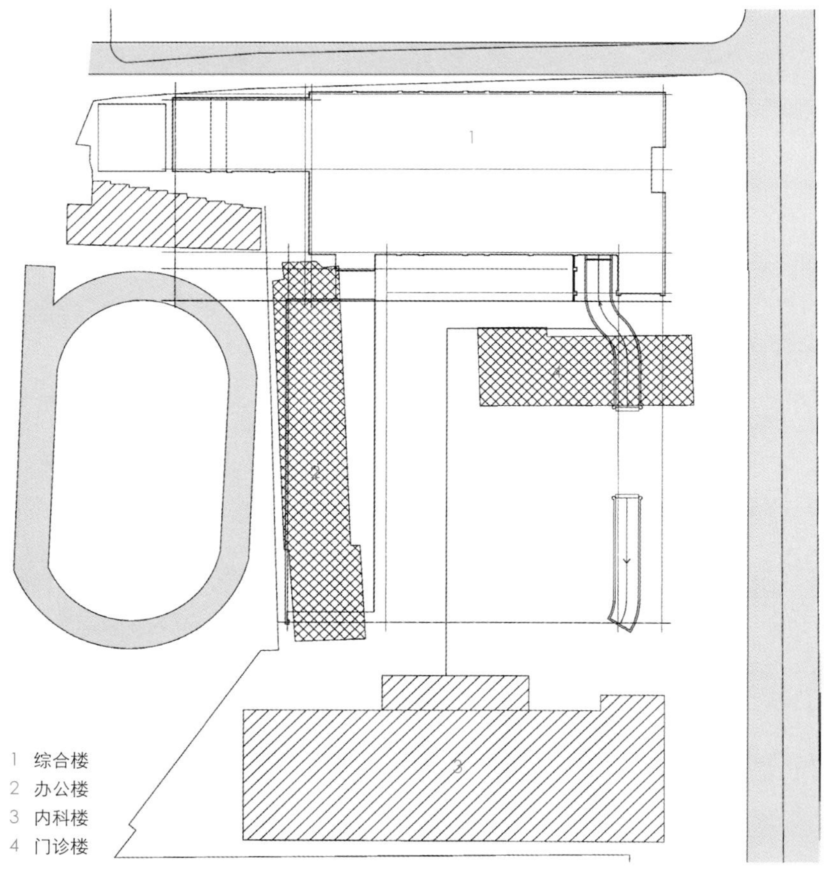

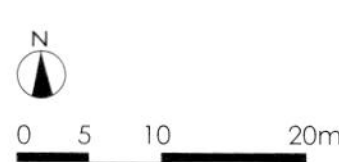

山东省潍坊市 / 项目地点
2004 年 / 设计时间
2006 年 / 建成时间
5100 平方米 / 用地面积
40 160 平方米 / 建筑面积
600 床 / 床 位 数
框架剪力墙结构形式 / 结构形式
地上 15 层，地下 1 层 / 层　　数
薛铁军 / 总 负 责
薛铁军 / 建筑专业
王亨、储乃东 / 结构专业
沈优越、冯卫星、李力 / 设备专业

01

02 / 景观休憩大厅

在细微处体现人性化

在病房设计上，潍坊市中医院主要采用了三人间，这样可以方便患者之间的交流，同时为保障患者的隐私，特别在病床周围设计了围帘，而病房门上设有一个可开启式观察窗，既满足了医务人员的工作需要，又创造出相对独立的内部环境，保护患者的隐私。

空间设计的人性化也不能忽略医护人员的工作环境。该项目将医务人员的工作区作为一个模块从患者的生活区中独立出来。工作区自成体系，有自己的垂直通道，医务人员由工作人员专用电梯直接进入工作区，与患者区域分开，互不干扰。护士站在病房区的中央，与病房及工作区最近，形式开敞，有利于监护病人。

积极的交往空间在住院部的应用

重视和加强交往环境已经是现代医院设计中的一项重要内容，积极交往是康复的必要条件。

本项目试图通过医务人员、患者、家属几个层面对医疗空间进行解读，在住院部设计了家属接待探视区，并配备电话、餐饮等设施，同时变廊为厅，在人工环境中引进了自然因素，利用小片草地、叠石、细竹、庭凳等设计元素，创造一个宁静、开敞的自然空间。病人可以漫步于人造庭院，也可在此和家属交流信息，以消除长期住院所产生的孤独感。

同时，绿化空间既可作为主要的水平联系通道，又可作为查房时的临时习教场所，有利于人流集散，消除众多医护实习人员在走廊上的拥塞现象。设计师还把室内的绿化渗透到室外，人们从室外可以直接看到建筑内部绿色的环境，使中医院真正成为患者的“绿色家园”。

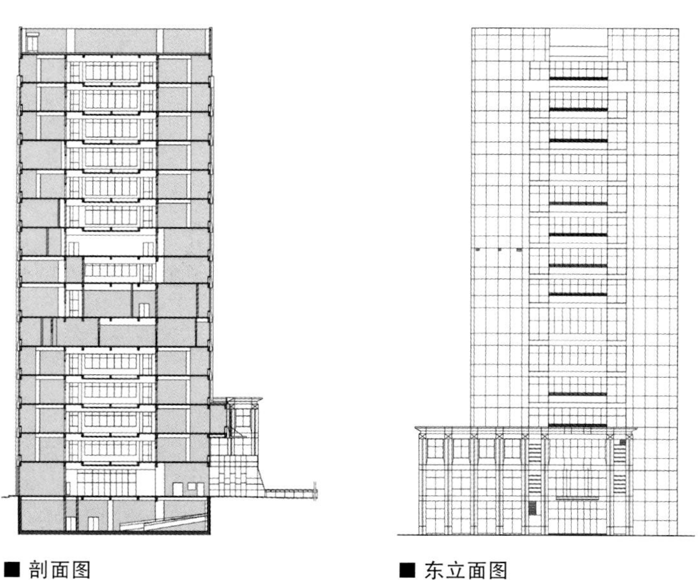

■ 剖面图

■ 东立面图

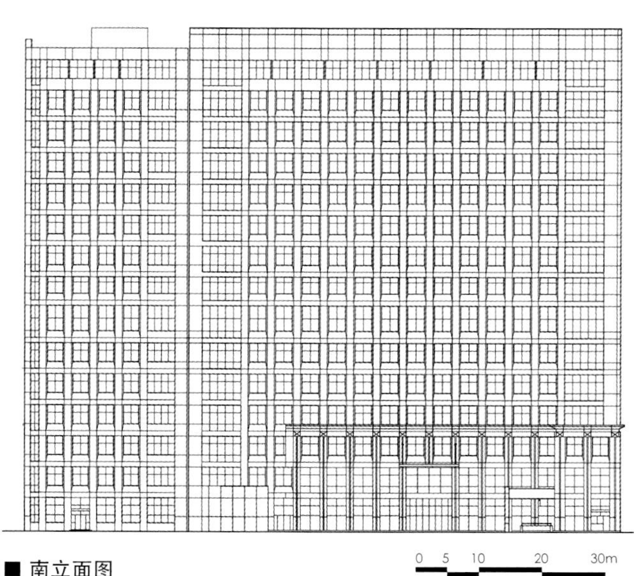

■ 南立面图

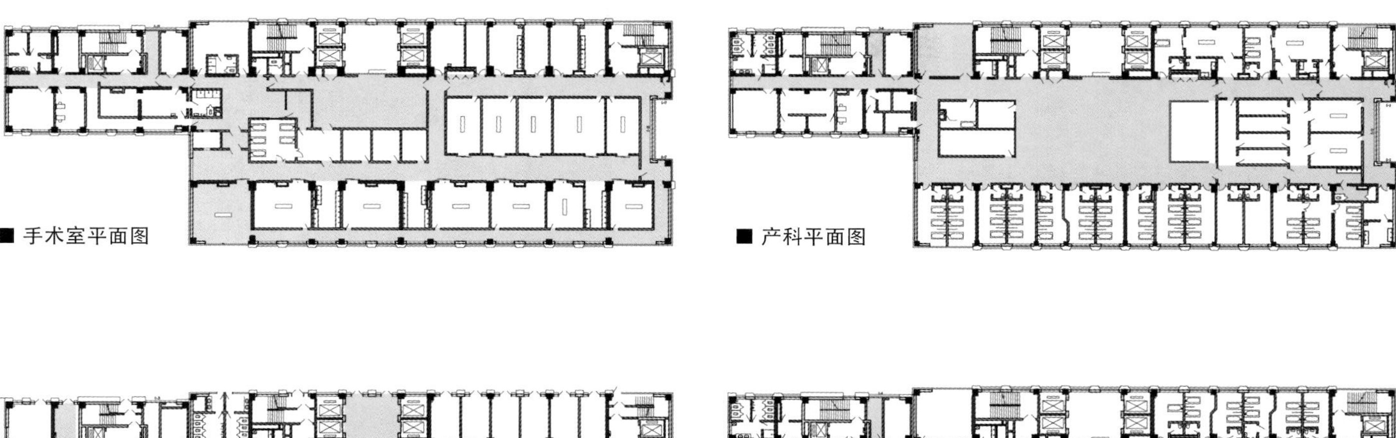

■ 手术室平面图

■ 产科平面图

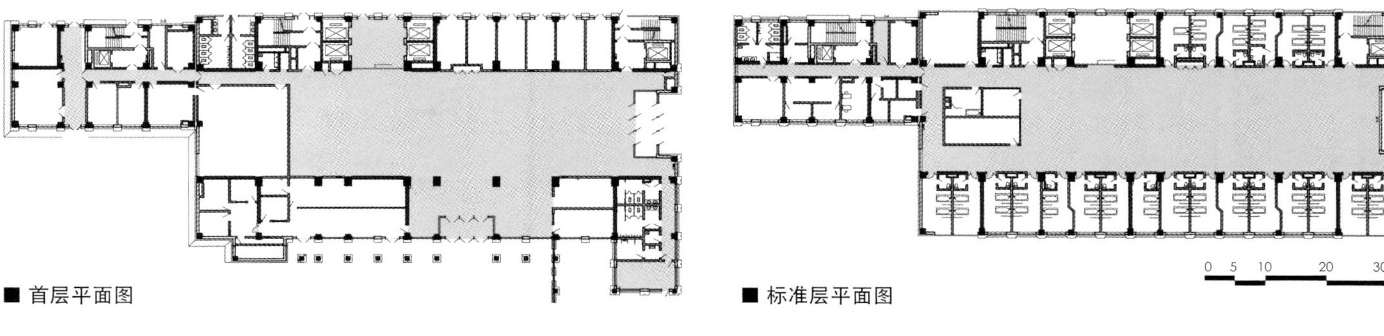

■ 首层平面图

■ 标准层平面图

02

03

04

06

05

03 / 等候休息厅
04 / 景观休憩大厅
05 / 景观走廊
06 / 诊室区
07 / 局部视角

07

东莞市人民医院新院

DONGGUAN PEOPLE'S HOSPITAL

东南大学建筑设计研究院有限公司

东莞市人民医院新院位于具有极强发展前景的万江地块，周边环境优美、交通便捷。项目希望采用现代医疗建筑的设计理念和医技流程，方便医护、患者的诊治与治疗，并具有灵活的平面布局和超前的意识，为未来发展留有空间。方案在医技用房及肿瘤和放疗中心西北侧留有发展用地，近期为以绿化为主的绿色生态公园，远期发展扩建时可方便与原有医疗建筑联系。

■ 总平面图

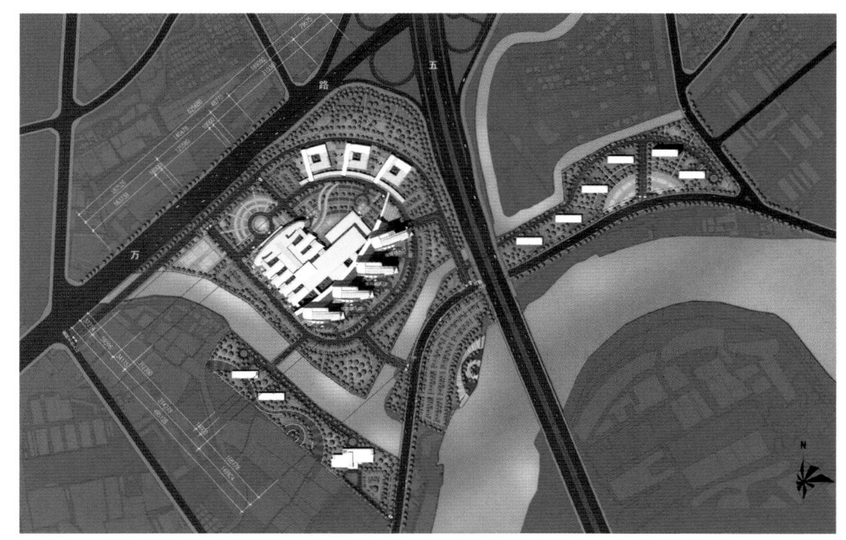

01

广东省东莞市 / 项目地点
2006 年 / 设计时间
2010 年 / 建成时间
317 755 平方米 / 用地面积
184 501 平方米 / 建筑面积
1500 床 / 床 位 数
框架结构建筑 / 结构形式
地上 13 层，地下 2 层 / 层　　数
满志、陈励先 / 总 负 责
陈欧翔 / 建筑专业
谭晓明、杨璜、吴绍源 / 结构专业
史青、张乙青、钱锋、刘卫强、龚德建、王刚平 / 设备专业
臧胜 / 智 能 化
汤健 / 装饰专业

01 / 住院部

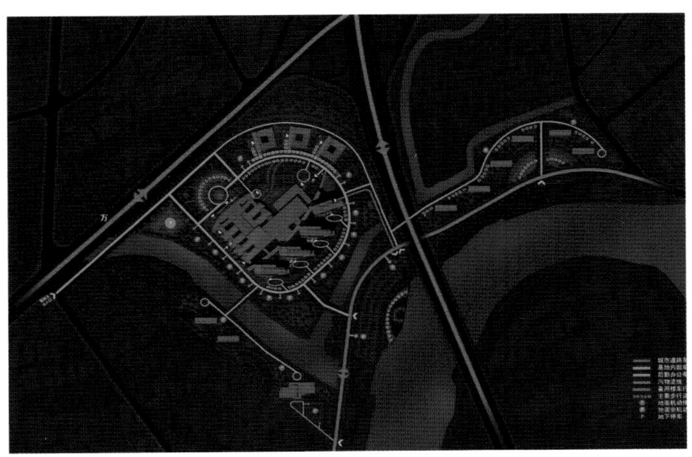

- 城市道路车行流线
- 基地内部车行流线
- 后勤办公车行流线
- 污物流线
- 备用楼车行流线
- 主要步行流线

■ 交通流线分析

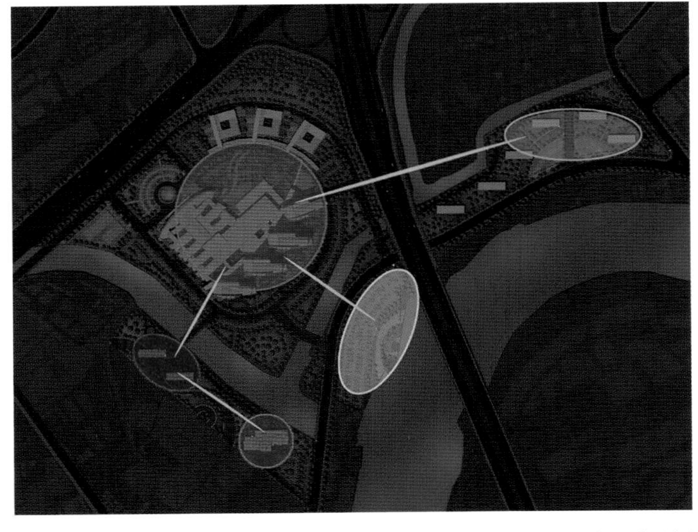

- 发展用地和员工公寓
- 主题医疗建筑
- 景观绿化停车场
- 备用辅助楼
- 备用楼

■ 建筑群体定位分析

科学合理的总体布局

根据项目任务书的要求和基地条件，医院的主入口被设置在万道公路上，而住院部入口及污物口、后勤入口、备用楼入口等被设置在滨江西路上。医院出入口及内部交通流线的组织围绕着医院环路，遵循病患人流与健康人流分开、洁污分流的原则。项目共有四个机动车、非机动车和人行绿化通道出入口，分别为：

医院主入口：由万道路辅道进入后，分为三路。一路通过宽敞的入口生态绿地，直接通向门诊部和急诊部；另一路由医院环路分别通往健康体检中心、老干部诊疗中心、行政办公楼；第三路和放疗中心、高压氧舱以医院外环路相连。

医院次入口：位于滨江西路，进入后可直接到达住院部。住院部和门诊人流分开，使住院病人环境更加安静，有利于病人的健康恢复。

污物出口：所有的污物均由污物电梯运至地下室，并由位于地下室西侧的污物专用坡道运至基地南部的污物专用出口。污物流线与病人流线、后勤流线在院内互不干扰，真正实现洁污分流，以保证生态绿地真正能为人们创造一个绿色的环境。

备用楼主楼出入口：位于滨江西路，和污物出口以两米宽的绿化带隔开。

员工公寓出入口：位于滨江西路，单独设置并和医院次入口通道相连，方便医护人员和医院的联系。

03 / 儿科门诊
04 / 门诊部

疏密有致的医疗街设计

新建医院采用最新的脊骨式医疗街的设计理念，将医疗、科研、后勤以及预防保健等建筑部分通过医疗街有疏有密地连接成为一体。宽敞的入口绿化广场作为序曲，布满棕榈树及喷泉。面对着入口广场的是梭形的门急诊入口，大片通透的落地玻璃迎接着病人的到来。

门急诊与医技楼之间以五个内庭院有分有合地由医疗街贯穿于一体。住院部的裙房与弧形的医疗街和门急诊医技区之间形成弧线形的内庭院，加上和内庭院呼应的室外绿化广场及绿色生态公园，使人完全置于一个室内外融为一体的自然环境中。整个建筑群完全融合在自然绿化景观中，既具有韵律感，又显得活泼、变化丰富。

柔和的建筑造型

该方案的造型设计，在着重整体建筑群体的构图与刻画的同时，考虑到该建筑群应对万道公路、环城路及东莞水道所起的标志性作用。四幢形似风帆的病房楼以柔和的建筑体形融入滨江环境中。隔江而望，这组建筑仿佛东莞水域中永不停航的风帆，勇往直前。

03

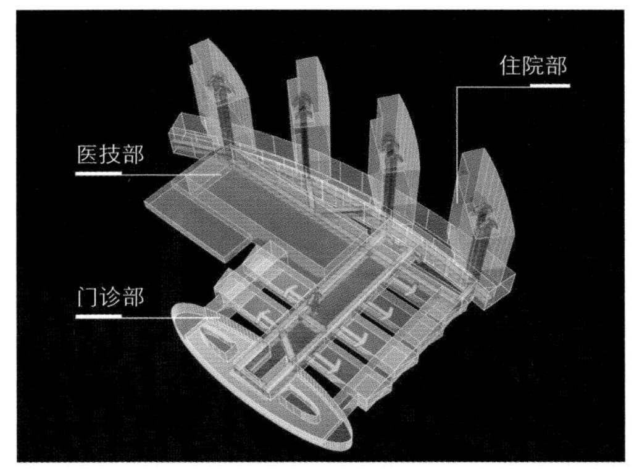

■ 内部交通分析

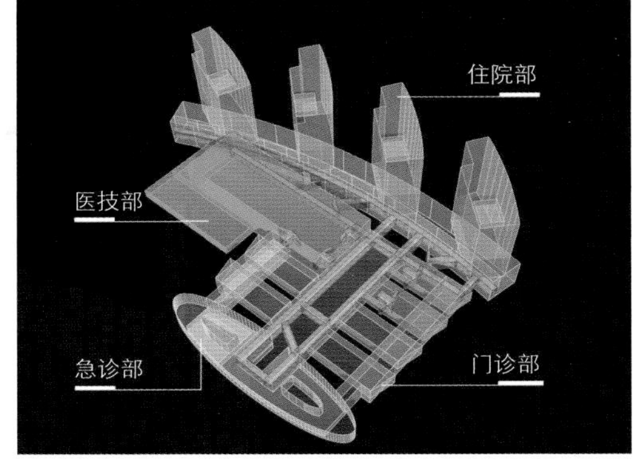

■ 资源共享分析

04

05

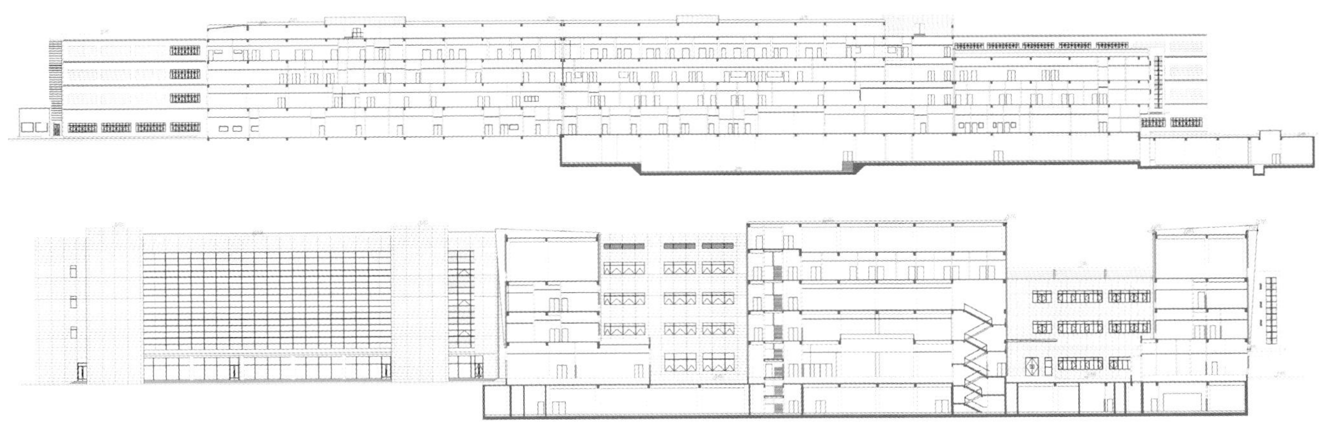

■ 剖面图

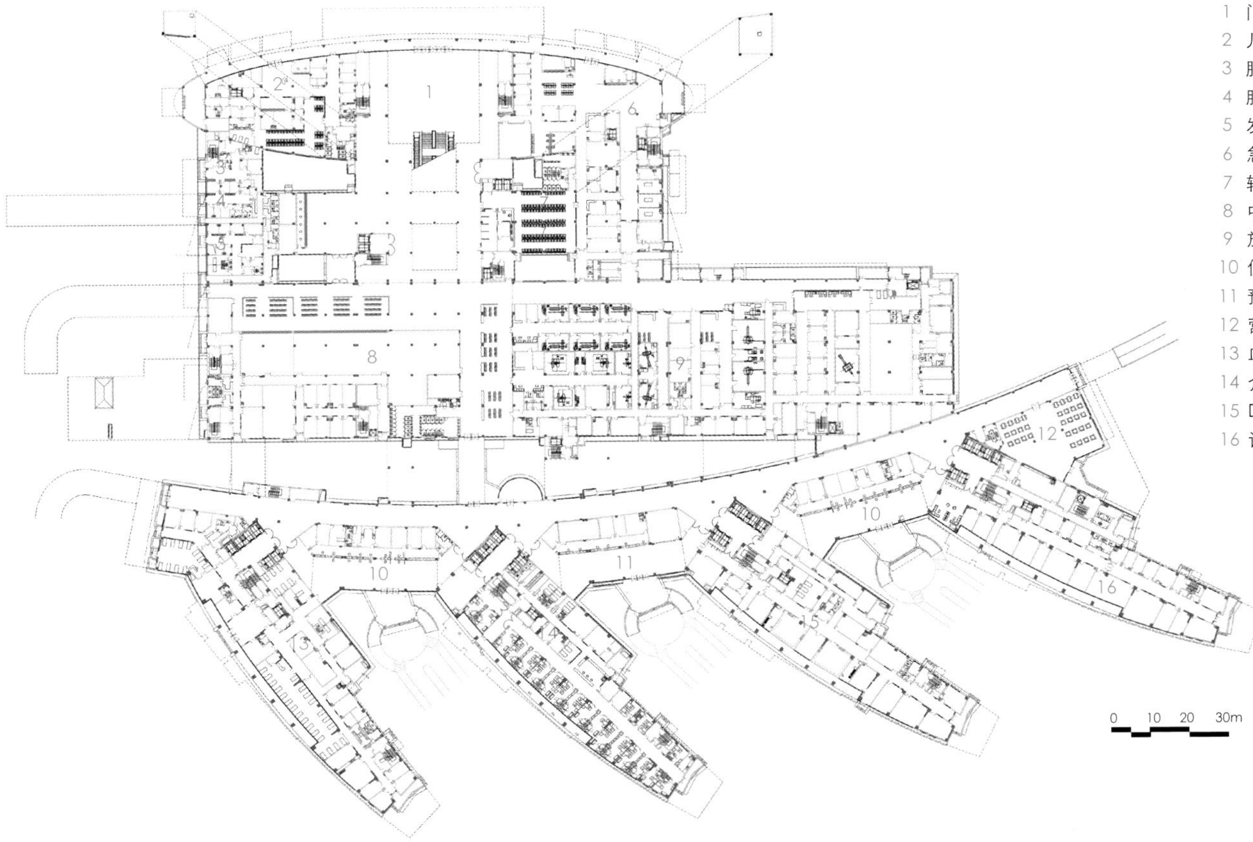

1 门诊大厅
2 儿科门诊
3 肠道门诊
4 肝炎门诊
5 发热门诊
6 急诊急救中心
7 输液室
8 中心药房
9 放射科
10 住院大厅
11 预留发展金融中心
12 营养餐厅
13 血液透析科病区
14 介入科病区
15 DSA
16 设备科

0 10 20 30m

■ 一层平面图

06 / 行政楼、老干部诊疗中心、健康体检中心鸟瞰图
07 / 住院部 C 座、D 座
08 / 急诊科 2

06

07

08

南京鼓楼医院仙林国际医院

NANJING GULOU HOSPITAL (XIANLIN INTERNATIONAL BRANCH)

东南大学建筑设计研究院有限公司

南京鼓楼医院仙林国际医院位于灵山北路南侧，南侧的灵山是仙林新市区的绿色生态廊道，北隔灵山北路是南京外国语学校仙林分校和正在规划设计的高品质居住小区，西侧的蓄洪水库是城市重要的生态性景观水面。项目总用地面积 266 250 平方米，其中建筑用地面积 144 940 平方米。

南京鼓楼医院仙林国际医院由四大功能区组成：高标准医疗、康复中心，平战结合地下车库，基本医疗区和医师培训中心。

一期建设项目是基本医疗区。日门诊量 2000 人次，病床数 600 床。建筑面积 104 616 平方米，其中地下面积 40 602 平方米，地上面积 64 014 平方米。建筑高度 21.35 米（室外地坪至屋面最高点高度），建筑层数地上 3~4 层，地下 1 层，室内外高差 0.45 米。

■ 总平面图

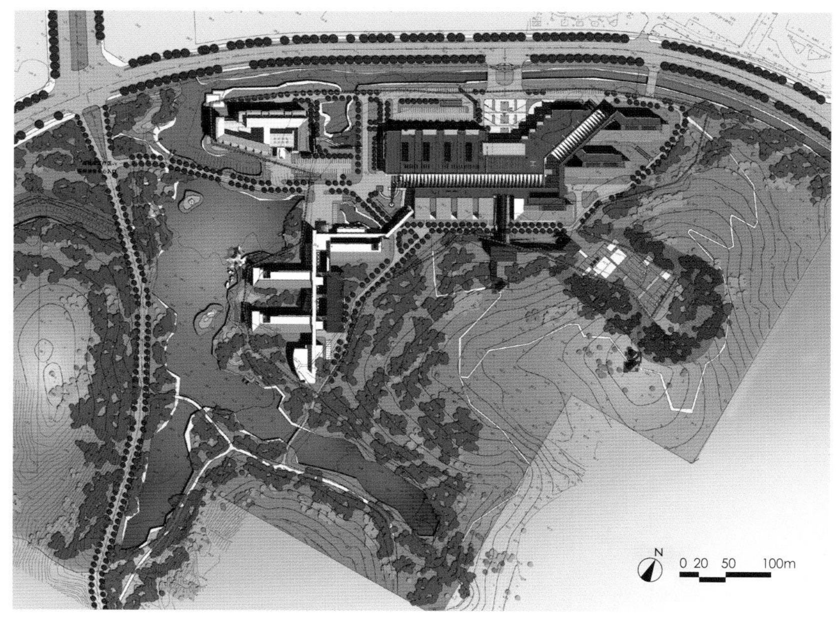

01

江苏省南京市 / 项目地点
2006 年 / 设计时间
2013 年 / 建成时间
144 940 平方米 / 用地面积
104 616 平方米 / 建筑面积
600 床 / 床 位 数
框架结构建筑 / 结构形式
地上 4 层，地下 1 层 / 层　　数
高崧、曹伟 / 总 负 责
高崧、曹伟、翁翊暄、刘弥、顾燕、孔晖、沈国尧 / 建筑专业
施明征、单红宁、狄蓉蓉 / 结构专业
龚德建、钱锋、史青、臧胜 / 设备专业
周革利 / 经济专业

01 / 东侧鸟瞰图

02 / 沿灵山北路西北侧外观

“显山露水”的园林式医院

依山滨水的景观资源也带来规划的限高问题，这决定了医院只能采用水平延展的多层医院模式。规划将大体量的医疗建筑依照山形水势，结合功能分区化整为零，形成“医疗岛”“培训岛”和“康复岛”，三岛路桥相连的岛式布局，有利于山水景观资源的渗透和视线通廊的引入，在使灵山、水库、医院、城市完美呈现“山水城林”这一南京城市特色的同时，也成就了南京鼓楼医院仙林国际医院园林式医院的特色。

高效、人性的现代医院

基本医疗区（医疗岛）以医疗街为骨架，串联病房、医技、门急诊等不同医疗功能，结构简单，交通便捷。设计引入“医疗广场”的概念，通过在医疗街穿插的一系列庭院、中庭和大厅，形成室内外景观交融的公共空间，同时引入零售、电话、书刊、休闲餐饮、医疗咨询、健康讲坛等公共功能，给原来冰冷的医疗空间增添了人性化的温暖氛围。院落空间的设计，使所有就诊、医技、医护办公空间获得采光、通风的同时，也带来无处不在的绿化景观。严格的医患分区、洁污分流以及门诊区的医患分廊模式为现代医院的感控提供了良好的条件，再加上先进的管理理念，使鼓楼医院仙林国际医院成为高效、人性化的现代医院。

绿色、生态的可持续发展医院

该项目采用适宜的主被动技术使医院的建筑设计达到国家绿色二星标准，在建筑设计上采用适应原始地形的剖面空间处理，减少场地的土方量，并通过庭院策略，使就诊、医技和医护工作空间均能获得良好的采光和通风。建筑立面的锯齿折窗以及水平向的遮阳处理、医疗街顶部的外部织物遮阳蓬、建筑的外立面保温系统和适宜的窗墙比，使建筑获得了良好的热工环境。建筑的平屋面上均有绿化种植，加上系统的庭院设计，使建筑获得了良好的微气候环境。除此之外，医院在建筑设备上也采用了众多适宜的节能技术，如雨水收集、中水利用、地源热泵、节水洁具等，从而使鼓楼医院仙林国际医院成为真正意义上的绿色医院。

名院传承的外部形象

建筑群落通过适应地形高差而产生的跌落和沿灵山北路平面的进退，形成高低错落、进退有序的群体建筑形象，以水平舒展的建筑体量融于自然山水环境之中。新建筑部分地汲取原马林医院老建筑的符号意向，整体建筑风格清新雅致。外立面采用米黄色锈石，辅以木色外墙千思板，与山水环境很好地融合。病房采用落地锯齿窗，获得南向日照，引入外部景观的同时，也使建筑立面形成节奏与韵律感。面向内院和自然山水景观的公共空间多采用大面积玻璃，以便最大限度地引入自然景观。建筑屋面采用平坡结合的形式，坡屋面采用单坡深灰色铝镁锰金属屋面，平屋面采用绿化种植屋面，使建筑的第五立面更好地与周边环境融合。

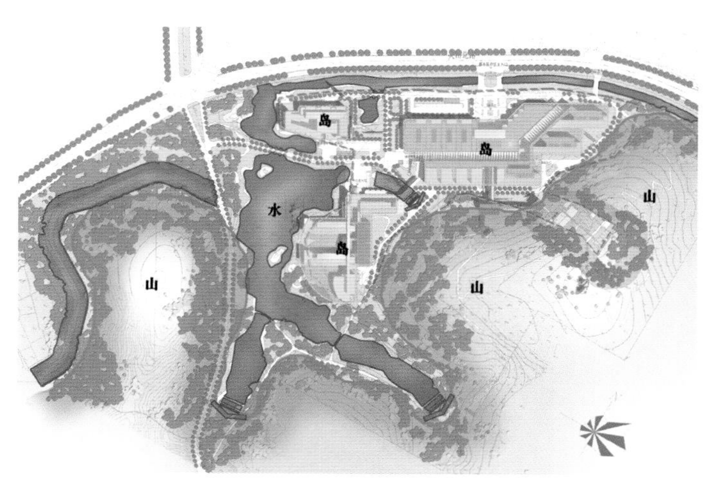

■ 岛屿分析

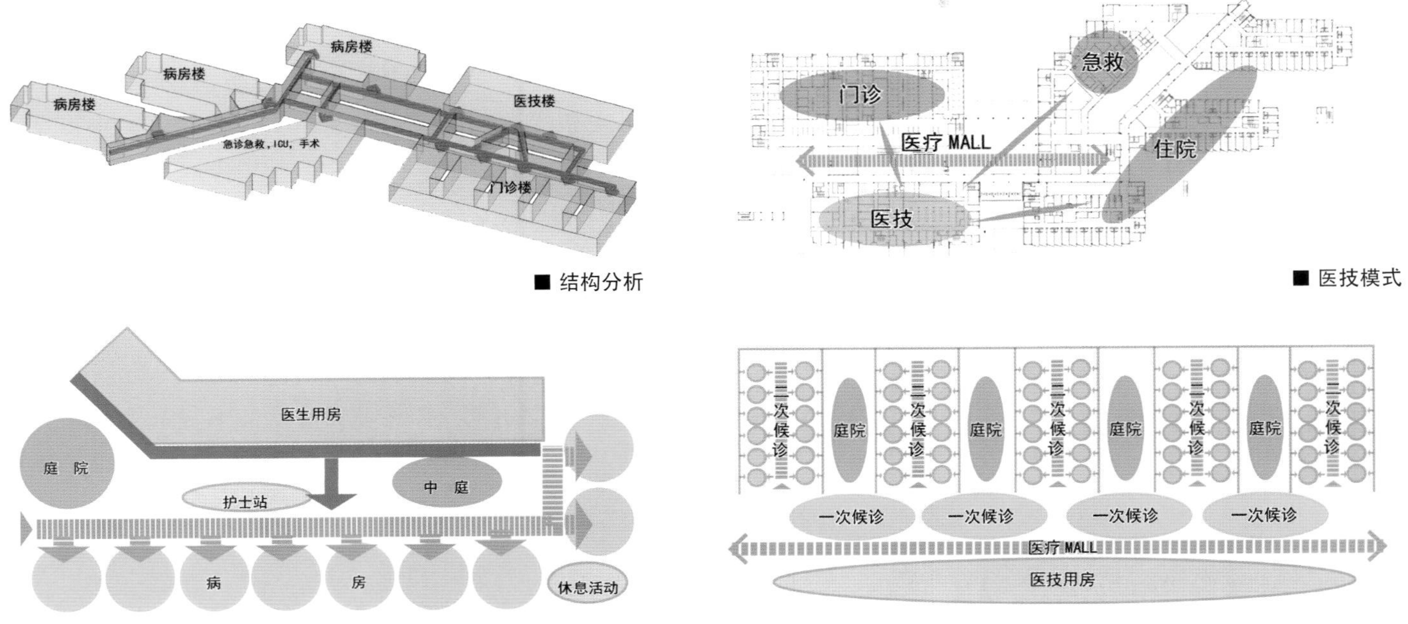

■ 结构分析

■ 医技模式

■ 病房模式

■ 诊疗模式

03 / 病房楼外景
04 / 急诊出入口夜景
05 / 急诊出入口日景
06 / 医疗街

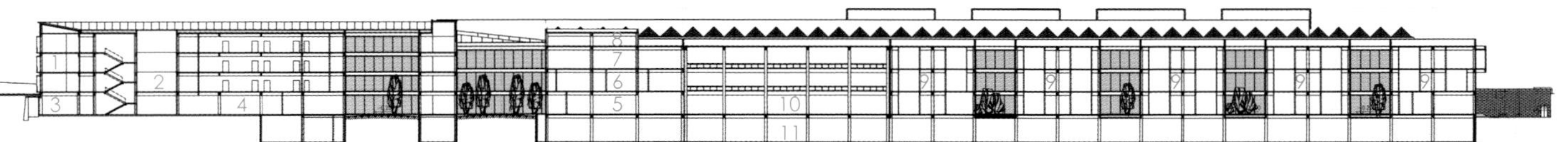

■ 剖面图

1 病房
2 庭院
3 库房
4 职工厨房
5 输液中心
6 产房
7 手术中心
8 净化设备区
9 门诊部
10 门诊大厅
11 机动车库

07

07 / 住院部大厅

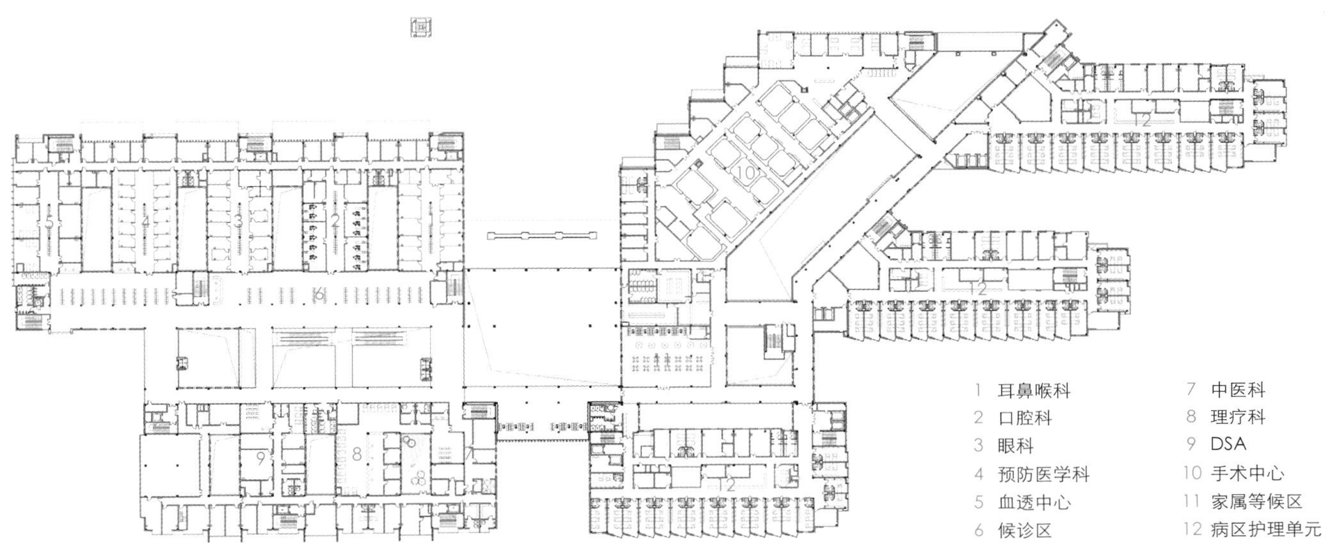

■ 二层平面图

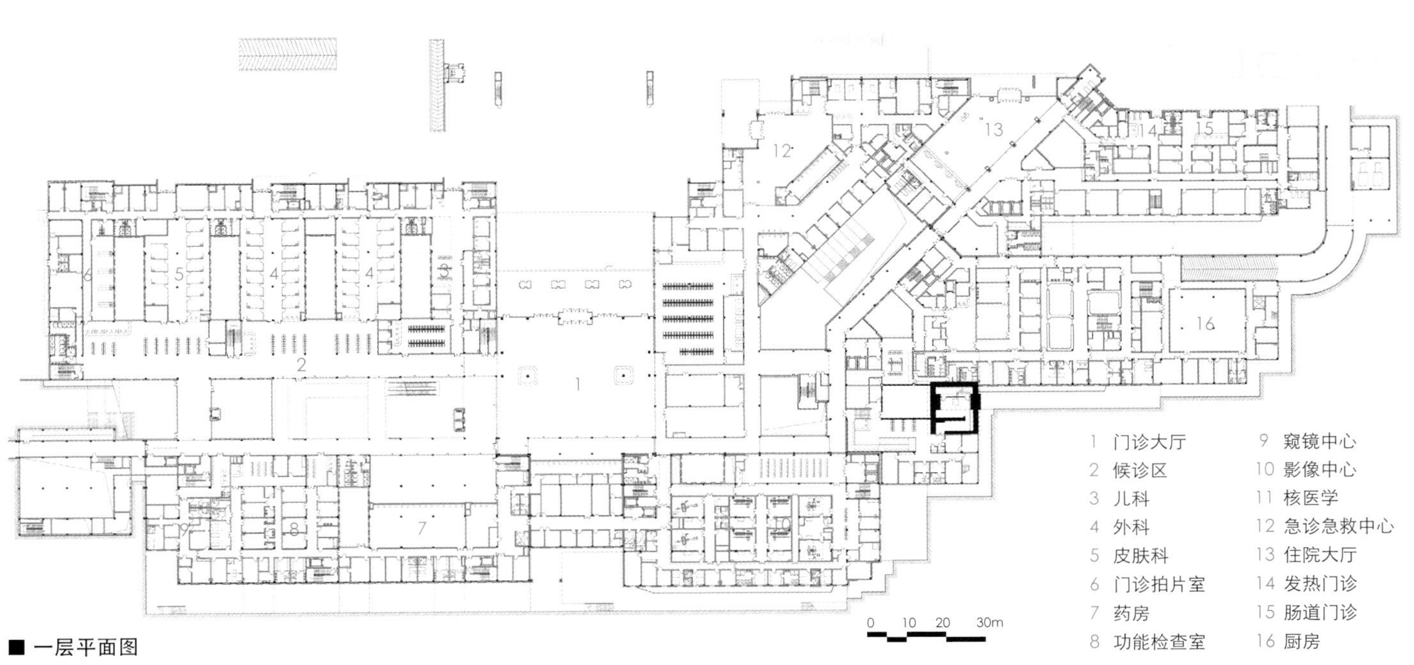

■ 一层平面图

08 / 门诊走廊
09 / 病房走廊
10 / 门诊大厅
11 / 室外活动场地
12 / 病房楼外观局部

08

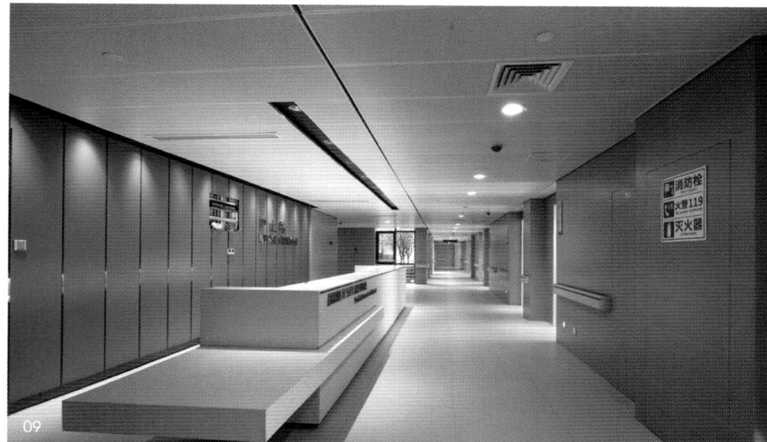

09

10

11

12

南京市仙林中医医院

THE TRADITIONAL CHINESE MEDICINE HOSPITAL OF XIANLIN, NANJING

东南大学建筑设计研究院有限公司

南京市仙林中医医院选址于中国南京仙林大学城东部。项目基地群山环抱，外部生态环境优美。该项目计划建设一所集医疗、教学、科研、预防、康复为一体的三级中医医院，主要填补“宁镇扬一体化”三市腹地的优质医疗资源空白，同时进一步辐射“南京都市圈”周边的城乡居民。

建筑规划秉持中医传统理念，强调人与自然的和谐，希望使整个医院成为康复花园。方案采用化整为零的手法，将庞大的地面建筑体量拆分为多组院落，彼此间通过医疗街相连，将绿化引入建筑之间与建筑内部，形成建筑与自然景观的融合。

■ 总平面图

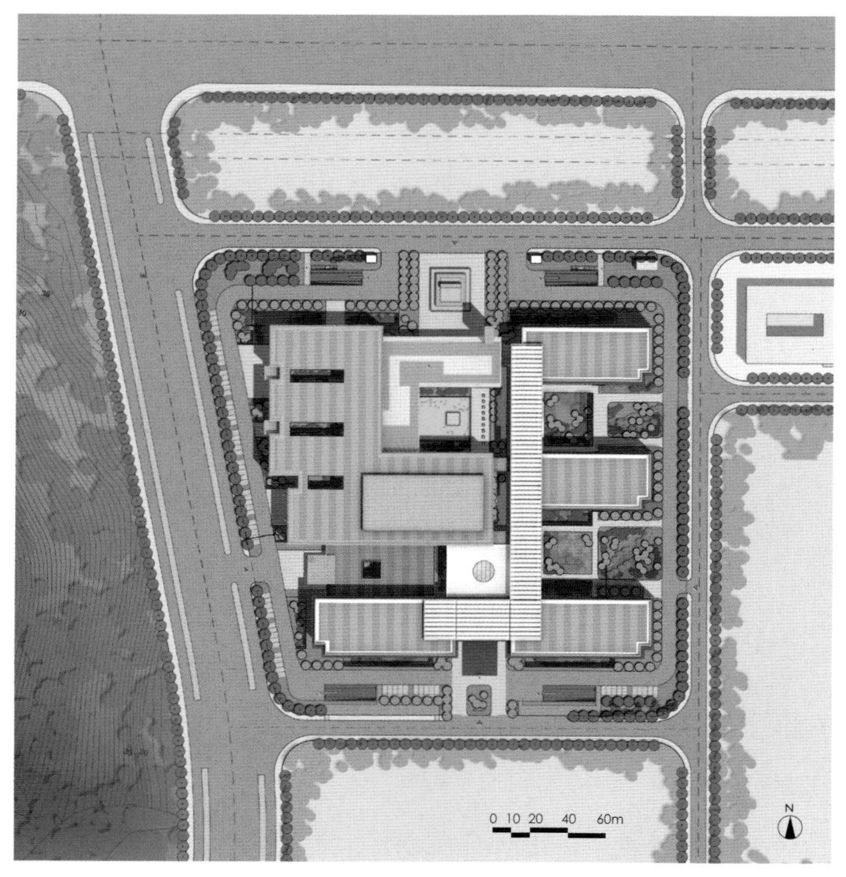

江苏省南京市 / 项目地点
同济大学建筑设计研究院（集团）有限公司 / 合作单位
2018 年至今 / 设计时间
45 481 平方米 / 用地面积
129 854 平方米 / 建筑面积
1000 床 / 床 位 数
框架结构建筑 / 结构形式
地上 5 层，地下 2 层 / 层 数
曹伟 / 总 负 责
吉英雷、侯彦普、钱瑜皎、王佳宁、何浩裕 / 建筑专业

01 / 西北向鸟瞰效果图

02 / 北侧门诊入口鸟瞰图

适应周边城市特点的规划功能布局

基地北侧的仙林大道为城市主干道且有轻轨通过，西侧守敬南路交通流量大，二者噪声较多。方案将院区主入口面向北侧仙林大道，将人流量较多的门诊和急诊设在靠近道路进出方便的西侧，将病房等较为安静的功能置于用地东侧与南侧，临近居住地块。医技功能设置于门诊与病房之间的中心位置，联系方便。

H 形医疗街高效便捷地串联起院区各部门，也将与之相伴的一系列景观庭院和边院联系起来。主入口空间采用留白的手法，植入入口中式禅意景观庭院，一方面使北向入口空间获得阳光，弱化入口面北带来的不利影响，使就诊人群经由园林进入室内，获得愉悦的空间体验，舒缓与平复就诊心情；另一方面也使围绕在周边的医疗街、门诊大厅和候诊空间获得优质的外部景观。

便捷明确的流线与交通组织

综合考虑人流来向和城市界面形象，方案将门诊主入口面向仙林大道，车行由辅道进出；住院部主入口位于南部，由南部规划道路出入；急诊、急救面向西侧独立开口，方便急救车辆进出；污物与货物出入口设置于东侧支路上。方案还分设了儿科、行政、感染门诊等多个次要出入口，感染门诊位于主导风下风向。

场地内部设计 U 形环道，就诊与探视车辆分别从北侧门诊入口、南侧住院入口进入后直接进入地下，地下设有门诊落客区与住院落客区连接负一层住院门厅和就诊大厅，分散就诊人流。院区除北侧、东侧设置少量急诊、急救地面停车以外，其他区域真正实现了人车分流。

科学、人性化的科室部门功能分布

急诊、急救位于场地西侧一层，东靠医技区，可做到大型设备共享。急救区与手术区和负一层的影像科之间均有垂直电梯联系，北邻门诊部，东南紧邻住院大厅，转诊、住院、夜间关闭均较为方便。门诊部位于场地西北侧，与医技部协同考虑。门诊单元采用标准模块，便于灵活调配。医技部位于场地中部，负一层设置较重的大型医技设备科室，如影像中心、放疗科等。一层配合内科系统设置检验中心，二层设置功能检查、中心消毒供应，三层设置产房和内镜中心，四层设置中心手术、门诊手术、ICU。

住院部共分成四个单元，两两组合共享部分医辅与设备用房。每个体量为 5 层，共 18 个护理单元，通过南北向住院街相连，

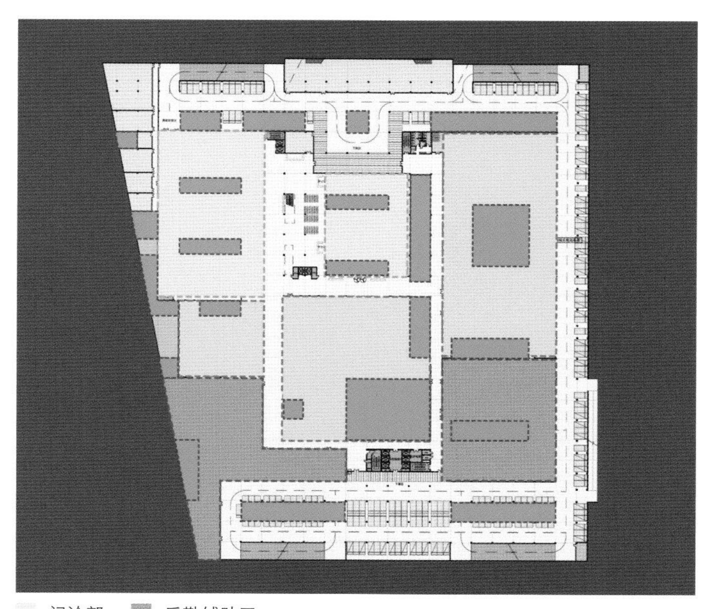

■ 地下一层景观庭院

负一层车行流线

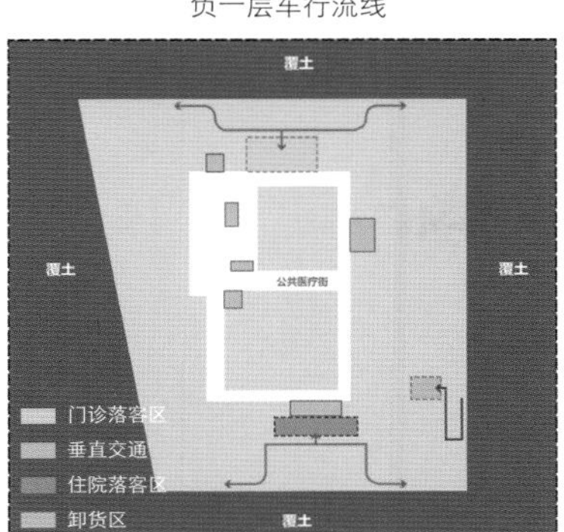

一层车行流线

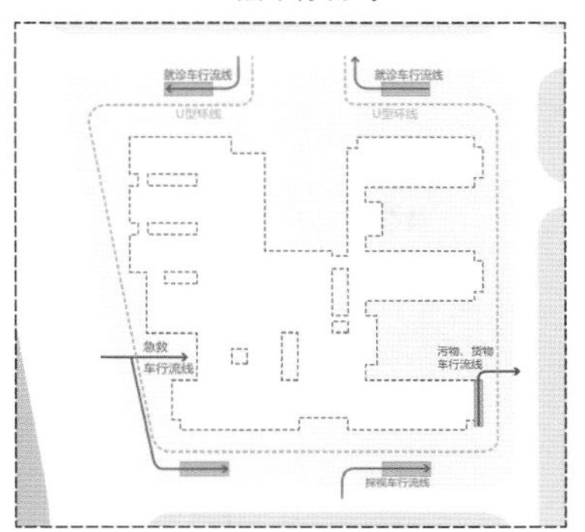

消防流线

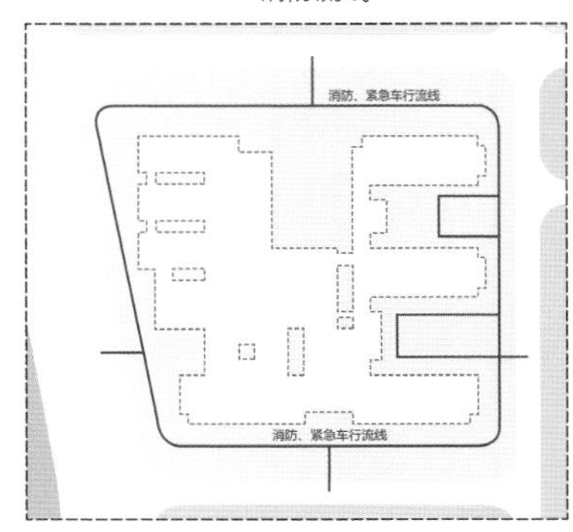

■ 交通组织

02

03

04

03 / 主入口空间与景观院落
04 / 门诊大厅

就近住院街设置多个休闲交流服务功能空间。负一层沿庭院设置血透中心、康复中心，一层设置出入院大厅与静脉配置，北部住院楼设置病房，二层及以上均为住院病房。

行政、病案、信息中心、多功能厅等办公用房在门诊上部四层，相对独立，在底层有单独出入口门厅。同时，地下一层庭院边设有充足的后勤用房。

融入山水城市的造型特色

建筑造型以现代、中式、人文、绿色为设计目标，建筑形体方正，空间结构清晰，建筑造型灵动。北侧主入口设计高大的灰空间，顶部为钢结构，深灰色铝板镶嵌浅枫木色吊顶，温暖自然。门诊大厅为通高共享空间，立面采用钢结构支撑玻璃幕墙，可将外部景观引入室内，顶部浅枫木吊顶，打造现代中式大厅。门诊楼立面采用单元式幕墙，浅枫木色金属铝板镂刻树叶、经络肌理，呼应中医院的主题。

病房楼底部和庭院内部均以通透为主，局部架空，内外渗透；上部通过单元式幕墙强调横向线条，精致典雅、节奏感强。医疗街外侧饰以木色穿孔铝板，既起到了遮阳的作用，也丰富了光影效果，结合垂直绿化，体现了生态主题。

富含中医药特点的景观设计

规划希望通过建筑间的景观庭院将周围山景引入场地内部，扩大院区景深。建筑退让北侧用地红线距离较大，形成入口园林，与城市景观相衔接。

场地内部设计悬壶青囊院、杏林院、经方园、百草园、各类药用花果园等中医景观庭院，配以中医主题雕塑与药用植物景观。庭院根据中医五行所属方位种植相应主题的植物，突出国医景观氛围。

生态智能，打造绿色智慧医院

方案通过主动和被动的绿色节能手法，以可持续发展的环保理念，结合运营实际效果，设计多种绿色生态建筑技术。方案从建筑的形体规划开始植入生态设计理念，将自然采光与通风引入建筑内部每一间诊室、病房，通过下沉式庭院，在地下室营造出地面效果，综合利用地下空间。此外，方案通过现代化设备与技术，在建筑上运用多种暖通设备，为不同的医疗空间量身打造不同的采暖、制冷模式；通过太阳能热水、光伏发电的方法利用绿色能源；在施工过程中通过装配式设计做到绿色与环保。

医院内部通过网上预约挂号、智能报告下载、快递送药、远程会诊等多种现代化智能设备与服务，为患者带来便捷的就医体验，为医护人员带来安全、舒适的工作环境。

病房
治疗室
医生办公室
后勤管理区
餐厅厨房
康复中心
车库与设备用房

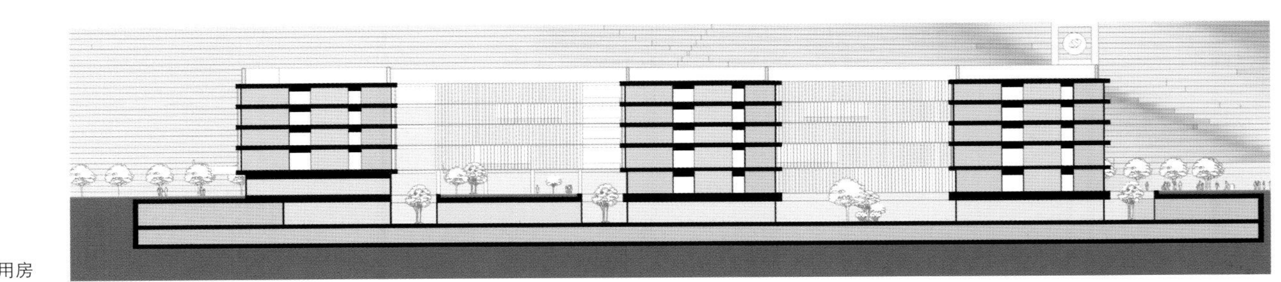

■ 剖面分析图

05 / 从门诊大厅看中心景观庭院

06 / 住院部休息大厅

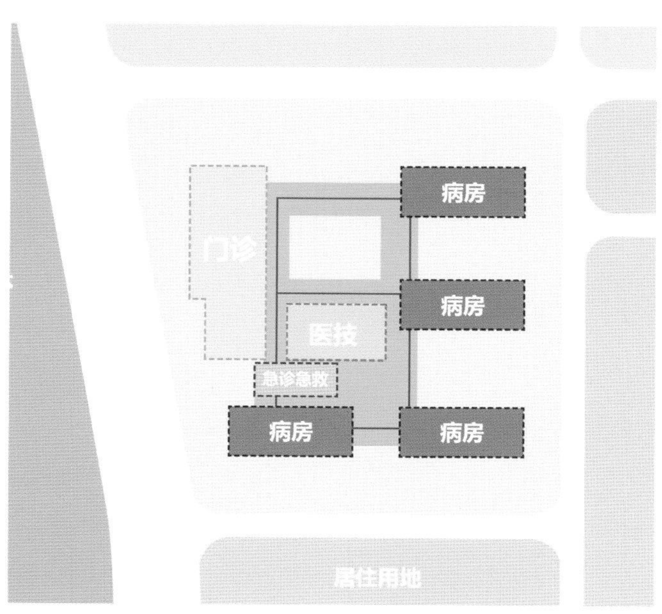

■ 功能分区

行政流线
儿科流线
门诊流线
感染流线
急诊急救流线
污物流线
住院流线

■ 入口与流线组织

1 名医堂
2 肿瘤中心
3 内镜中心
4 产房
5 护理单元病房
6 景观平台

0 10 20 30m

■ 标准层平面图

06

07 / 病房楼效果图
08 / 主入口人视图
09 / 建筑立面表皮效果图

07

08

09

兴化市中医院南亭路院区

THE TRADITIONAL CHINESE MEDICINE HOSPITAL OF XINGHUA (NANTING BRANCH)

东南大学建筑设计研究院有限公司

兴化市中医院南亭路院区位于兴化市城东新区，城市主干道张庄路以东、南亭路以南，占地面积约 87 217 平方米。该地块西靠新区主要景观水面莲溪湖，南侧有横二河流过，基地景观优良，交通便利。新建医院规划总建筑面积 138 566 平方米，满足床位 1400 床，日门诊量 2000 人次。其中，一期建设 800 床现代化中医院，二期建设 600 床康复养老综合设施。

■ 总平面图

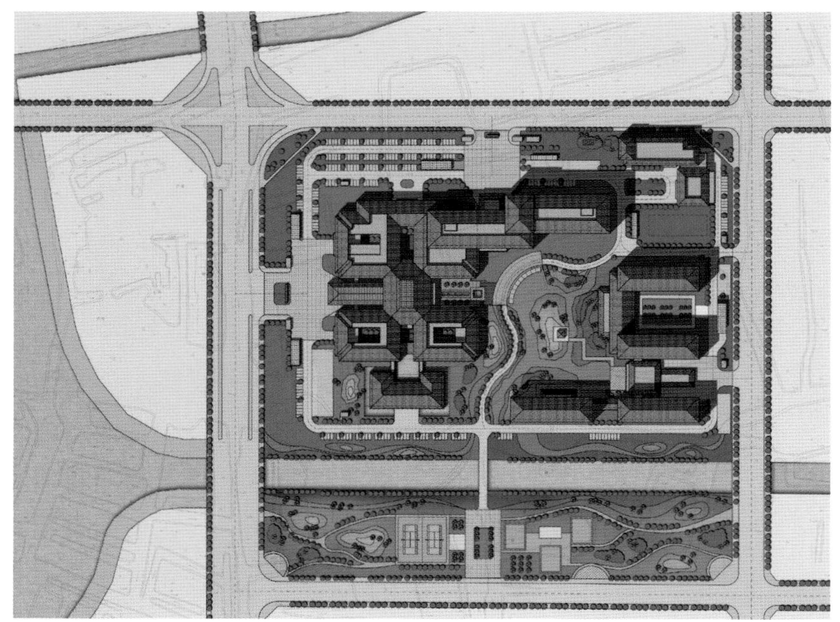

01

江苏省泰州市 / 项目地点
2016 年 / 设计时间
在建 / 建成时间
87 217 平方米 / 用地面积
138 566 平方米 / 建筑面积
1400 床 / 床 位 数
框架结构建筑 / 结构形式
地上 12 层，地下 1 层 / 层　　数
曹伟、包向忠 / 总 负 责
吉英雷、钱瑜皎、王宇、蒋澍、李敏蕙 / 建筑专业
王志明、孙宁、王永春、吕巍 / 结构专业
张咏秋、宋涛、陈洪亮、房潮、黄嘉、林勤荣、还留龙、张辰 / 设备专业
张萍、胡寅倩、王智劼、谢莉 / 经济专业
周杰、黄梅、嵇成云、左传、曹冲、李伟强、葛传方 / 室内专业

01 / 西南向鸟瞰效果图

医养一体的规划布局

由于周边自然景观资源充足，方案以建筑包裹中心景观为宗旨。一期医疗综合区位于交通资源便捷的西部与北部，二期养老设施位于城市噪声较小的东部与南部。

在一期主体医疗功能区域内，方案将层数较高、垂直叠加的住院区置于场地北侧，层数较低、平面展开的门诊医技区置于场地南侧，互不遮挡。医疗综合组团南部设置二层名医堂，堂内为专家坐诊空间与研究工作室。行政办公与后勤组团设置于东北角，避开主要出入口且交通方便。行政后勤组团南侧预留后勤制剂楼场地，以备后期扩展需要。

二期养老用房以板式小高层为主，确保绝大多数居住房间朝南，可以获得充足的阳光与自然通风。该方案利用各居住楼之间的退让间距，在底层设置公共服务与活动空间，以达到配套完善且不影响居住空间的目的。

紧凑高效的流线组织

由于基地西侧为兴化市新区主要的城市景观莲溪湖，西立面为建筑群落主要景观立面，故门诊主入口开设于西侧张庄路上，门诊病人从西侧进出。考虑到医院建筑的大量人流，为了减轻西侧交通压力，方案在院区北部设置病区探视出入口，且与急诊、急救出入口和行政人员出入口合用。后勤货物出

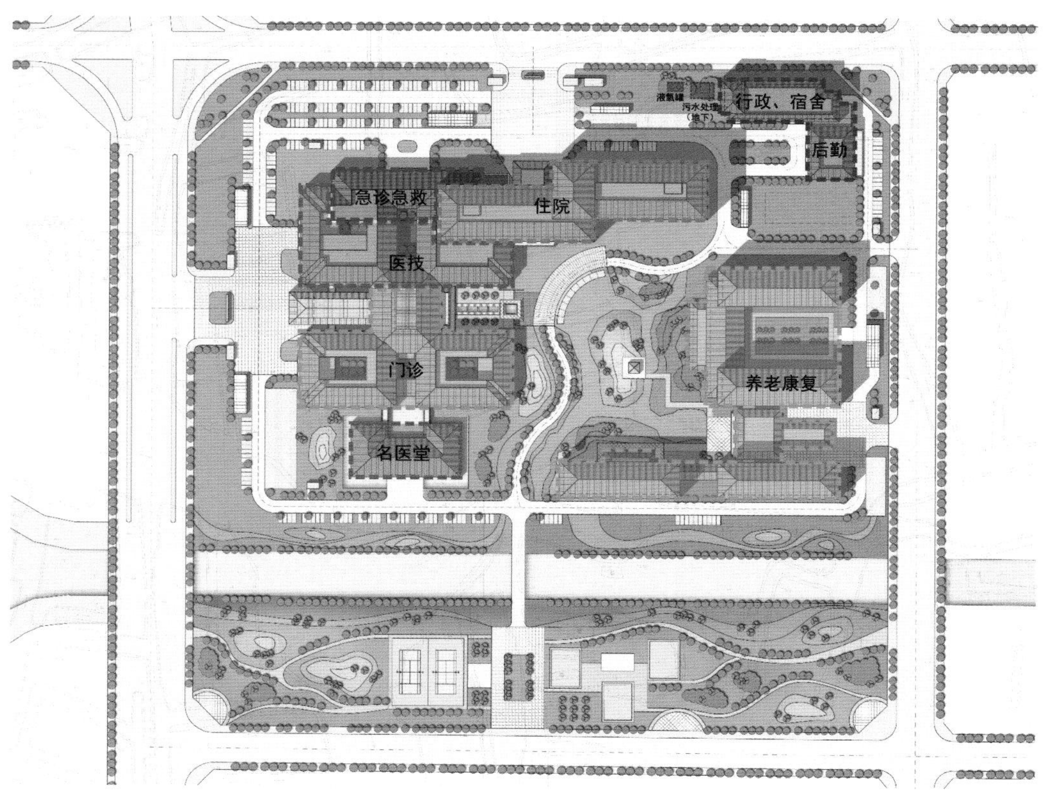

■ 功能分区

1 病房
2 晾晒区
3 转换层兼总务库房
4 中心手术
5 诊室
6 中心药房
7 名医堂
8 图书室
9 消毒供应区
10 输血科
11 中心检验室
12 影像科
13 非机动车库
14 机动车库

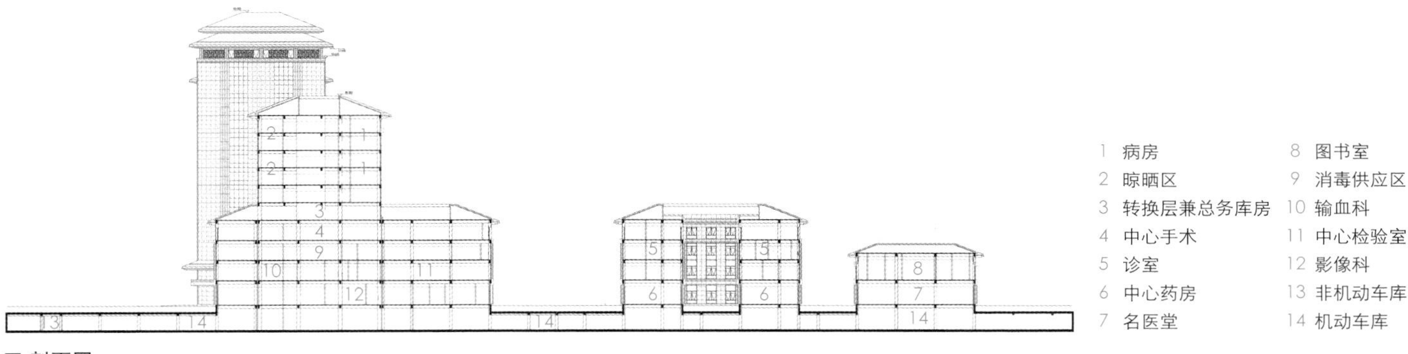

■ 剖面图

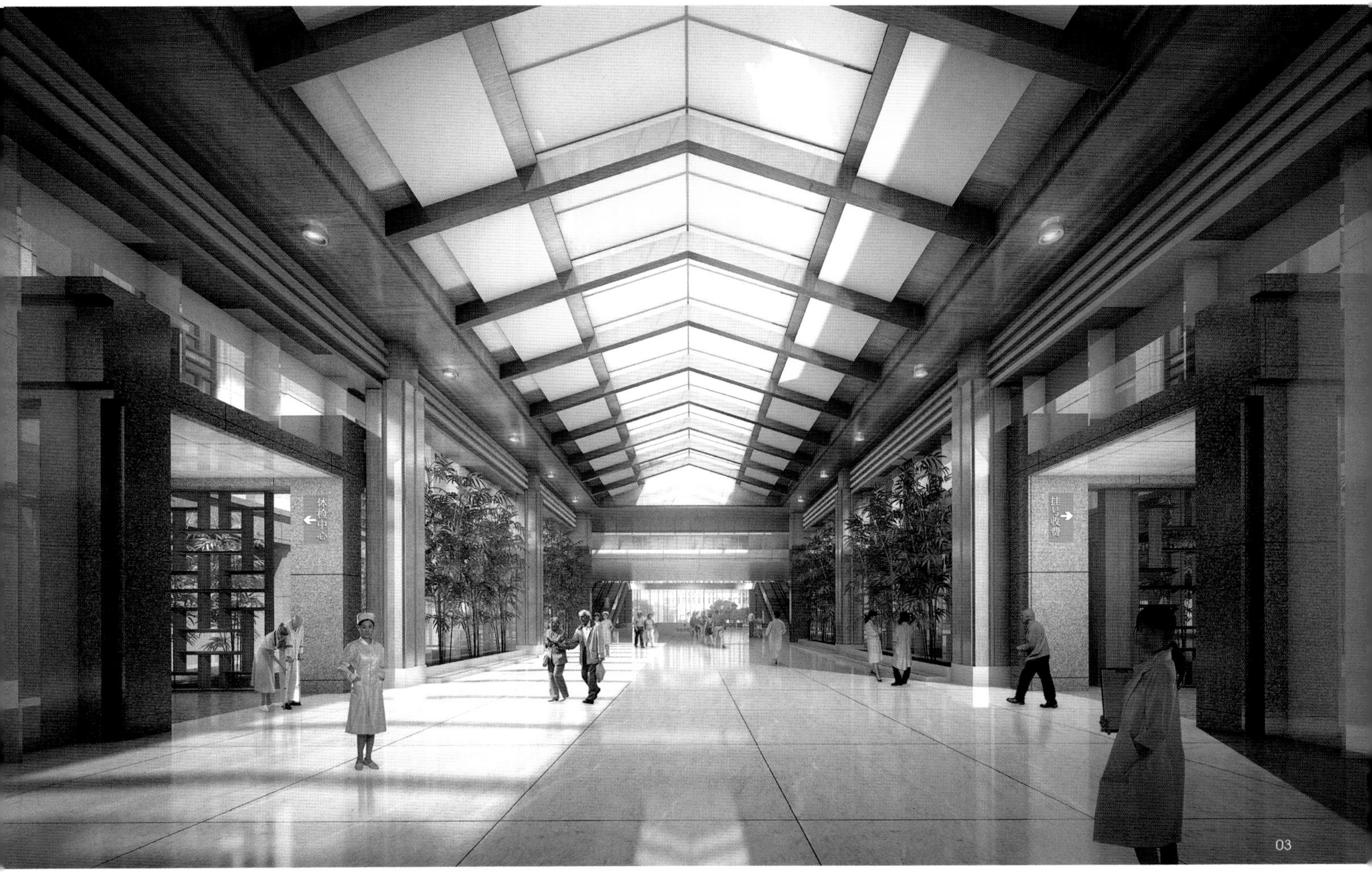

02 / 西向人视效果图
03 / 门诊入口人视图

04 / 门诊医技楼中庭
05 / 门诊医技楼医疗街

入口设置在基地东侧，后勤人员与货物从东侧城市支路进出，院区污物从地下垃圾站打包后，由该入口夜间错时送出。二期养老康复入口独立设置于基地东侧，相关人员进出与医院部分互不干扰。

具有地域特色的景观设计

项目希望打造园林式布局的中医特色医院，从三个层次打造园林式布局的中医特色医院。第一层次，方案利用西侧沿莲溪湖和南侧沿横二河的城市景观带，将景观渗入场地内部，在西侧形成门诊入口景观广场与绿化停车场，南侧形成名医堂特色文化景观。第二层次为场地内部中心景观，通过建筑围合中心景观，既守齐城市边界，又将中心景观利用率提高到最大化。中心景观内部结合中医特色，运用具有药用价值的景观植物，打造具有中医特色的科普文化景观。第三层次为建筑内各类景观庭院，各候诊空间、门诊科室、医技检查用房均有对外的开窗，改善就医及医护人员工作环境，避免交叉感染。

处处观景的公共空间

公共空间以医疗街串联景观庭院为体系，就诊人群通过医疗主街到达各功能区。医疗街从南到北贯穿门诊、医技、住院三大功能区块，同时强调景观与环境，多个生态庭院和景观中庭穿插于共享空间与各功能之间，为医疗空间带来了自然通风、采光和良好的景观环境。局部医疗街的生态庭院还延伸至地下空间，打破了地下室空间昏暗的心理感受，创造出有自然通风和采光的绿色景观地下室。

带有古典韵味的造型设计

建筑在造型上吸取古典建筑的精髓，以传统三段式布局为基础，利用现代建筑材料，打造具有中国传统意韵的现代中医院。建筑的坡屋顶采用氟碳喷涂铝镁锰金属屋面，建造、维护较为便捷。屋顶下部以玻璃面为主，形成建筑的“颈部”，日间较暗，获得与传统大屋顶建筑下部的浓重阴影类似的效果。建筑的主体墙面采用浅色石材，具有一定的厚重感，坚固耐用。底层采用深色石材，重现古典建筑大底座的建筑意向。

04

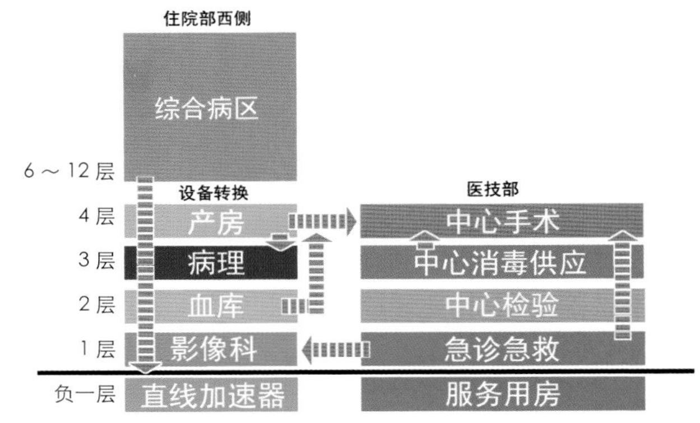

■ 主要医技功能垂直关系

■ 标准层平面图

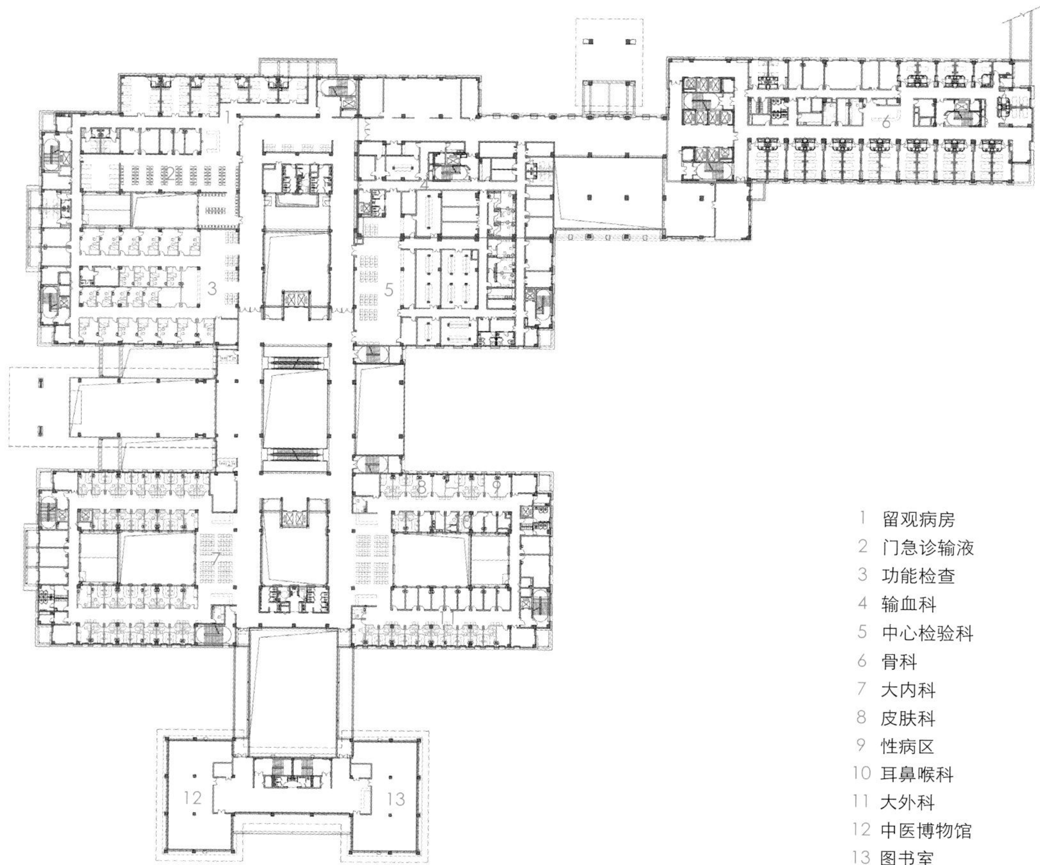
1 留观病房
2 门急诊输液
3 功能检查
4 输血科
5 中心检验科
6 骨科
7 大内科
8 皮肤科
9 性病区
10 耳鼻喉科
11 大外科
12 中医博物馆
13 图书室

■ 二层平面图

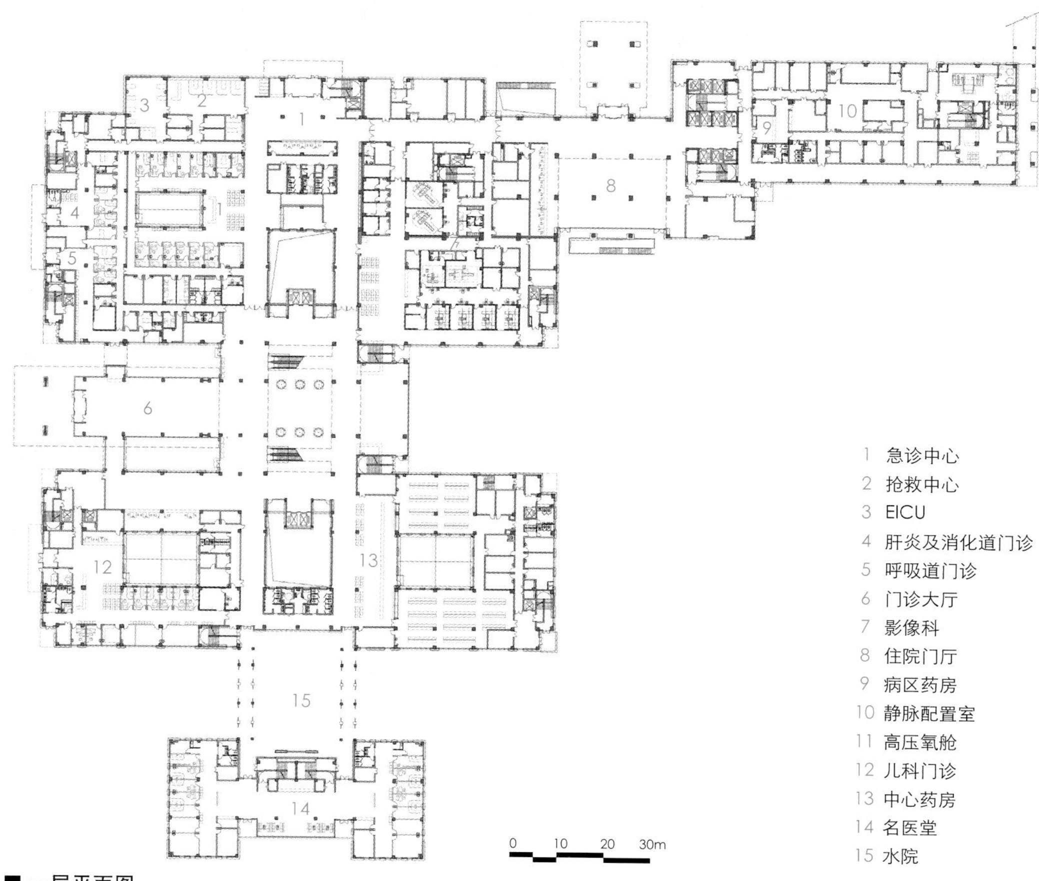
1 急诊中心
2 抢救中心
3 EICU
4 肝炎及消化道门诊
5 呼吸道门诊
6 门诊大厅
7 影像科
8 住院门厅
9 病区药房
10 静脉配置室
11 高压氧舱
12 儿科门诊
13 中心药房
14 名医堂
15 水院
0 10 20 30m

■ 一层平面图

06 / 门诊医技楼名医堂
07 / 诊医技楼中庭休息区
08 / 病房楼门厅

06

07

08

09 / 门诊休息大厅效果图
10 / 门诊医技楼前廊
11 / 门诊医技楼中庭电梯厅

09

10

11

扬州颐和医疗健康中心

YANGZHOU YIHE MEDICAL AND HEALTH CENTRE

东南大学建筑设计研究院有限公司

扬州颐和医疗健康中心位于扬州市广陵新城西北部，基地北至新万福路，东至京杭路，南至韩西河，西靠京杭大运河。南部一期规划医疗主体功能（本项目）、北部二期规划辅助与配套功能。

新建医院一期总建筑面积约 200 043 平方米，其中地上面积约 122 600 平方米，地下面积约 774 000 万平方米。该项目将建成一所具有 1000 张床位，集医疗、教学、科研、预防与康复为一体的三级专科妇女儿童医院。该项目围绕"运河边的医院"的设计理念，力求引景入院，在院区内做到处处可观运河景色。

■ 总平面图

01

江苏省扬州市 / 项目地点
2018 年 / 设计时间
66 943 平方米 / 用地面积
200 043 平方米 / 建筑面积
1000 床 / 床 位 数
框架结构建筑 / 结构形式
地上 13 层，地下 2 层 / 层 数
曹伟、徐静 / 总 负 责
吉英雷、季元、侯彦普、李敏蕙、王佳宁、何之凡、庞博、刘辉瑜 / 建筑专业
韩重庆、杨波 / 结构专业
周桂祥、丁惠明、王志东、臧胜、陈俊、李鑫、王若莹、程洁、汪建、赵晋伟、杨妮、许轶、叶飞、凌洁、陈拓 / 设备专业
陈丽芳、余红、金龙、王智劼、胡寅倩 / 经济专业
江苏亚明室内建筑设计有限公司 / 室内专业

01 / 西北向鸟瞰效果图

“一轴一街”的空间布局

一期医疗的主体功能依照妇女儿童医院的特点，北部规划儿童中心，包含儿童门诊、康复、保健、住院等功能，南部规划妇女中心，包含妇女门诊、围产中心、小综合门诊、计划生育中心、住院等功能。儿童中心与妇女中心之间规划医技部。

方案创造了独特的“一轴一街”的空间布局，其中东弧风雨走廊组织医疗综合体各入口与配套建筑，西弧面向运河景观，实现院与河交互融合；主入口礼仪轴兼景观轴，联系城市与运河；纵贯南北的公共医疗街串联东侧门诊部、南北侧的住院部与医技中心，连通了妇女与儿童中心。医疗街上设置多种社会商业与服务功能，弥补医院服务的不足，实现医疗功能的高效与便捷。

简洁清晰的功能布局

基于周边城市与自然景观的资源现状和本案的项目任务书，方案将妇女中心与儿童中心南北分开，二者通过公共大厅、医疗街相连接。

共享医技部分位于二者之间，靠近西侧。门诊靠近东部主入口，北部为儿童中心门诊，南部为妇女中心门诊。医疗街最北端为儿童中心病房楼，内含婴儿高压氧舱、血透中心、新生儿病房、洁净病房等。医疗街最南端为妇女中心病房楼，内含生殖中心、产房、普通产科与妇科病房等。

充满人文关怀的妇幼医院

建筑遵循以健康与非健康分开、患者与医护分开、洁物与污

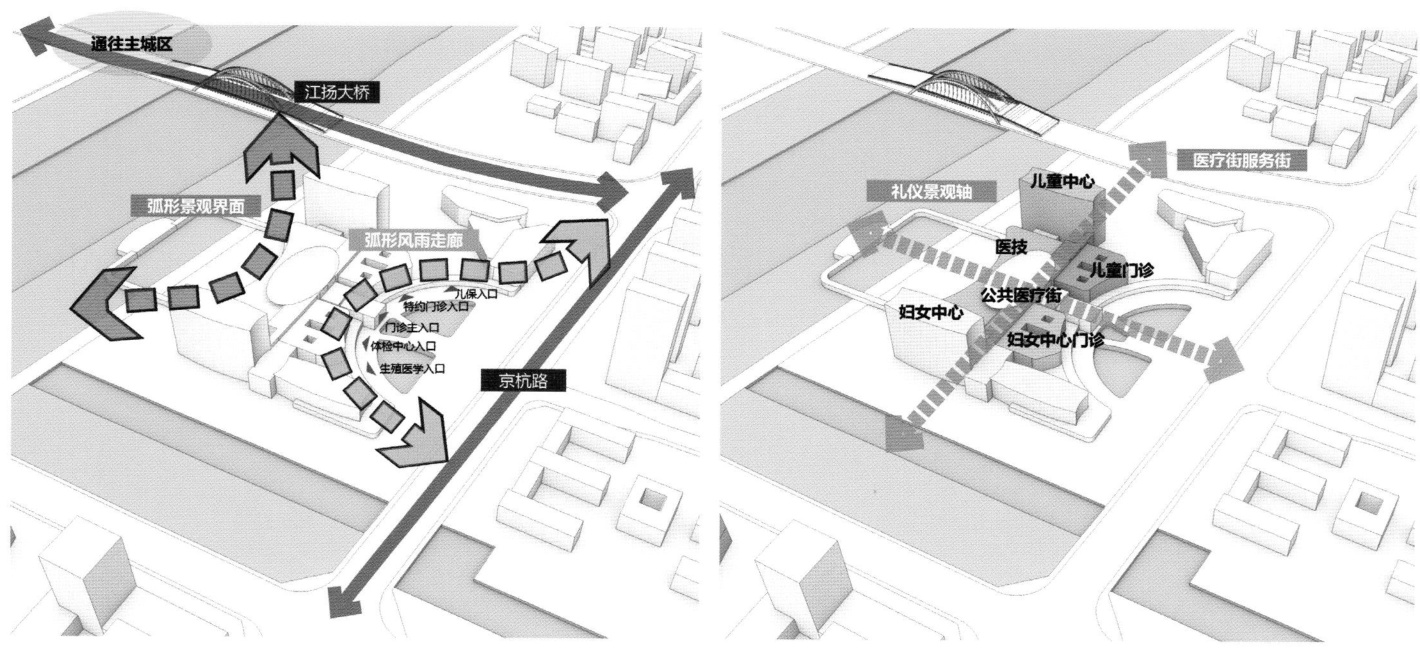

■ 规划结构

02 / 东北视角沿京杭大运河人视图
03 / 门诊楼东南视角人视图

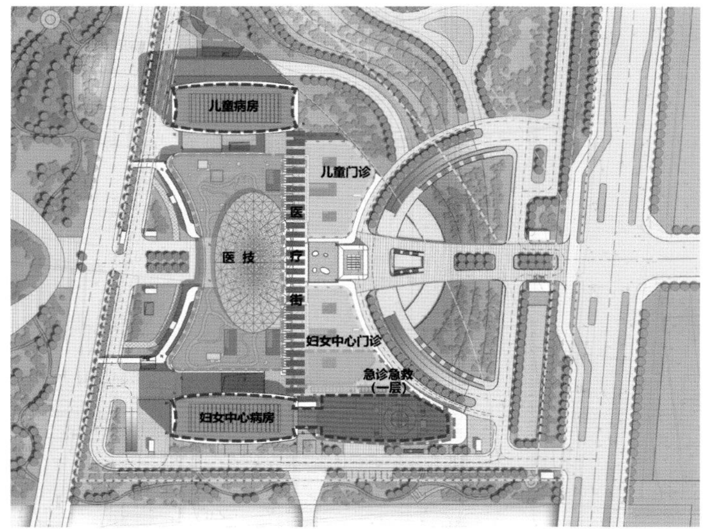

■ 功能布局

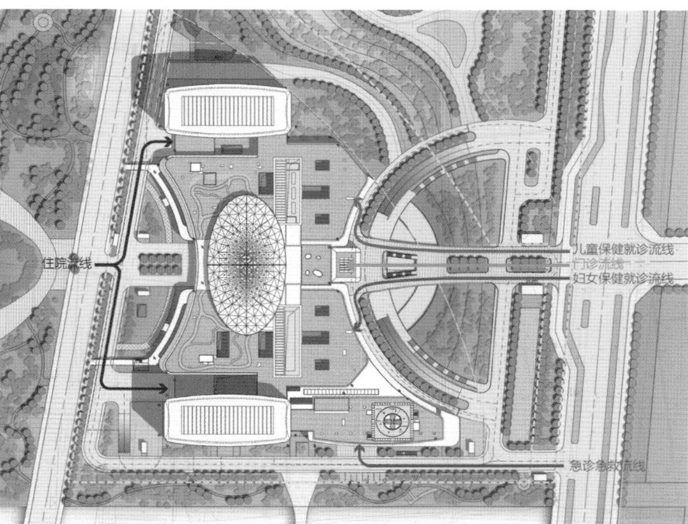

■ 人行流线

04 / 东南视角人视图
05 / 医技楼屋顶花园

物分开、人流与货流分开的原则，最大限度地保证妇女、儿童的安全。各中心门诊的一、二层为非健康人群就诊区，三、四层为健康人群就诊区和保健功能区。公共医疗街引入艺术、科普、服务、教育等社会功能，使医疗建筑回归本质，体现全面的人文关怀。

绿色、智慧的现代医院

该方案要求建筑达到国家二星级绿色建筑设计标准。病房楼为南北朝向的板式结构，门诊医技部分设有多个内庭院，从体量上获得较好的通风与采光。建筑群房采用绿化屋顶和平台，场地结合海绵城市设计雨水收集系统。建筑较多地使用单元式结构，满足装配式建筑的要求。

建筑智能化系统运用信息技术、通信技术和自动控制技术，对建筑资源、设备资源、办公资源、通信资源进行有效整合，实现功能完备、安全稳定、节能环保和舒适、人性等目标的统筹平衡，并为智慧城市系统提供共享数据接口，打造科技智慧医院。

体现妇幼特色的造型设计

病房楼及门诊医技楼以横向肌理为主，建筑舒缓柔和，与大运河及周边的景观能较好地融合。方案在塔楼的横向楼板之间设置竖向金属遮阳板，上下楼层错动设置，节奏感强，丰富了立面效果，同时采用叶脉的穿孔肌理，体现了生命的主题，也与妇幼医院的特点相契合。

塔楼及裙楼的立面材质以石材和横向玻璃窗为主，上下以复合铝板收边，造型厚重中不失典雅。建筑整体颜色以浅色为主，辅助浅枫木色、淡绿色点缀，造型灵活多变。

裙房顶部为象征孕育的钢结构椭圆形顶盖，在医院建筑简洁实用的造型宗旨下树立运河边建筑标志性形象，为屋顶的康复花园提供遮蔽，同时也遮挡了屋顶各类设备机房，确保第五立面的完整与精美。

运河之畔的花园医院

该方案通过对扬州园林中具有代表性的景点进行分析与提取，在现代建筑设计中体现扬州专属的城市美学特征。东部立体花园、北部古典游园、西部运河开敞景观、南部滨水康复基地，令建筑全方位触摸自然、内外景观交融渗透。

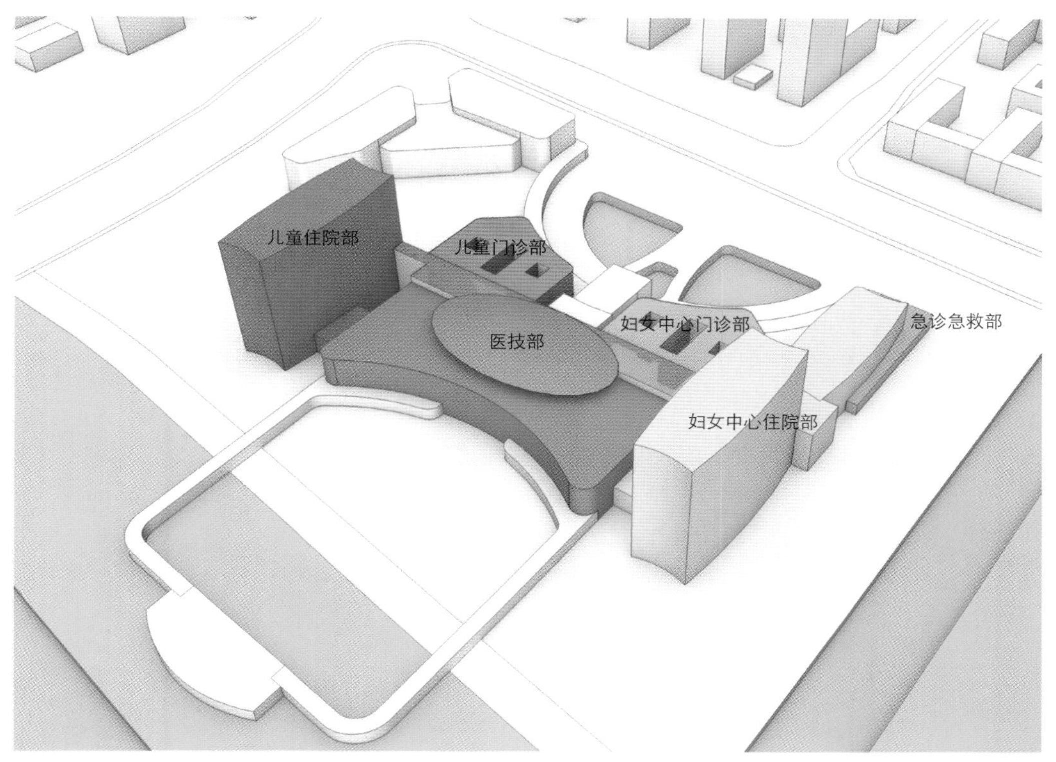

■ 功能分区

05

06 / 门诊大厅
07 / 二层妇科候诊区
08 / 儿童住院标准层病房卫生间

06

07

08

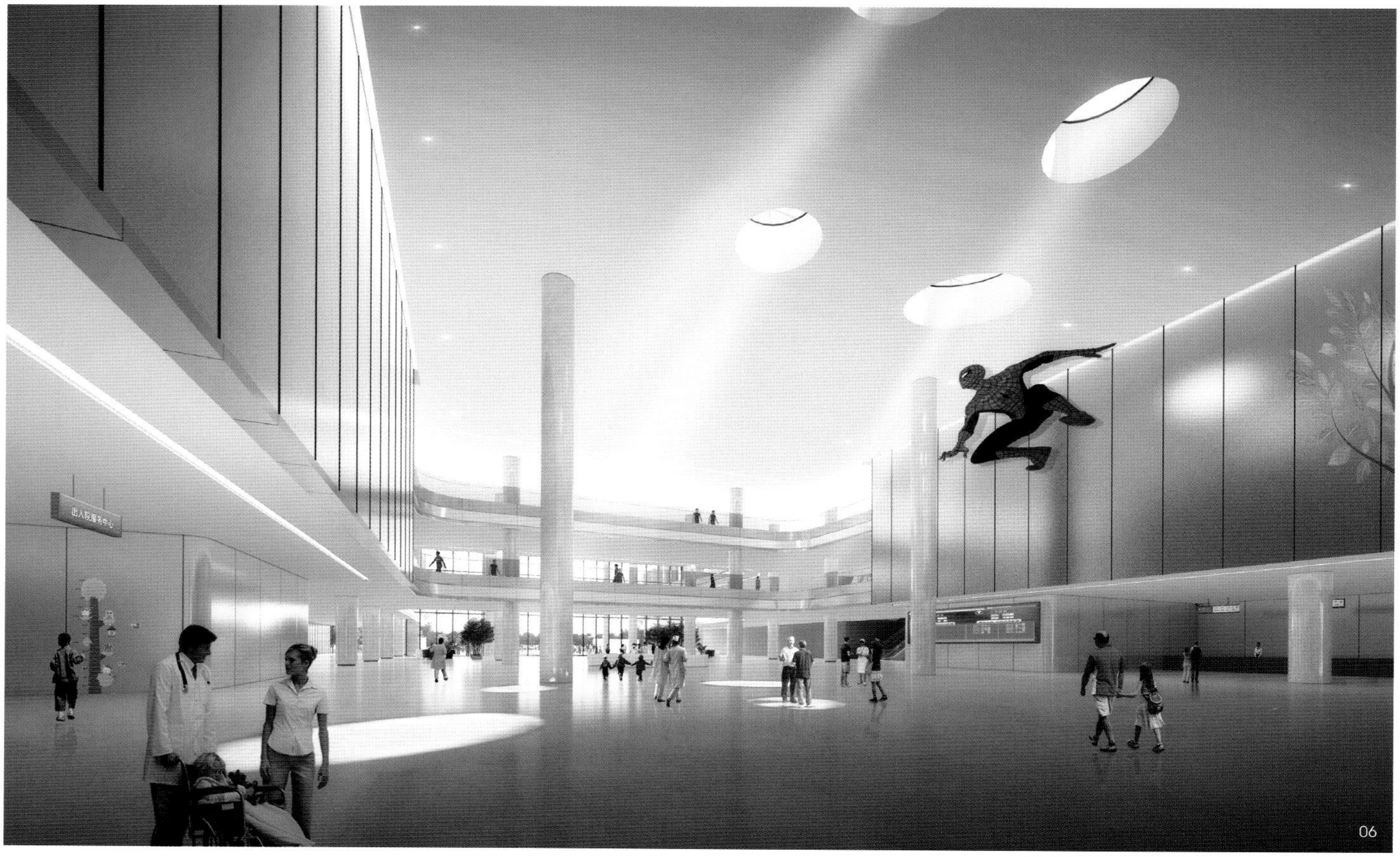

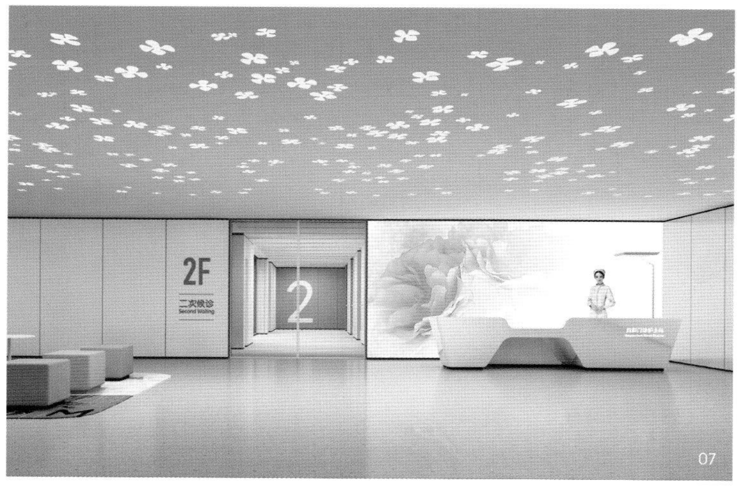

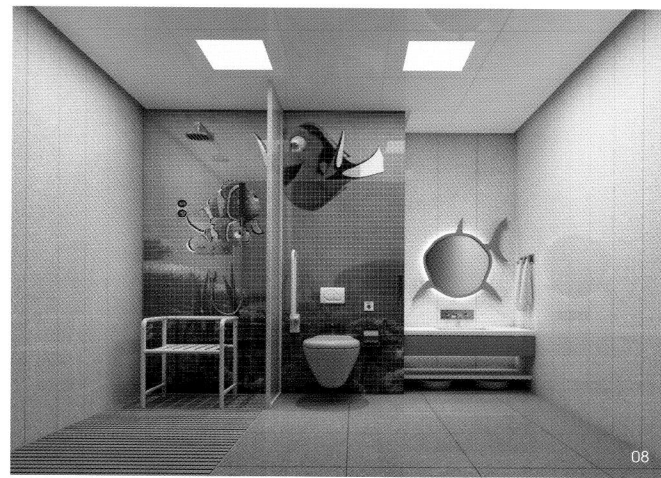

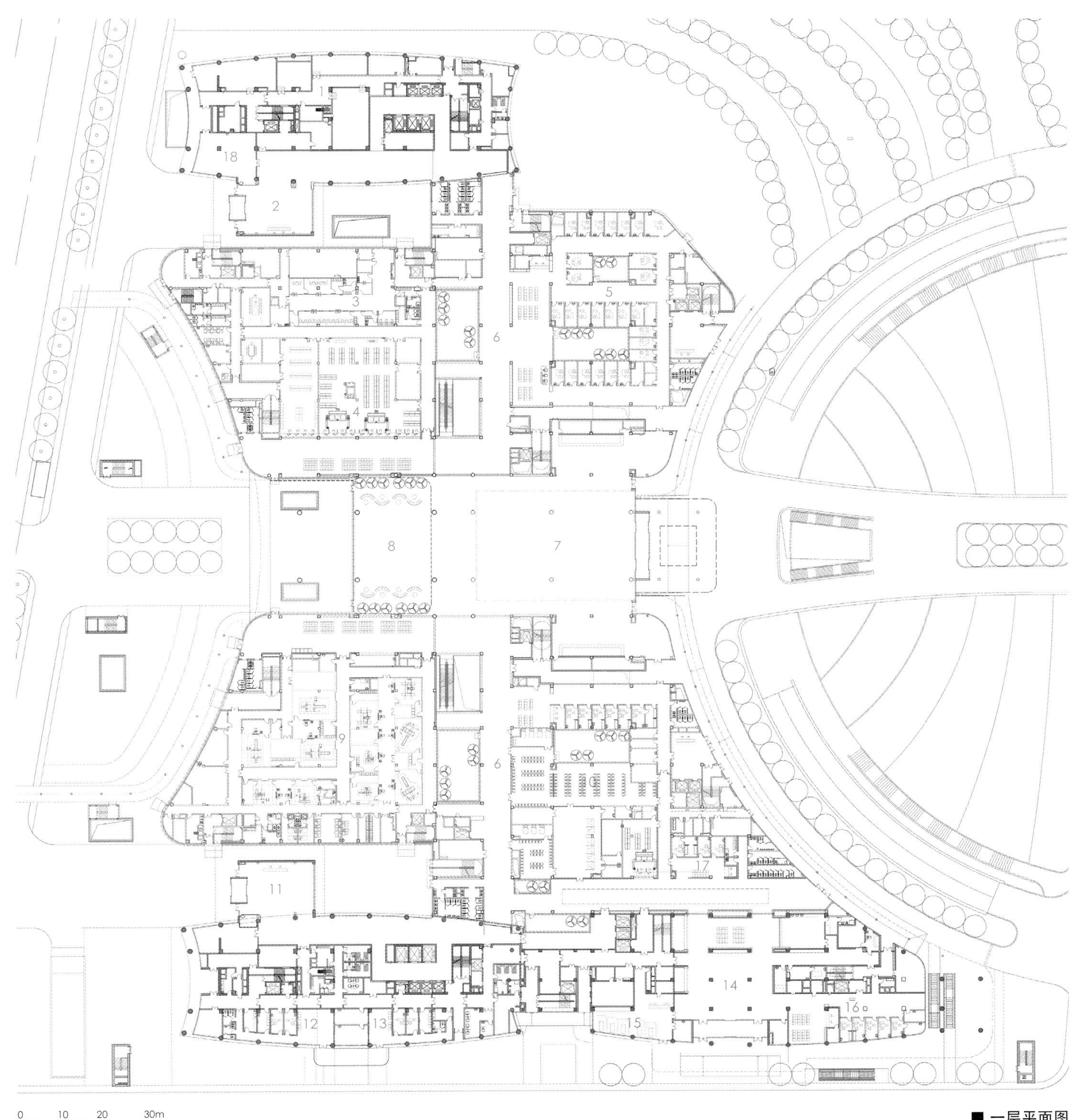

■ 一层平面图

1 办公机房
2 儿童住院门厅
3 静脉配置中心
4 中心药房
5 儿童内科
6 医疗街
7 门诊大厅
8 休息区
9 放射科
10 小综合门诊
11 妇产住院门厅
12 发热门诊
13 肠道门诊
14 急诊大厅
15 急救中心
16 儿童急诊
17 成人急诊
18 咖啡厅

苏州大学附属第一医院平江分院

THE FIRST AFFILIATED HOSPITAL OF SOOCHOW UNIVERSITY (PINGJIANG BRANCH)

同济大学建筑设计研究院（集团）有限公司

苏州大学附属第一医院前身为创立于清光绪九年（1883 年）的博习医院，距今已有 136 年历史，是卫生部首批三级甲等医院和江苏省卫生厅直属重点医院，也是苏南地区医疗、急救指导中心，其医疗水平可谓地区领先，国内一流。新建的平江分院位于苏州市平江新城江天路以东、平泷路以北。锦莲河将基地自然划分为南北两块用地，总用地面积 66 121 平方米，一期建筑面积 201 823 平方米。门急诊、医技部为 5 层，住院楼为 20 层，建筑高度约 82.8 米。一期总床位 1000 床，二期总床位预计增至 1500 床，日门诊量 5000 人次。项目围绕"都市集约型医疗中心"的设计理念，创造协调有机的功能布局和紧凑高效的空间结构。

■ 总平面图

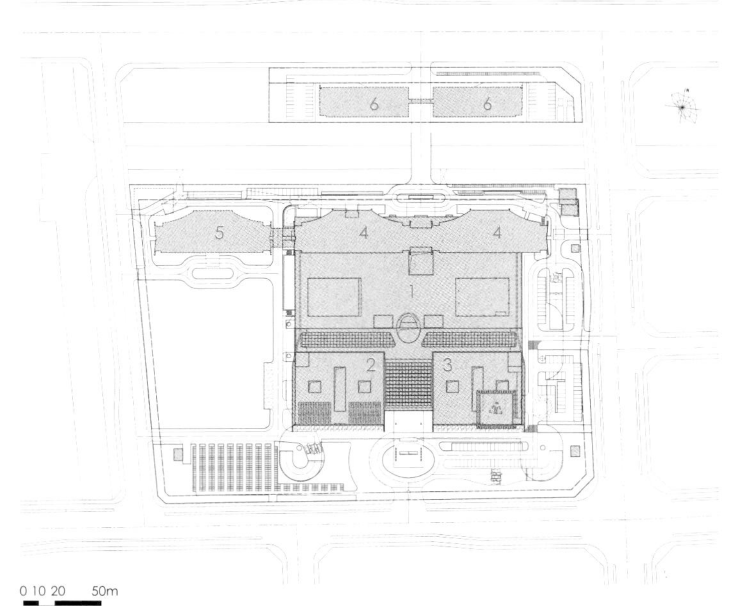

1 医疗综合楼
2 门诊楼
3 门急诊楼
4 住院楼
5 住院楼（二期）
6 行政管理楼和院内生活楼（二期）

01

江苏省苏州市 / 项目地点

山下设计株式会社（日本）/ 合作单位

2009 年 / 设计时间

2015 年 / 建成时间

66 121 平方米 / 用地面积

201 823 平方米 / 建筑面积

1000 床（一期）/ 床 位 数

框架剪力墙结构建筑 / 结构形式

地上 20 层，地下 2 层 / 层 数

张洛先 、江立敏 / 总 负 责

谭劲松、徐更、周亮、李勇韦、连津、张佳、徐艳、李培 / 建筑专业

金炜、胡广良、刘冰 / 结构专业

陈旭辉 、徐钟骏、王纳新、唐玉艳、孙翔宇、肖小野、宋海军、龙君、高明学 / 设备专业

01 / 西侧实景照片

功能合理性

医院主体由 5 层裙房加 20 层塔楼构成。裙房南侧设置门急诊科室与入口广场直接相连。医技设于裙房的北侧，通过医疗大厅与门急诊形成紧密联系。病房叠加在医技的上部，形成“叠加式王字形”布局。这种布局方式打破了各个功能部门“楼”的概念，将各个功能有机地结合起来，使其适度的集约化，有效缩短门诊、医技、病房之间的流线距离，提高医院运作的效率，同时减少建筑的占地面积，获得更多的绿化和广场，为未来发展预留扩展空间。

整体发展性结构

医疗大厅搭建起医院有机生长的骨骼，通过水平交通和垂直交通的延展，实现分期建设功能之间的紧密联系。门诊、医技、病房的功能布局按照平行的条状形式有序生长，为各项功能的水平扩展搭建清晰的整体性框架。远期规划方案以一期建筑为中心，向东侧扩展出门诊、医技及住院功能，最大限度向一期靠拢，将所有可连接的楼面通过连廊连通，缩短患者和医生的移动距离。

通用性门诊模块

门诊区设置在靠近主入口的裙房南侧，通过医疗大厅与医技区连接。每个门诊单元采用标准的模块化平面布置，以实现功能的通用性。门诊模块平面同时还具有很强的灵活性，能够满足特殊科室的功能性需求。门诊区每层由两个门诊模块组成，一个门诊模块再分为两个门诊单元，每个门诊单元面向医疗大厅设置一次候诊区和护士台，中段设置两排诊室。单元与单元之间设有内院，保证每个诊室都具有良好的通风、采光。门诊单元中部布置治疗和检查等功能性用房，可根据科室需要灵活设置。

一体式住院布局

医院住院部采用两栋病房楼水平并列的形式，两个护理单元之间通过空中连廊相连，其间设置洗衣间、晾衣间等公共设施，方便住院病人使用。病区的平层连通为大科室的管理和医护巡视提供便利。两个护理单元在走廊端头设落地玻璃作为接口，为远期扩展病房楼提供条件，以便组织更大规模的同层多护理单元模式。

高效协作的医技中心

设计方案充分考虑了各个医疗流程的工艺要求，进行功能对应性强的高效协作型医技设置。一层布置放射科和药剂科。二层设置检验科、血库、内窥镜、超声波和心肺功能检查中心。三层设有血液透析、消毒供给科和病理科。手术中心共

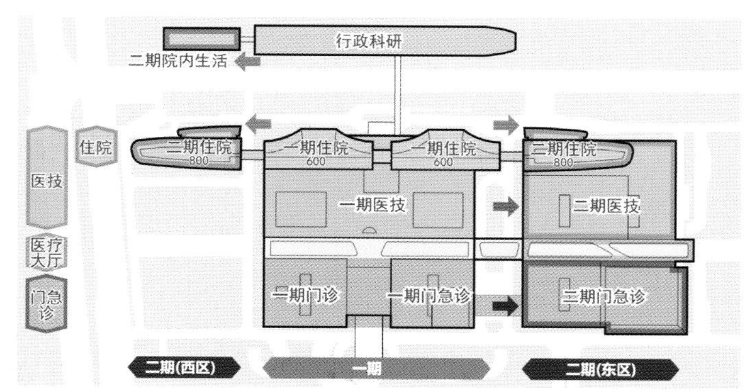

■ 医疗大厅主轴发展模式

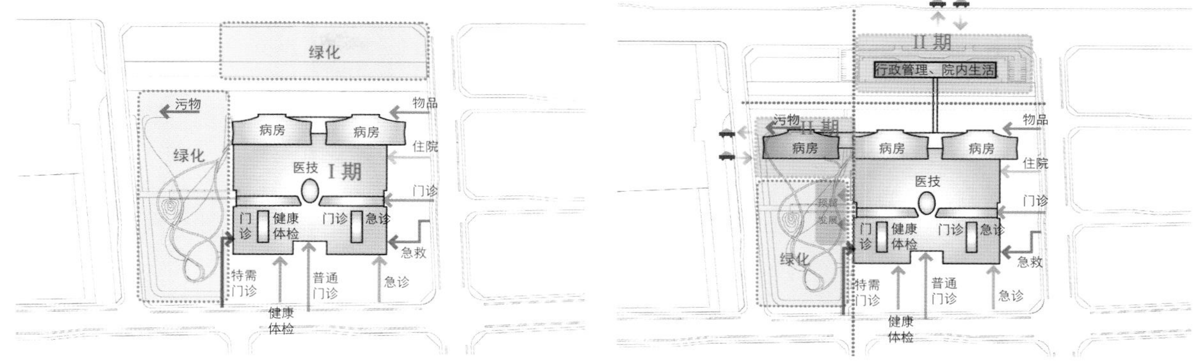

绿化
污物
物品
病房
病房
住院
医技
I 期
门诊
门诊
健康体检
门诊
急诊
急救
绿化
特需门诊
普通门诊
急诊
健康体检
II 期
行政管理、院内生活
污物
物品
病房
病房
病房
住院
医技
门诊
门诊
健康体检
门诊
急诊
急救
绿化
特需门诊
健康体检
普通门诊
急诊

■ 总平面图

门诊
OUTPATIENT

02

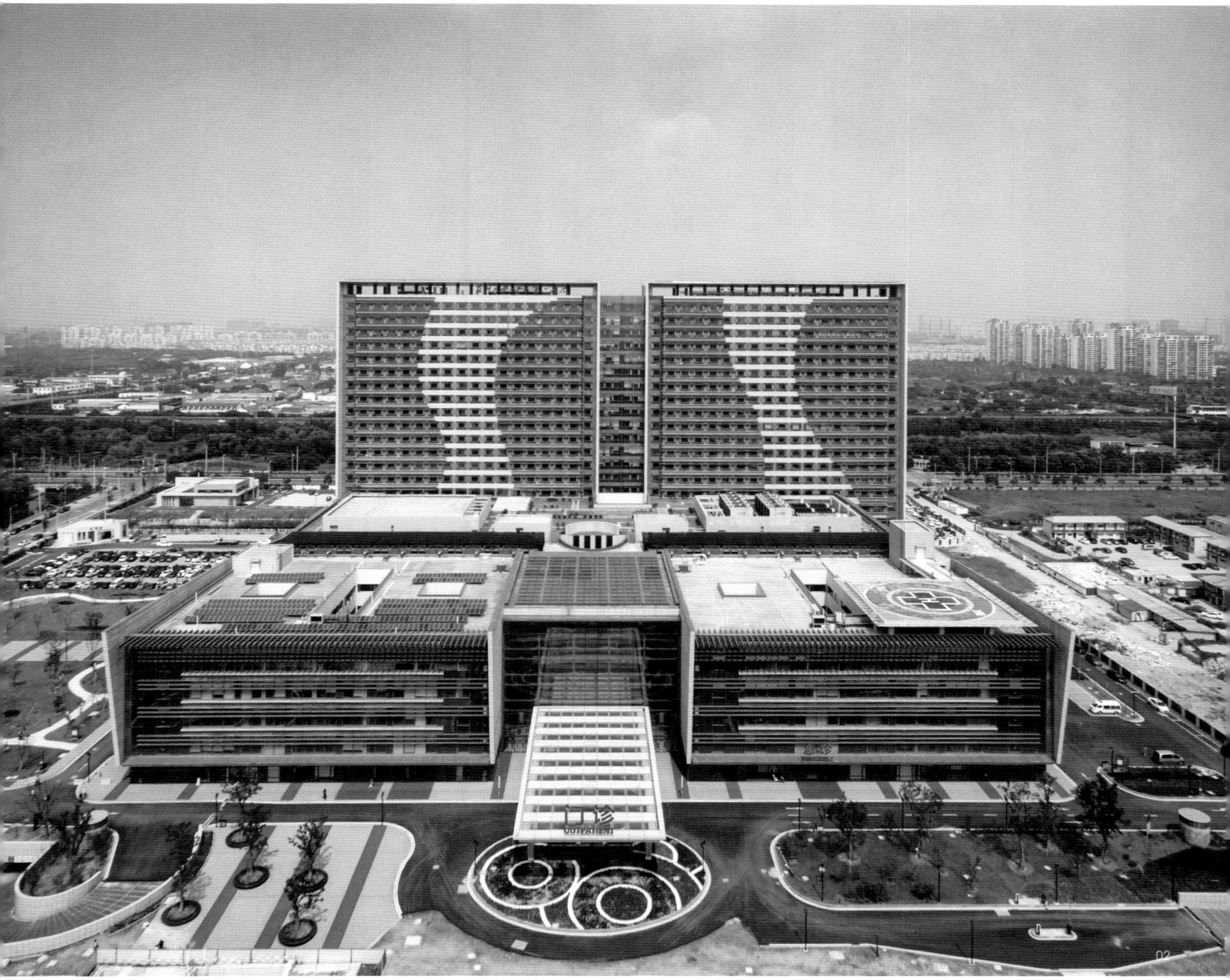

03

03 / 东北侧立面

设 36 间手术室，北侧设置换床大厅，与住院部电梯厅紧密相连；急救病人和门诊病人从南侧医疗大厅进入日间手术室。中心 ICU 与手术中心相邻布置，共设 35 张床位。五层设手术净化空调机房和手术辅助办公区。

医疗大厅共享空间

医疗大厅是在门诊、急诊与医技之间集中打造的一个贯通五层的共享空间。医疗大厅贯穿建筑东西，通过宽敞的平台拉近门急诊与医技科室之间的水平联系，通过走廊连接南北门诊入口大厅，将整个医院的重要交通节点紧密地连接在一起，形成一个立体交通网络。同时，医疗大厅与地下停车场之间由四部景观电梯相连，方便乘车来院的患者快速抵达上部诊区。

温馨的室内空间

医疗大厅的上部设玻璃顶棚并装配自动遮阳布帘，随时调节室内光环境，创造明快温暖的空间氛围。室内设计积极采用暖色调木色装饰材料，入口大厅两侧运用木色铝合金百叶，加上自然有机的律动图案，创造使人心境安详的视觉感受。细部处理上在肢体能触摸到的地方尽量选用天然内装材料，如玻璃栏杆配以木质扶手。医院标识系统采用明快色差和易于识别的图形放置在醒目的位置，帮助使用者清晰地识别和找到要去的地方，缩短患者的心理距离。

舒适的室外环境

外部环境设计充分利用水系、植被、阳光等自然资源，营造舒适美观并具备实用功能的场所空间。基地西侧规划了大片绿地，与健康体检出入口比邻，其间设置游廊步道和健身场地，并与基地外的运动公园相互呼应，为康复疗养病人提供休闲活动场所。病房南侧的裙房屋面精心打造了一大片屋顶绿化，为住院病人提供可观、易达、能憩的屋顶花园。

融入城市的建筑形象

建筑造型的设计充分考虑了沿城市道路的空间轮廓和城市形象，形成统一有序、层次丰富的空间界面，强调其标志性，彰显时代特色与创新精神。通过曲线的引入，立面设计在现代建筑的简洁阳刚之中蕴含着江南丝绸的自然柔美。在材料上，建筑选用简洁大气的玻璃幕墙、金属板材、灰白色石材等，强调建筑的现代感、丰富性和灵动感，打造该地区具有标志性和时代感的建筑形象。

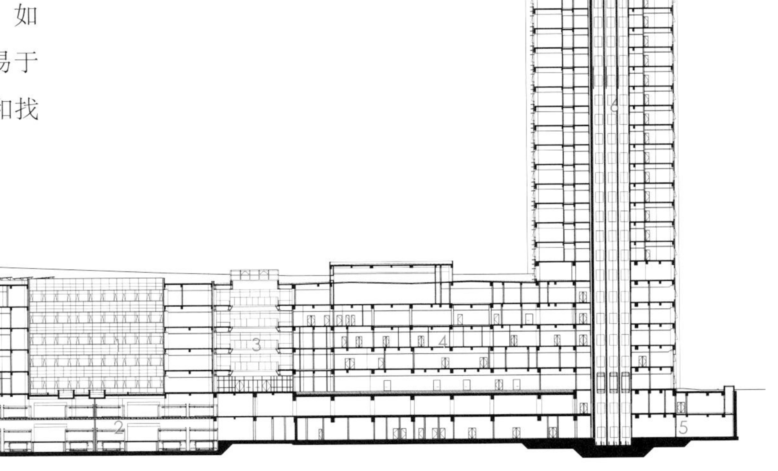

1 门诊
2 地下车库
3 医疗大厅
4 医技
5 后勤保障区
6 住院处

■ 剖面图

04 / 东南侧病房透视
05 / 门诊入口
06 / 医疗大厅共享空间 1
07 / 医疗大厅共享空间 2
08 / 医疗大厅内景

04

05

06

07

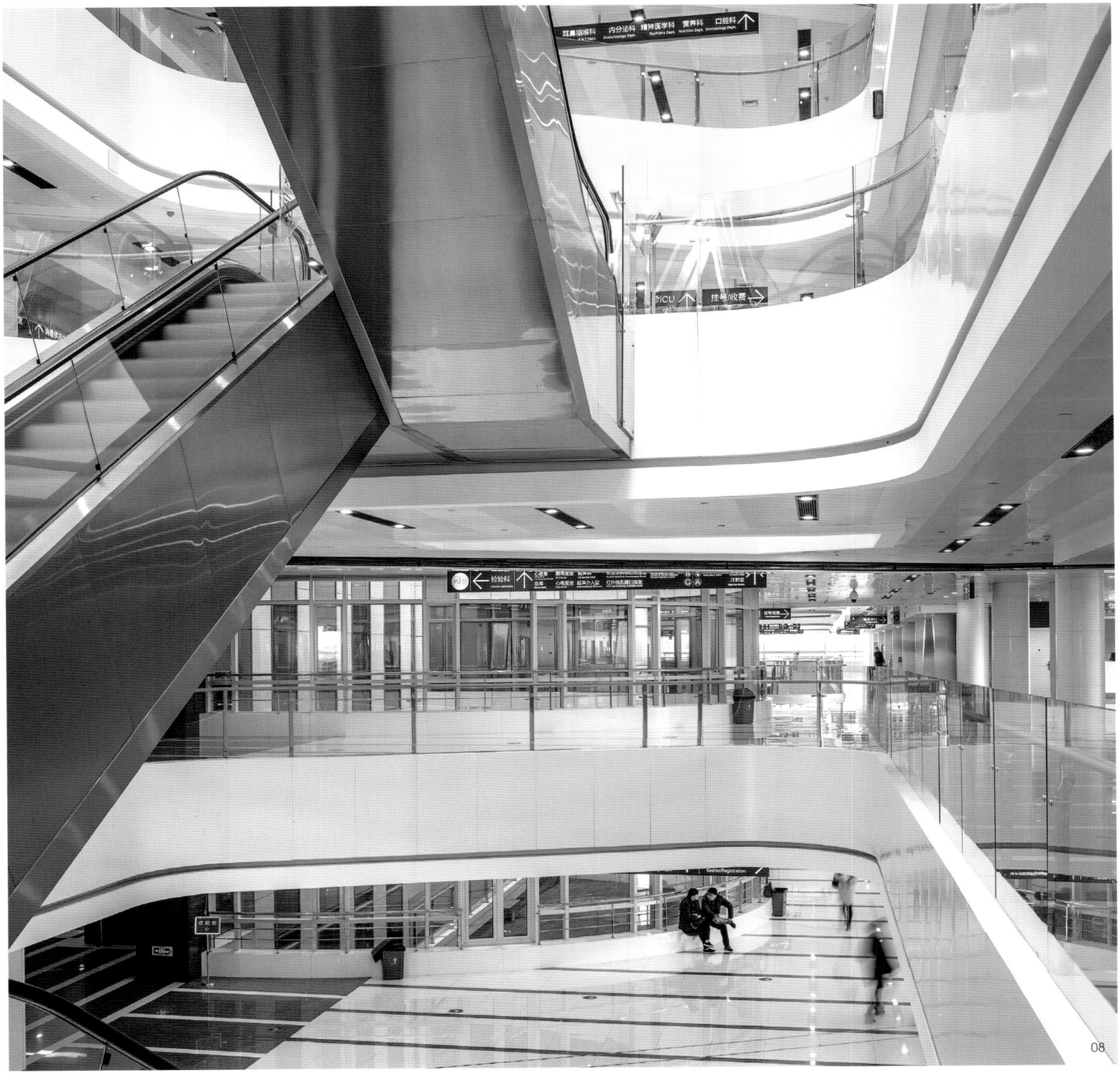

08

09 / 病房窗外景观
10 / 门诊大厅内景
11 / 放射候诊区

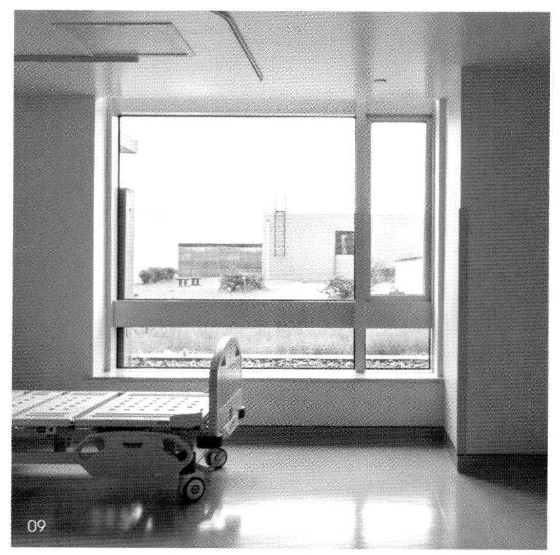
09

10

11

1 医护区
2 病人区
3 空中连廊

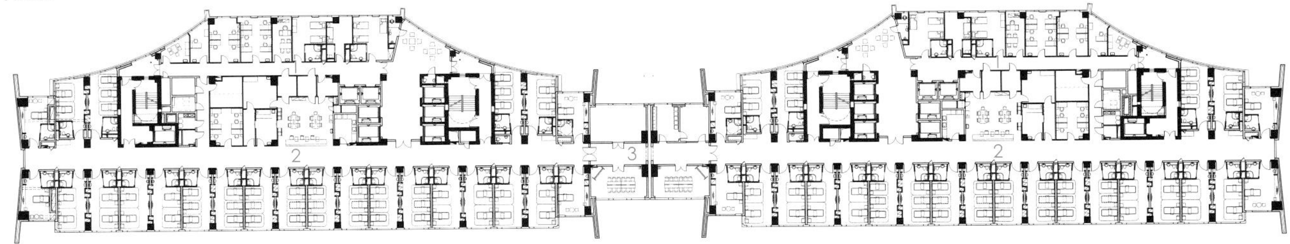

■ 标准护理单元平面图

1 医疗大厅
2 急诊
3 急救室
4 儿科门诊
5 骨科门诊
6 药剂科
7 放射科
8 静配中心
9 感染门诊
10 出入院

■ 首层平面图

12 / 西侧康复绿化景观
13 / 丰富的立面机理
14 / 屋顶康复活动平台

12

13

14

苏州市第九人民医院

THE NINTH PEOPLE'S HOSPITAL OF SUZHOU

同济大学建筑设计研究院（集团）有限公司

苏州市第九人民医院坐落于苏州市吴江区太湖新城，是一所融医疗、教学、研究、预防及康复于一体的大型三级综合医院。项目占地面积 165 333 平方米，设计床位 2000 张，建筑面积 296 083 平方米，总投资 20 亿元。

建成后的苏州市第九人民医院将成为吴江地区建筑规模最大的医疗机构，极大地补充太湖新城地区医疗资源不足的短板，带动周边整体发展。

■ 总平面图

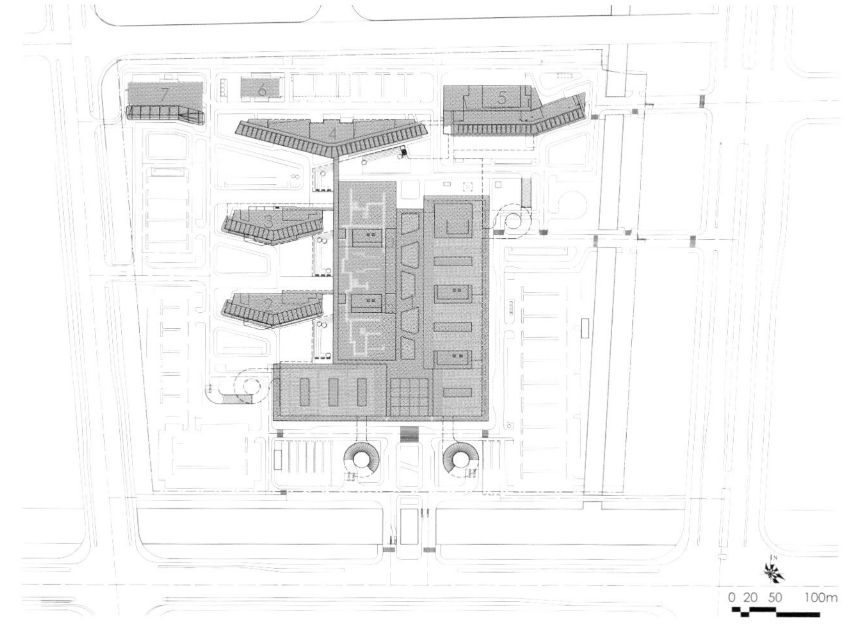

1 医疗综合楼
2 妇幼保健楼
3 肿瘤科病房楼
4 综合病房楼
5 行政后勤综合楼
6 附属用房
7 感染科病房楼

江苏省苏州市 / 项目地点
2014 年 / 设计时间
2019 年 / 建成时间
165 333 平方米 / 用地面积
296 083 平方米 / 建筑面积
2000 床 / 床 位 数
框架剪力墙结构建筑 / 结构形式
地上 20 层，地下 2 层 / 层　　数
张洛先 、徐更 / 总 负 责
张洛先、徐更、周亮、赵泓博、高福源、陈晗、彭婷婷、张阔、胡青波、尹湘东、马明、成立强 / 建筑专业
胡广良、卞宜君、周鲁敏、吴成万、陈玉堂、高路巧 / 结构专业
陈旭辉、孙翔宇、宋海军、龙君、王纳新、李学良、金伟格、肖小野、胡军、马国杰、高明学、邵龙彪 / 设备专业

01 / 西南侧实景

分中心医疗模式

2000床位的综合医院并非是将1000床规模的医院简单地放大一倍。超大规模的医院将产生诸多设计难题，设计团队尝试在此项目中探索超大规模医院的功能组织模式。

团队提出分中心建设的医院发展理念，共建设三栋住院楼，其中综合病房楼1200张床位、肿瘤病房楼400张床位、妇幼保健楼400张床位。肿瘤病房地下室设置放疗科，形成肿瘤分中心；妇幼保健楼内设产房、新生儿科，结合妇幼门诊专科，形成妇幼保健中心。分中心医疗模式，缓解了超大规模医院带来的医疗动线过长的问题，也适应医院大综合、小专科的医疗发展方向。

立体交通体系

为了合理组织大型综合医院中复杂的流线系统，设计采用立体交通组织方式，在不同标高解决各功能流线，做到人车分离、内外分离、清污分离。

病患经院前广场可直接步行进入各功能区；临时送客车辆驶入院区，在雨棚下停靠下客；需停车车辆入院后，通过入口机动车坡道驶入地下，做到人车分流。车辆在地下中央下客区停靠下客后就近泊车，而后患者乘电梯直达各层。

地下一层结合下沉庭院建立内部生活服务走廊，解决内部物流运输功能。各层污物通过污物电梯运至地下，经污物通道汇集后运出地面。各流线互不交叉、互不干扰。

城市公交入院

为方便市民就医，设计将公交车引入院区内部，在建筑入口处设置公交车首末站，在医院街端头设置公交车候车廊，病人下车后可经通过外廊直接进入医疗街，免受日晒雨淋。

医疗街公共空间

除了公共交通的功能，医疗街也可作为休息等候的公共空间。设计在医疗街的主要空间节点处设置病患电梯及自动扶梯，将入院病患快速疏导至各层。

医疗街三层通高，顶部采用玻璃天窗最大限度地引入自然采光。为取得医疗街的开敞效果，避免多柱空间产生的闭塞感，医疗街采用挑板结构，钢连廊以简支形式连接两侧的主体结构。

各模块单元之间设置采光内庭院，庭院与医疗街相连，为医疗街引入生机盎然的风景。门诊大厅四层通高，形成公共开敞的入口空间，有效地疏导大规模人流。

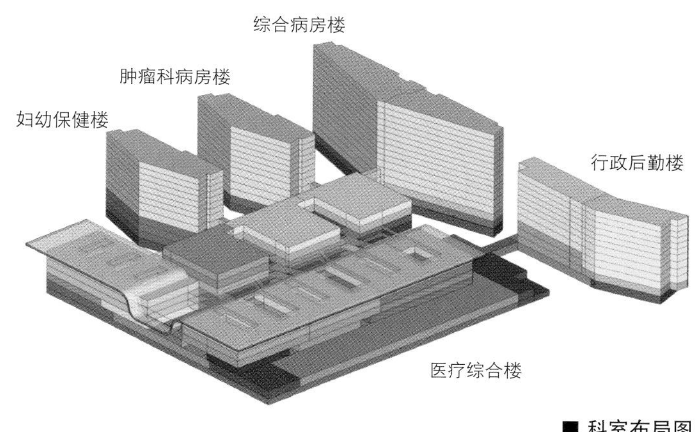

■ 科室布局图

02 / 西侧沿街立面
03 / 整体航拍

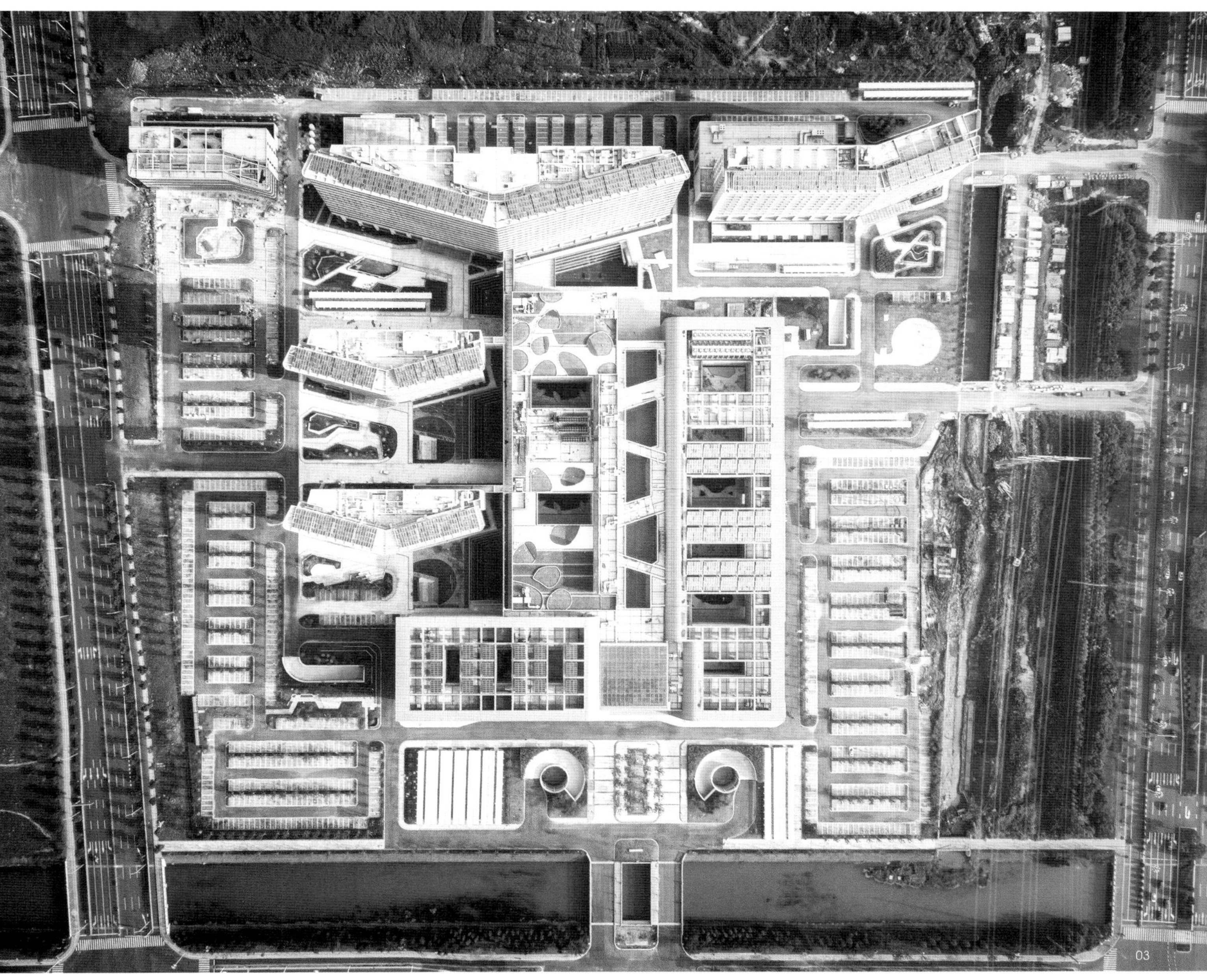

04

04 / 妇幼保健楼西侧形体交接

标准模块布局

大型综合医院的设计需要具有一定的前瞻性，使建筑能适应未来医院的发展。医学、医疗技术以及医疗器械正在不断跨越式更新，因此，医院建筑需要具有一定的灵活性，能通过内部改建来达到使用要求。

设计采用标准柱网的模块单元作为建筑的基本功能组织方式。每个模块的建筑面积适应于大多数科室功能，单元内部荷载考虑未来功能的可变性，交通核心筒独立，不影响内部功能布置，机电干线管井沿交通核布置，便于日后科室功能升级置换。

护理单元的人性化设计

全部病房朝南设置，为病患提供良好的采光及眺望视野。患者电梯和医生电梯厅分开设置，医护人员自成一区，内部走廊医患分流。走廊端部敞开设阳台，明亮的走廊缓解病人的就诊压力。

设计保证病房具有足够的面积，双人间均可扩展为三人间，同时预留发展空间。综合病房楼采用双护理单元布置，便于内、外科等大科室同层管理。护士站位于折线形走廊的中点，最大限度缩短看护动线，给予护士在床边作业更多的时间。

综合医院的立面设计

项目坐落于太湖之滨，对太湖新城地区乃至吴江新区的建设发展有着重大战略意义，其建筑形象不仅要反映出新时代先进医疗设施的风貌，更承载着地区建设划时代的先进特征。

设计师在南侧主入口形象面设置连续的金属屋面，形成简洁大气的公共建筑立面表情。屋面金属飘板不仅仅起到装饰作用，而且承载了规模巨大的太阳能光伏及光热电板，使立面造型与设备布置得以兼顾。

门诊主入口屋面飘板向下弯曲，形成入口雨棚，塑造出入口灰空间，一抹优美的弧线形成建筑的升腾之势，宛如太湖之滨，白鹭振翅。

大型医院建筑的涉及面广，功能要求复杂，苏州市第九人民医院的设计充分体现了这一建筑类型的诸多特点。设计团队在各个设计环节尝试新的设计突破，总结设计经验，为日后大型综合医院的设计开辟出一条新道路。

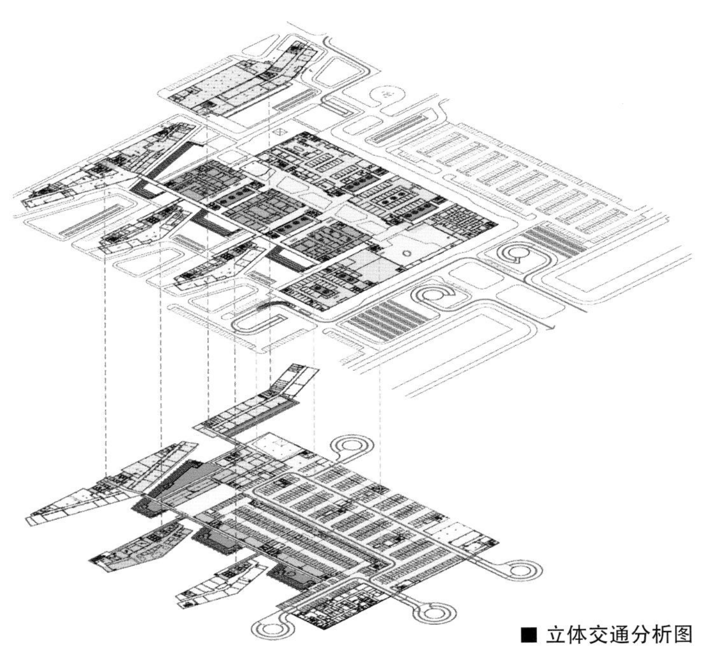

■ 立体交通分析图

05 / 东立面内部人视图
06 / 医疗街 1
07 / 入口大厅
08 / 医疗街 2

05

06

07

08

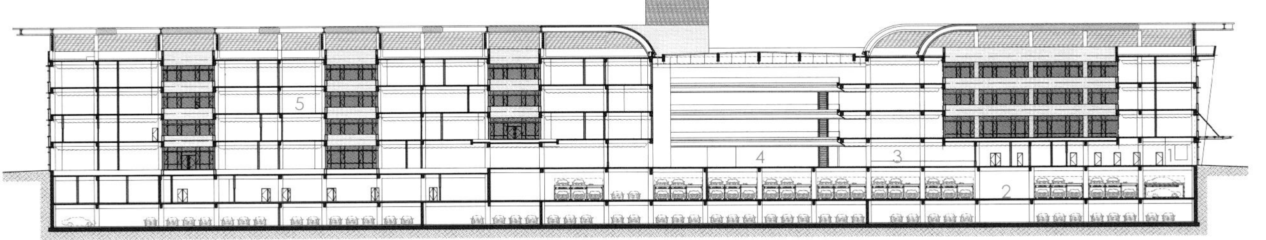

1 挂号处
2 地下车库
3 等候区
4 门厅
5 医技部

■ 剖面图

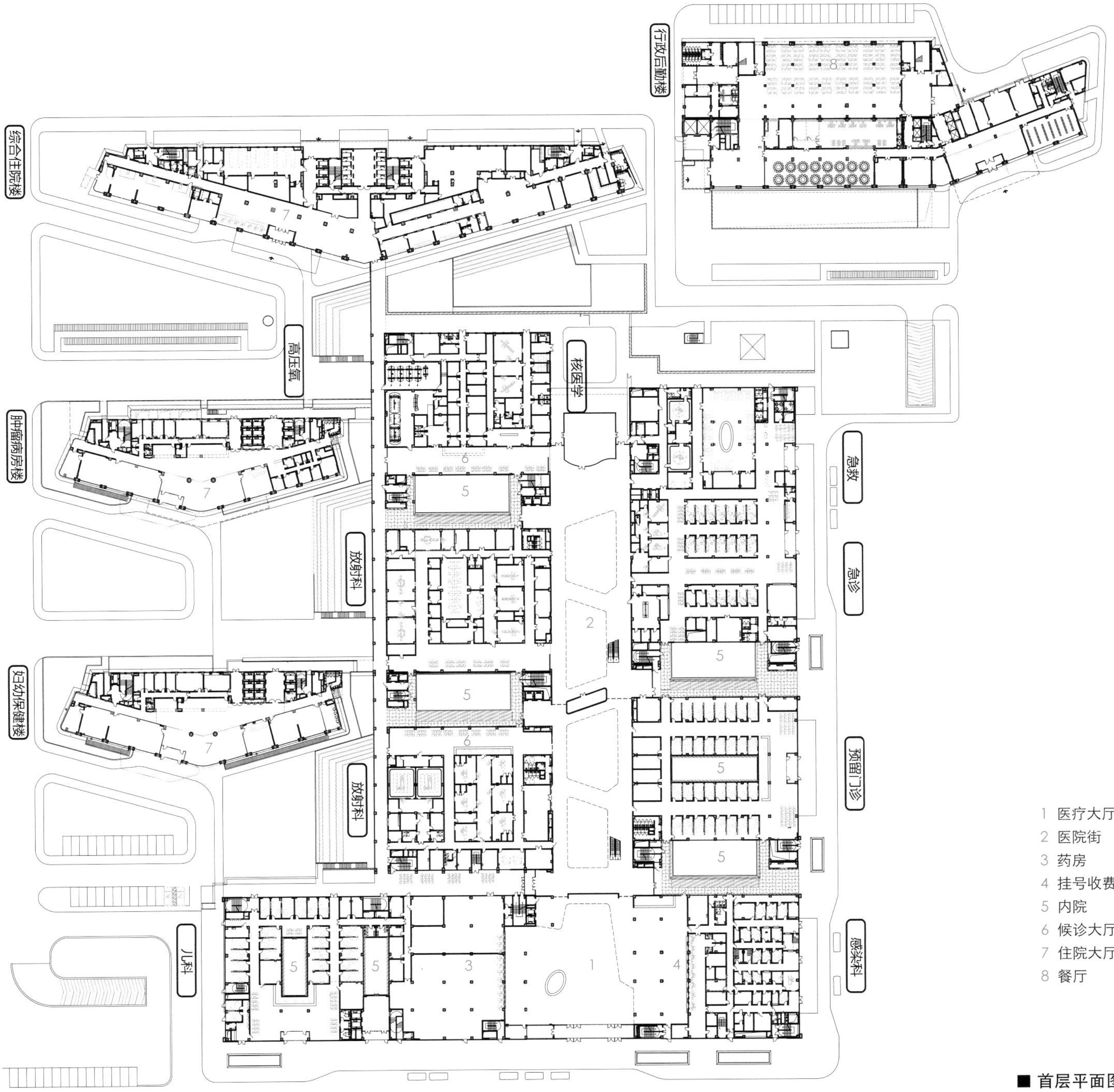

行政后勤楼
综合住院楼
高压氧
核医学
肿瘤病房楼
急救
放射科
急诊
妇幼保健楼
预留门诊
放射科
儿科
感染科

1 医疗大厅
2 医院街
3 药房
4 挂号收费处
5 内院
6 候诊大厅
7 住院大厅
8 餐厅

■ 首层平面图

09 / 南侧入口广场
10 / 妇幼保健楼
11 / 南侧主入口

09

10

11

李庄同济医院

LIZHUANG TONGJI HOSPITAL

同济大学建筑设计研究院（集团）有限公司

李庄同济医院是一家二级甲等综合医院，地处宜宾市李庄组团核心部位，位于李庄古镇西侧。一期 400 床，地上建筑面积为 53 087 平方米，地下建筑面积 12 600 平方米，建筑总高 59.55 米。

■ 总平面图

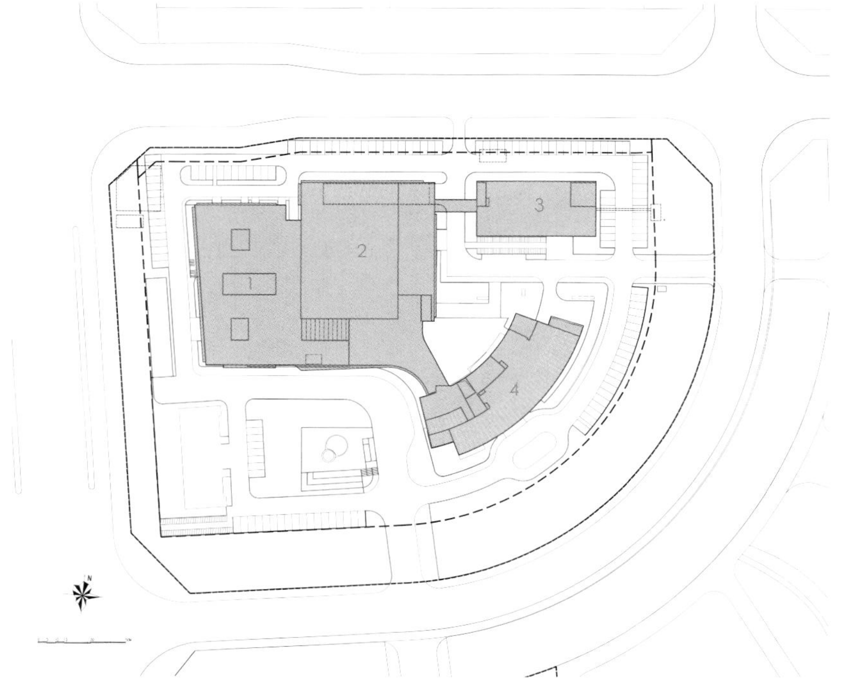

1 门急诊楼
2 医技楼
3 科研楼
4 病房楼

01

四川省宜宾市 / 项目地点
2012 年 / 设计时间
2016 年 / 建成时间
429 000 平方米 / 用地面积
65 687 平方米 / 建筑面积
400 床 / 床 位 数
框架剪力墙结构建筑 / 结构形式
地上 16 层，地下 1 层 / 层　　数
张洛先 / 总 负 责
张洛先、江立敏、谭劲松、周亮、高福源、陈晗、马明 / 建筑专业
罗志远、杨庆辉 / 结构专业
陈旭辉、李学良、孙翔宇、肖小野、宋海军、龙君 / 设备专业

01 / 南侧入口

02 / 门诊入口夜景
03 / 医院整体鸟瞰

02

内部交通体系——宽街窄巷

李庄同济医院的内部交通延续古镇“街巷式”交通网络体系，希望在空间感知上激起使用者的共鸣，产生场所意义和归属感。“医疗主街”宽敞明亮，作为交通主轴串联门急诊、医技和住院区。在人流密集的区域设置自动扶梯和景观电梯，形成一个高效便捷的立体交通体系。病人通过医疗主街到达候诊空间，并逐渐向诊疗空间过渡；适当变窄的“医疗次街”满足病人通行和二次候诊的需要;功能房间沿“医疗次街”开门，犹如古镇沿街店面的形式。就诊区后部是医护工作区域，内部人员通过更窄的“巷”道形成医护步行体系，“巷”的界面内向私密，像毛细血管般深入每个内部区域。病人通行的“医疗街”与医护通行的“医疗巷”内外相生又互不交叉，有效地实现了医患分流。

历史与符号——光影的张力

同济大学文远楼可以说是同济最具历史意义与深远影响的建筑之一，它年近“花甲”，是中国现代建筑史上的一座丰碑。建筑墙面上经典的镂空浮雕作为文远楼的标志，是同济精神的一个符号。百鹤窗和文远楼的两件浮雕饱含历史文化的建筑元素被艺术化处理，提炼成现代的金属镂空遮阳板构件，多次运用于李庄同济医院的不同立面上。门诊大厅南侧玻璃幕墙上的金属镂空遮阳板交错有序，在造型上模拟仙鹤羽翼的肌理，形成一种神似的艺术表达。镂空金属板采用暖色氟碳喷涂，在室外形成百鹤祥云木窗的意象。在室内，文远楼浮雕图案被明亮的光线投射在地面上，一内一外、一虚一实，给体验者一种光阴如斯、往事依稀之感，是极具张力的精神体验。

材料与色彩——粉墙黛瓦木窗花

李庄同济医院以川南传统建筑为原型，在建筑用材上结合现代建筑特点，采用小青瓦、暖色面砖、深色玻璃、白色仿石喷涂、木色金属板等建筑材料，让这些传统和现代的建材在钢筋混凝土结构上重新建构。白色仿石涂料和深色玻璃作为建筑粉白和冷灰的主色调，质朴而端庄，充分符合医院建筑特性。暖色面砖和木色镂空金属板与传统建筑中木门窗的形式和颜色取得统一，成为视觉活跃的要素。窗下墙采用当地小青瓦砌筑，丰富了建筑的肌理和细节。建筑做灰砖墙裙，强化传统建筑青砖勒脚的构造元素。多种建筑材料的协调搭配和色彩的美学抽象，使这样一座纯粹的现代主义建筑具有了地域文化氛围。

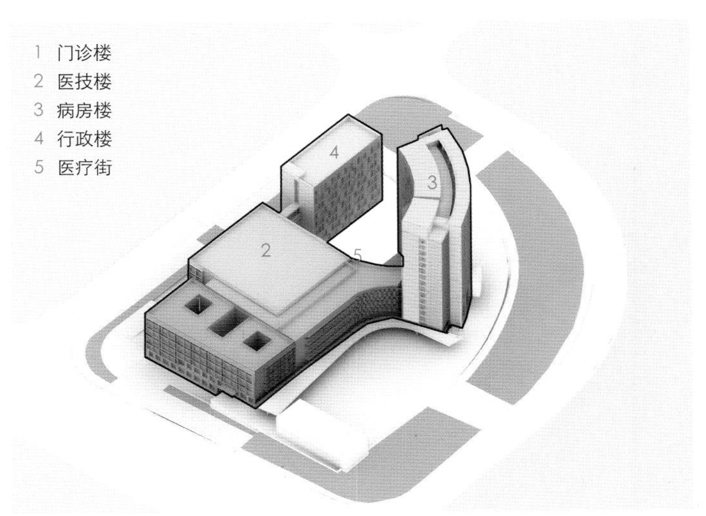

■ 功能分区示意

04 / 餐厅内景
05 / 入口的通高空间
06 / 窗花与光影
07 / 花格窗
08 / 医技楼行政楼日景

04

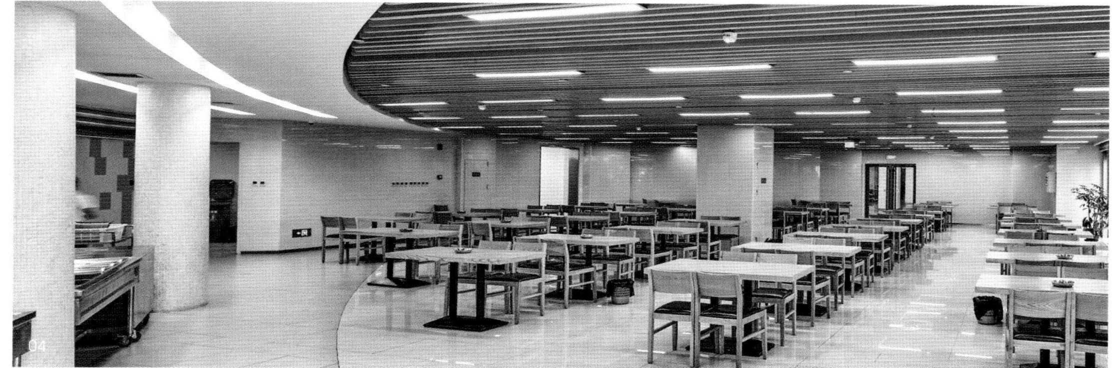

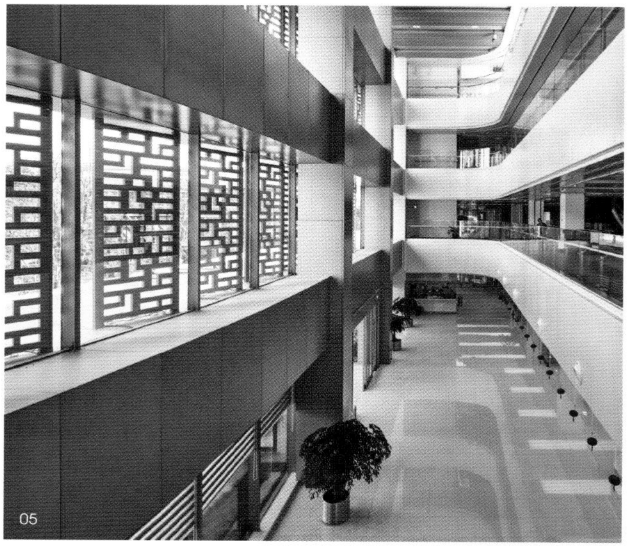
05

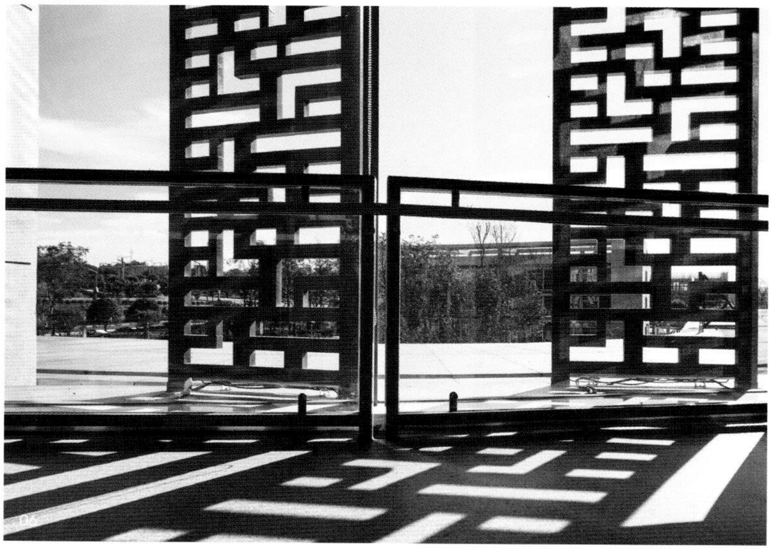
06

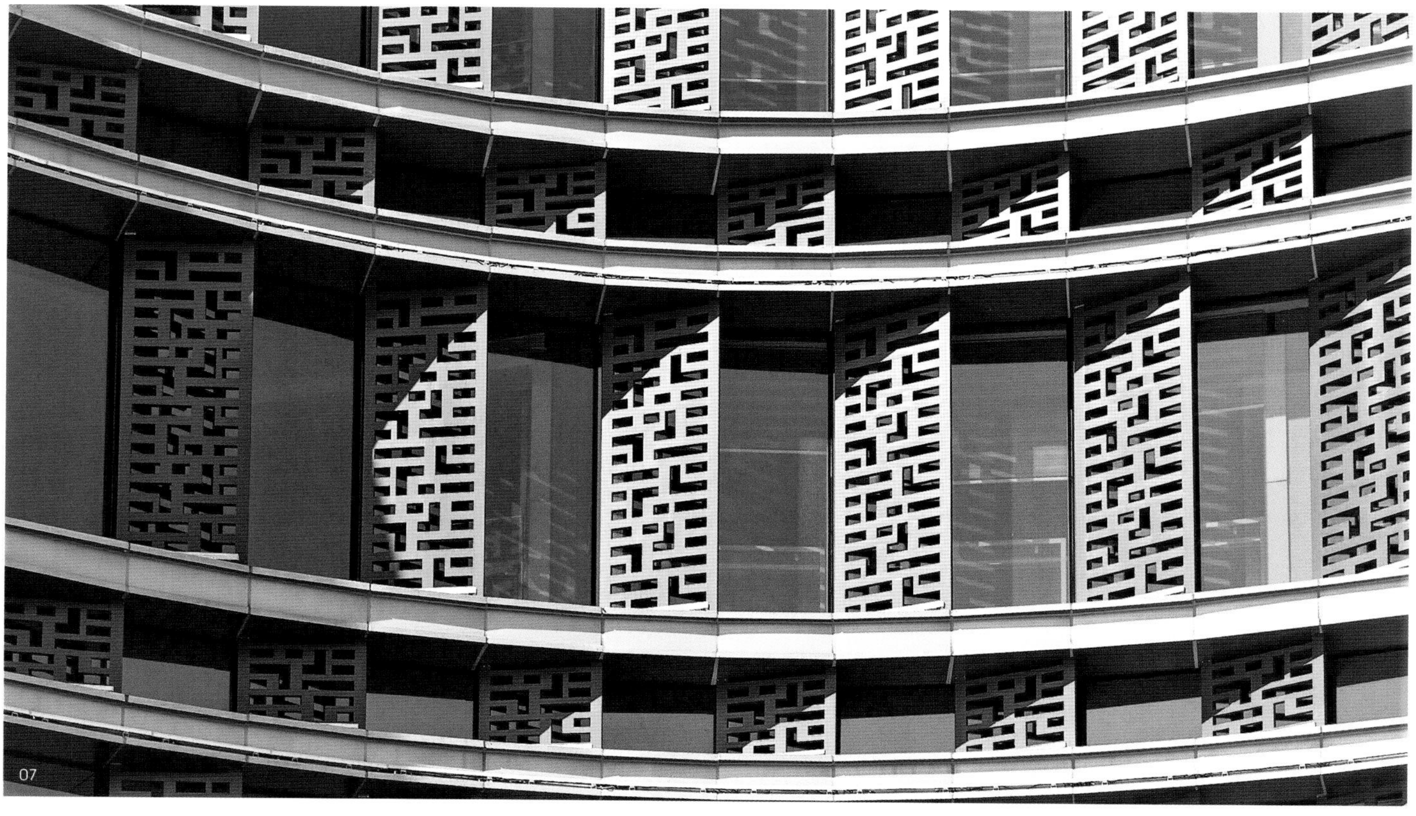
07

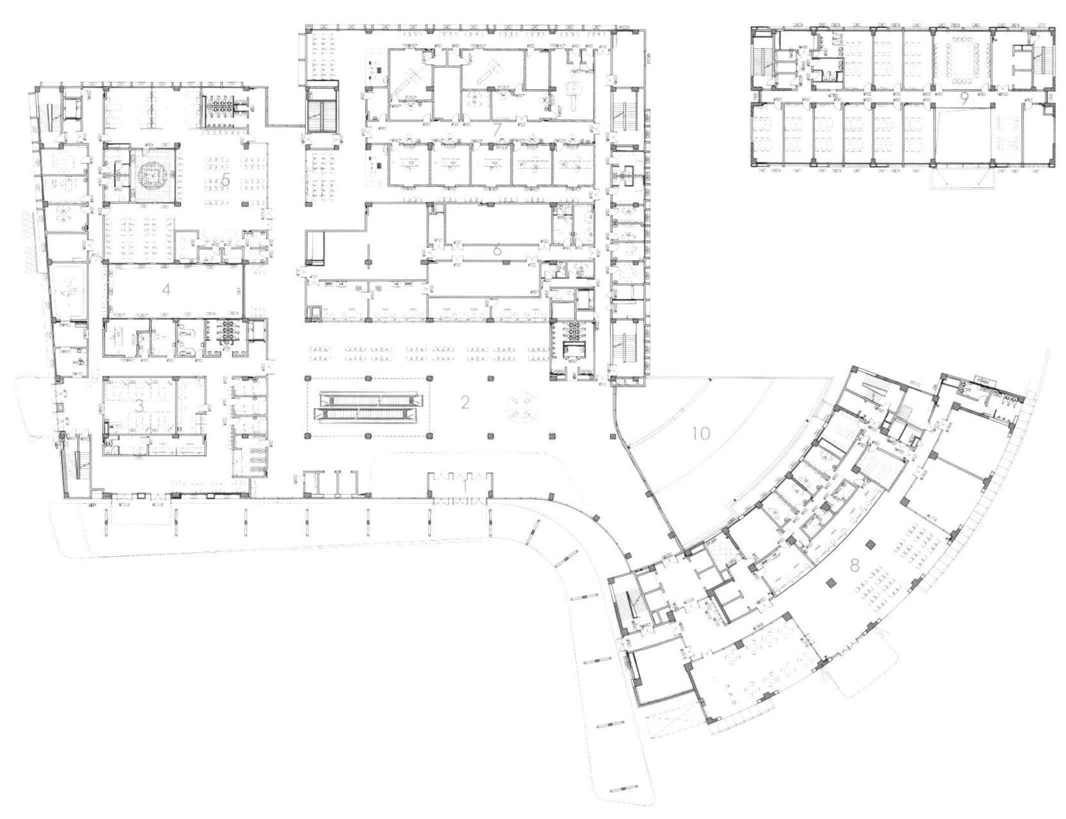

1 门诊主入口
2 门诊大厅
3 急诊急救中心
4 庭院上空
5 急诊留观病房
6 药剂科
7 放射科
8 住院门厅
9 行政办公
10 屋顶花园

■ 首层平面图

融入自然的医院——空中花园

宜宾市属中亚热带湿润季风气候。在这种地理气候环境下，常绿与阔叶植被极易存活、生长茂盛。当地居民喜爱绿植，积极开展建筑物、屋顶、墙面等立体绿化。整座城市植被繁茂，绿树成荫，被连续授予“森林城市”的美誉。李庄同济医院的绿化景观充分结合当地气候与人文特点，利用屋顶及下沉庭院，结合医院建筑自身特点，除了美化疗养环境外，还为病人提供在室外健身活动的场所。景观绿化一方面为室内大厅空间提供绿色景观，另一方面为门诊病人提供室外活动场所。空中花园的精心塑造结合场地内大量景观绿化，最终实现了医院院长的建院期许：“建立一座医院中的花园和一所花园中的医院。”

医院建筑常以功能为最大权重的设计评价标准，导致设计将关注的重点束缚在功能、效率以及局部问题的解决上，使建筑停留在满足“功能的容器”这一初级状态。自然与地域、历史与文化、艺术与技术等场所构成要素则容易被忽视。李庄同济医院的设计实践是对医院建筑如何在达成功能和效率的前提下，提出了疗愈空间中应具有场所精神这个命题，并具体实践了让医院回归建筑本源的设计思考。

08

09 / 入口通高空间
10 / 医疗街自动扶梯
11 / 门诊候诊区

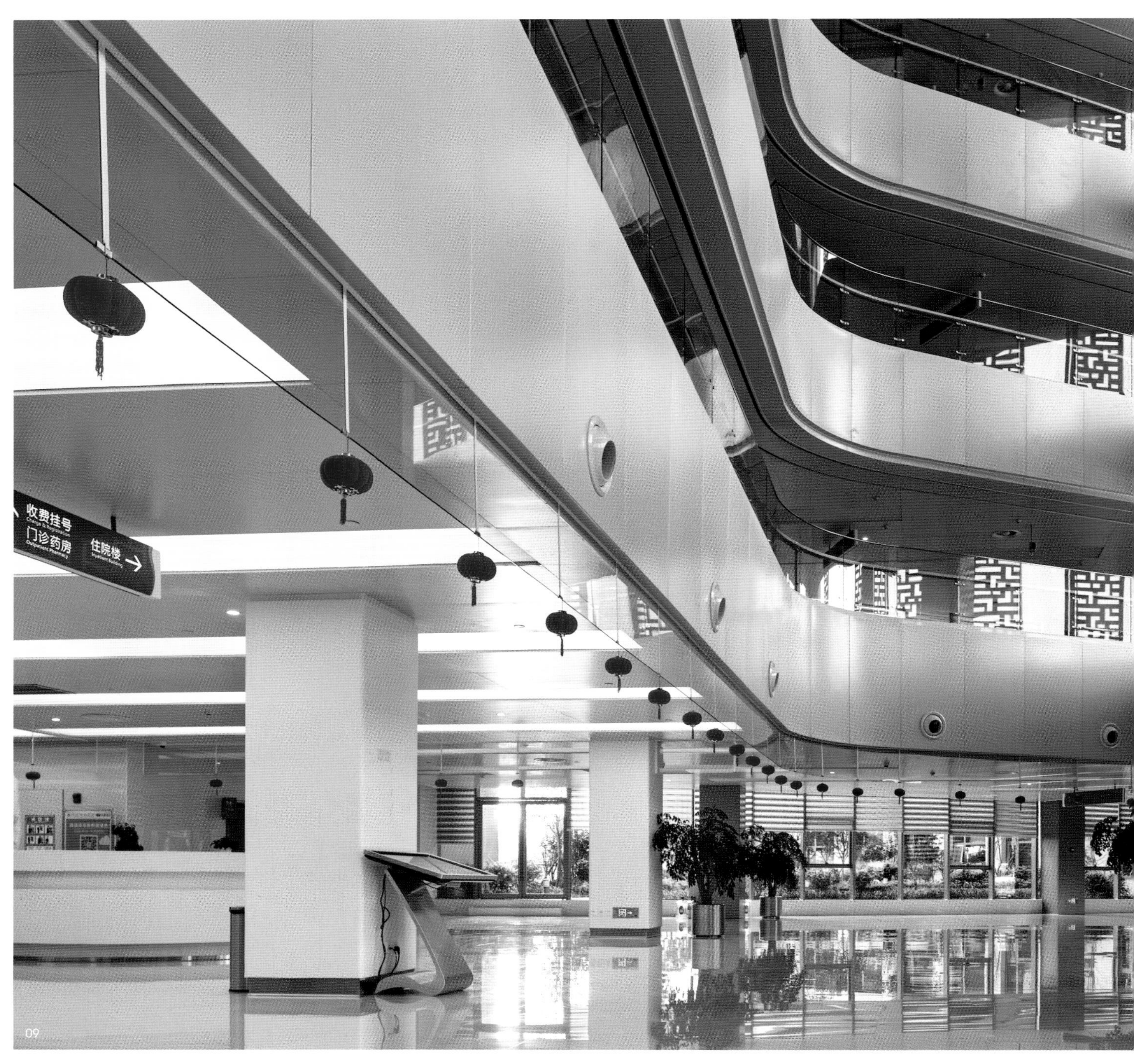

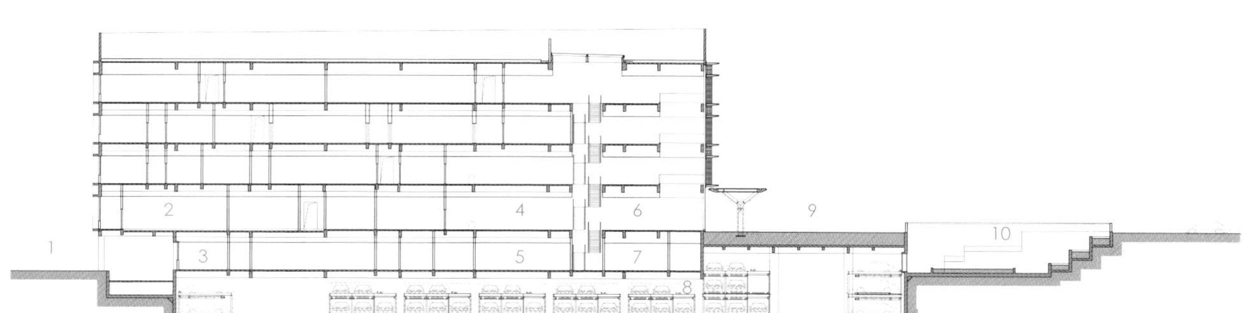

1 北侧入口广场
2 放射科
3 感染科入口
4 药剂科
5 消毒供应中心
6 门诊入口大厅
7 社会服务
8 地下停车库
9 入口广场
10 下沉广场

■ 剖面图

10

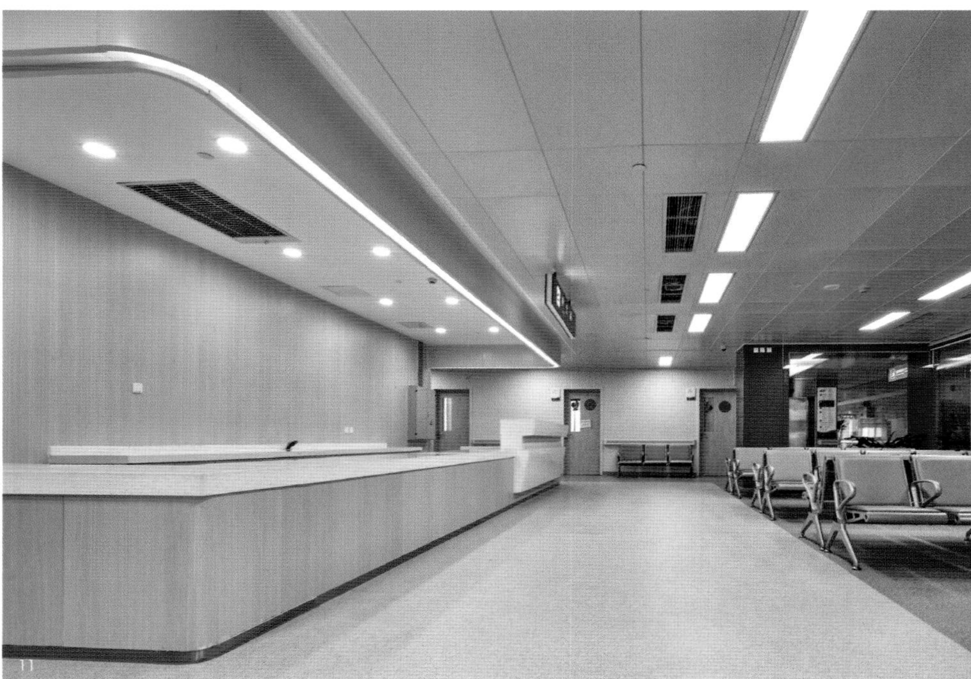

11

上海市第一人民医院改扩建工程

EXPANSION AND RENOVATION OF SHANGHAI GENERAL HOSPITAL

同济大学建筑设计研究院（集团）有限公司

上海市第一人民医院始建于1864年，是全国建院最早的西医综合性医院之一，医院经多年建设，发展成为一所大型综合性三级甲等医院。现医院总建筑面积近250 000平方米，实际开放床位2500多张，由于诊疗规模的日益扩大，医院基础设施体系出现了总量性欠缺、结构性欠缺和功能性欠缺等问题。

改扩建工程项目基地位于虹口区武进路、东起九龙路、北至哈尔滨路，西侧紧邻市级文物保护单位消防站，南侧隔武进路与第一人民医院老院区比邻。项目总用地面积约8320平方米，总建筑面积47 735平方米，其中地上建筑面积34 160平方米，地下建筑面积13 575平方米；高层主楼15层，建筑高度61.6米，裙房5层，建筑高度22米，保留建筑4层，建筑高度16.4米。扩建工程的总床位为300床，手术间数25间，急诊中心设计日均就诊量1000人次。

■ 总平面图

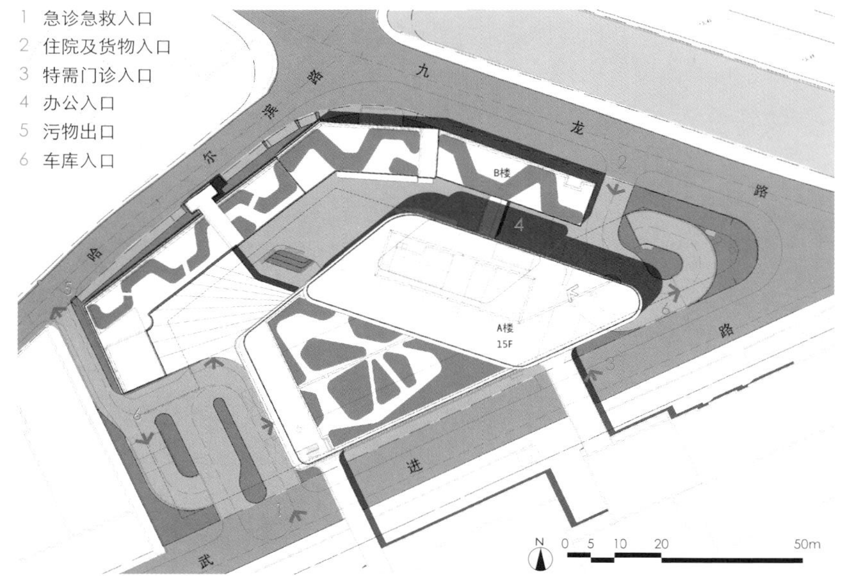

上海市 / 项目地点
2012 年 / 设计时间
2017 年 / 建成时间
8320 平方米 / 用地面积
47 735 平方米 / 建筑面积
300 床 / 床 位 数
框架剪力墙结构建筑 / 结构形式
地上 15 层，地下 3 层 / 层　　数
张洛先、陈剑秋 / 总 负 责
戚鑫、师雪阳、温雪凌、陈静丽 / 建筑专业
张晔 / 结构专业
张智力、王桂林、蔡英琪、严志峰 / 设备专业

01 / 鸟瞰图

历史建筑保护与更新

基地内部留存有一幢四层的虹口中学教学楼，始建于20世纪20年代，是日本人于1929年设立的日本寻常高等小学，1949年上海解放后更名为上海市虹口中学，至今已投入使用约90年。

通过对史料记载、现状建筑的研究及同时期相同类型建筑的调研，设计团队对这座历史建筑进行了全方位的保护修缮和更新。

结构加固：保留老建筑的主体结构，拆除木楼板和门窗及部分填充墙，并对其结构进行加固，使其满足医疗建筑的荷载和抗震规范要求。

功能重置：改建后，一层功能为急诊诊室、输液大厅等，在新建建筑和保留建筑之间设置了连接体，作为急诊大厅。二、三、四层设置了教室、教研室、多功能厅、办公用房等功能。

立面修复：在立面处理上，通过清洗等技术手段除去近期后加的涂料等与建筑风貌相悖的立面装饰材料，恢复立面材质的本来面目，对残缺、风化或损坏的部分采取修补、粉刷等保护性翻新措施，以恢复老建筑的原貌。经过整修的老建筑既保留了历史风貌，也保留了一段历史的记忆，同时全新的功能内核也使其焕发出新的生命。

新老院区的整合

在处理医院新老院区关系时，设计按照“功能上互补，空间形态上引领”的原则，将新植入的功能通过跨武进路的两条空中连廊与原有老院区进行全方位的对接，使新功能既融入到整个院区大的医疗流程之中，也提升和改进了老院区原有的不足之处，为患者和医护人员提供了更加舒适和便捷的诊疗环境。

原老院区门急诊合用一楼，导致武进路交通拥挤混乱，门急诊患者无法分流。在新院区总体规划时，考虑相应的人车分流及门急诊分流，新院区设置了单独的急诊部，让门诊和急诊分别位于武进路的南北两侧，就诊人流进入武进路后自然分流，很好地避免了各自功能的相互干扰和流线的交叉。新院区在规划设计时优化整合功能布局，针对原有院区医疗功能的缺失或部分功能空间面积的不足，增加了急诊、体检中心、功能检查、病房、手术、中心供应、血库、医疗保健等医疗空间、

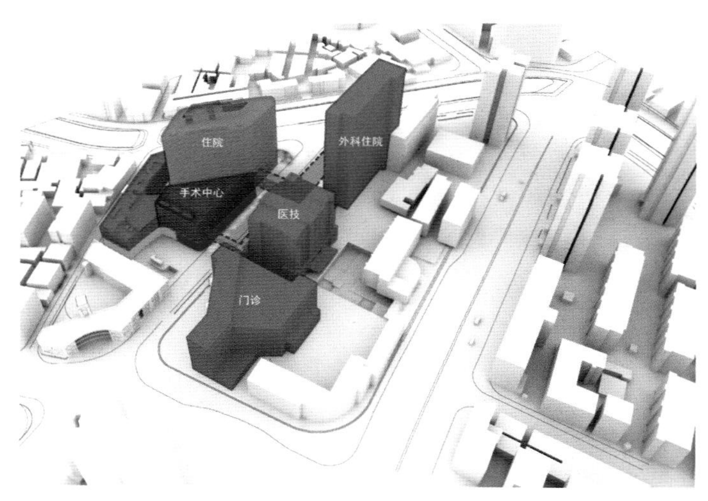

■ 新老院区功能分布示意

02 / 东侧立面

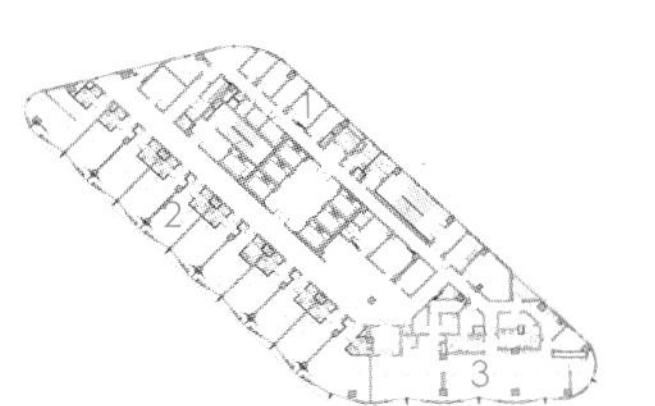

■ 标准层平面图

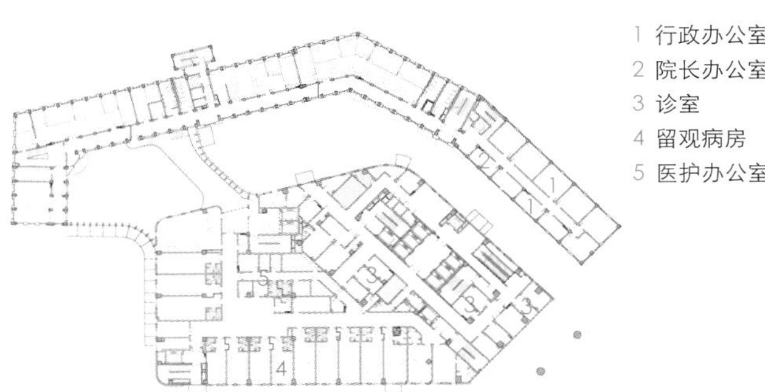

■ 二层平面图

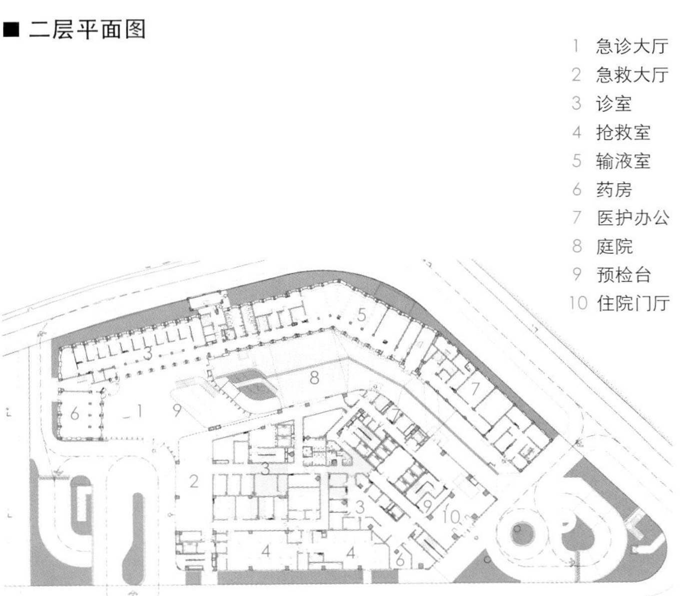

■ 一层平面图

缓解原有院区的诊疗压力。

针对老院区土地利用率低、地面停车位严重不足的问题，第一人民医院在扩建中充分利用地下空间，在地下二、三层共提供 130 个机动车停车位，同时将影像科及相关辅助用房移至地下 1 层。

外观形象与空间塑造

在建筑外观的形象塑造上，设计团队将基地内历史建筑的比例和形制拓展并延续到新的建筑立面构成手法之中，同时也使新老建筑在建筑立面的色彩和细节设计上有所联系，做到新老共存。建筑形象立足于连接两座处于不同时间维度的建筑，通过尺度和材质的控制，形成灵动而又不失庄重的韵律。

绿色、人性理念的贯彻

项目充分尊重城市环境及现状条件，融入绿色设计的理念，做到与城市周围环境的协调共生。本着“节能、节地、节水、节材、保护环境”这五大标准和要求，从能源系统的选择到控制系统的配套，再到各个末端的选型，按照绿色建筑设计的相关要求进行设计，该项目引领了绿色医疗建筑设计的新方向，并获得国家绿色建筑二星级设计标识。

在人性化设计方面，扩建工程每一个不经意的细节处理都体现了医院时刻以医患为中心，以使用者为中心的理念，如护士台高低台的处理、无障碍扶手木质把手、住院部走廊上的灯光设计、无障碍病房设计、助浴间设计、医护休息区设计等。

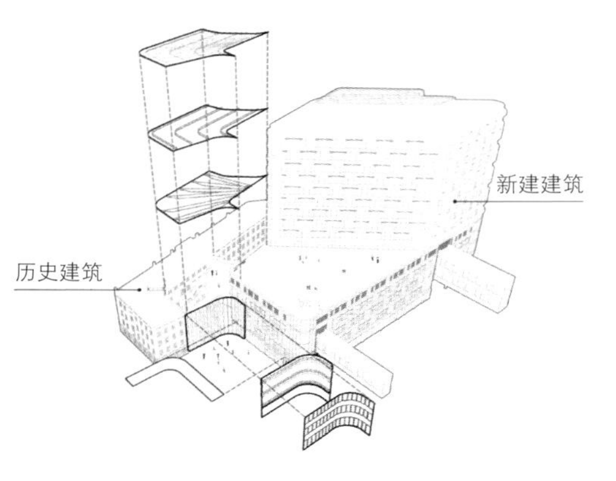

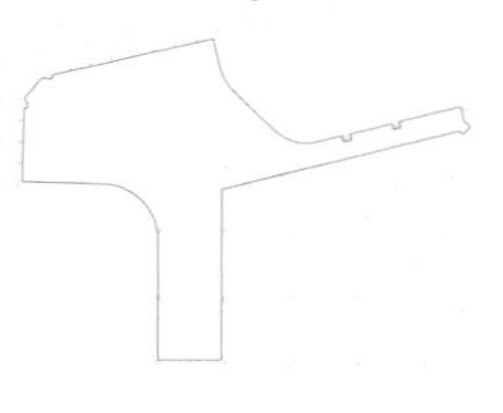

地面分割线设计范围

主要分割线（与屋面结构对位）

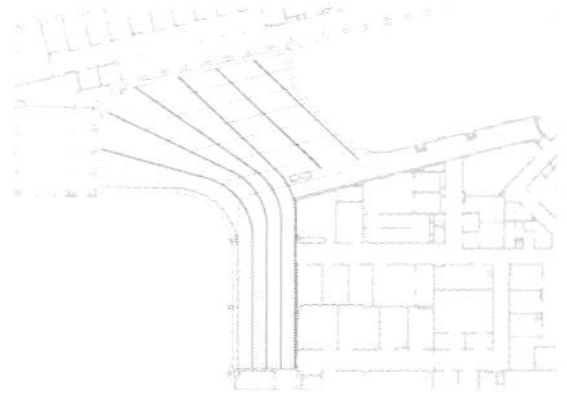

次要分割线（结合新老建筑）

■ 连接体网格分析

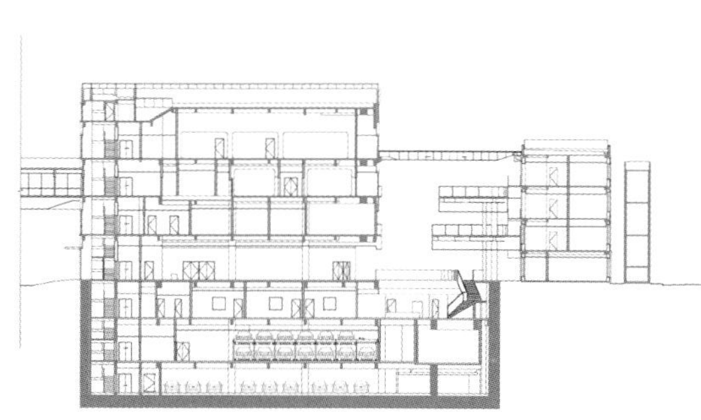

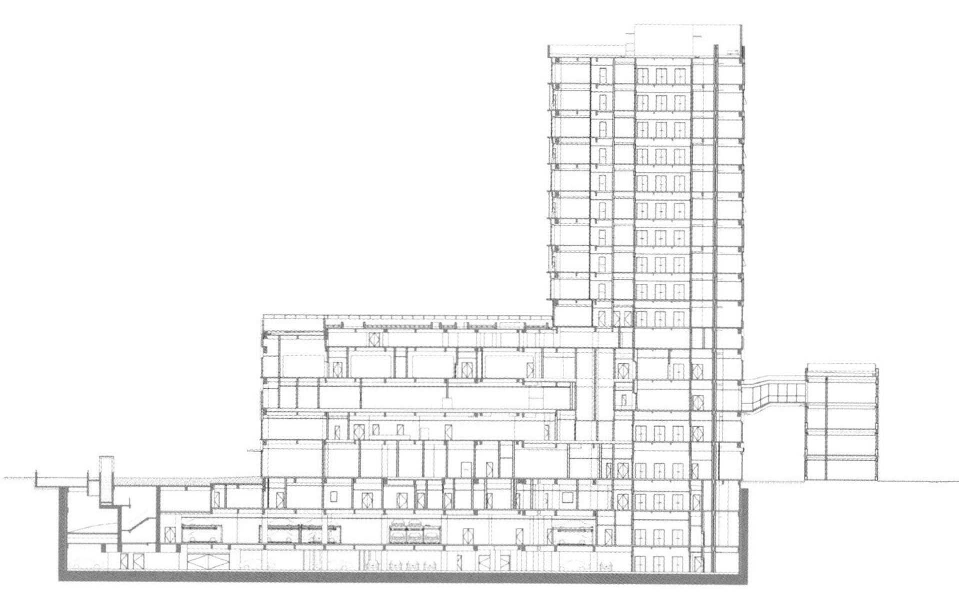

■ 剖面图

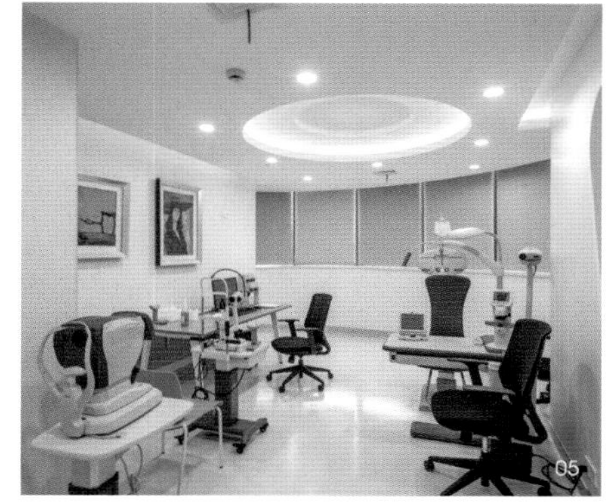

04 / 医护休息区
05 / 诊室内景
06 / 急诊大厅

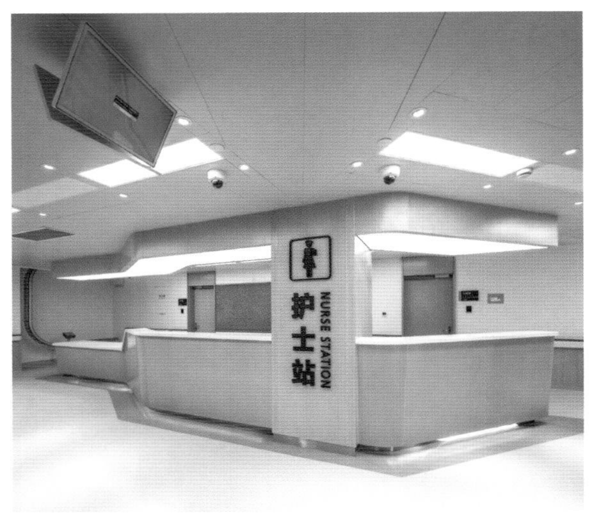

08

09

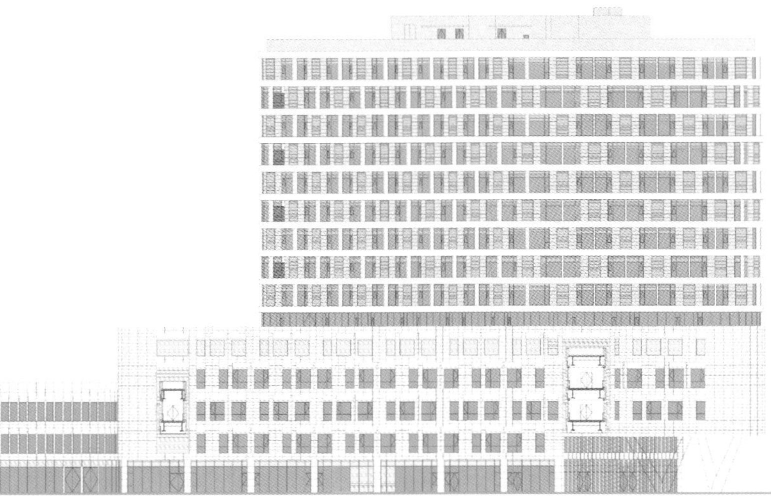
■ 南立面图

■ 东立面图

10

07 / 护士站
08 / 老年科门诊入口
09 / 屋顶康复花园
10 / 病房楼立面细部

滇南中心医院

THE CENTRAL HOSPITAL OF SOUTHERN YUNNAN

同济大学建筑设计研究院（集团）有限公司

滇南中心医院位于红河哈尼族彝族自治州（简称红河州）红河大道以南、纵五路以西，由红河州第一人民医院、红河州第三人民医院等多家医院迁建组合而成。项目总用地面积约 200 000 平方米，总建筑面积约 390 000 平方米，其中地上面积约 285 000 平方米，地下面积约 105 000 平方米。规划总床位数 2000 床，日门诊量 8000 人次。项目定位为三级甲等综合医院、区域性诊疗中心。

■ 总平面图

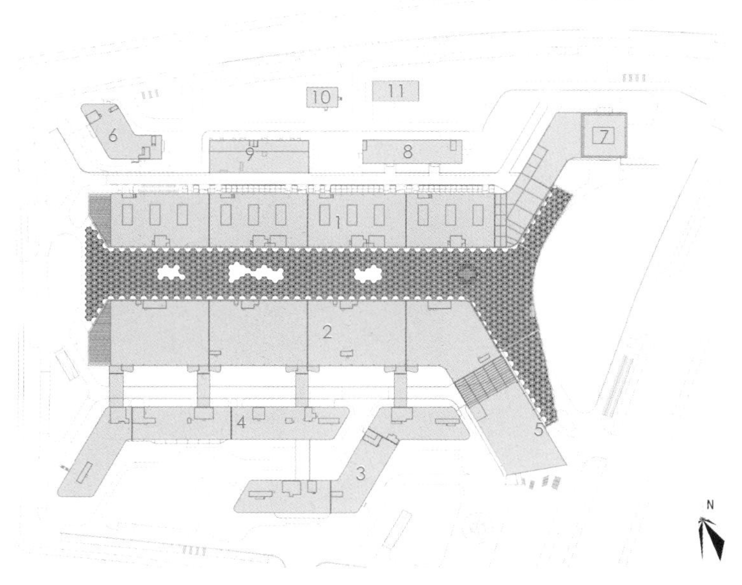

1 门诊楼
2 医技楼楼
3 一号住院楼
4 二号住院楼
5 急诊楼
6 感染诊疗楼
7 科研信息楼
8 食堂
9 洗浆中心
10 医用气体用房
11 高压氧仓

01

云南省红河州 / 项目地点
2014 年 / 设计时间
在建 / 建成时间
200 000 平方米 / 用地面积
390 000 平方米 / 建筑面积
2000 床 / 床 位 数
框架剪力墙结构建筑 / 结构形式
地上 11 层，地下 2 层 / 层　　数
胡仁茂、金晓东 / 总 负 责
刘闽敏、陈剑端、胡宇、黄建明、张雯、张嵩 / 建筑专业
姜文辉、官学良、沈懿洁、何诚 / 结构专业
张颖、赵时光、邵喆、李伟江、顾春峰、石优 / 设备专业

01 / 主入口夜景鸟瞰

02 / 主入口外景
03 / 住院楼外景

制约与挑战

滇南中心医院因规模大、功能复杂、地形高差大、航空限高等因素制约，在设计中存在诸多挑战，简要概括如下。

规模：近 400 000 平方米的超大规模三级综合甲等医院和区域性诊疗中心，其医疗工艺组织、医疗流线组织、建筑功能组织、空间组织、消防设计是巨大挑战。

地形：基地呈不规则梯形状。东西向长 400 ～ 600 米，高差较小；南北向长 350 ～ 450 米，高差约 10 米，南高北低，给大型医疗建筑的竖向组织与流线设计带来一定的难度。

限高：地块受航空限高控制，可建高度约 50 ～ 60 米，不利于局部集中向竖向发展和高效的进行空间和流线组织。

共享：依据总体规划，用地东面为规划待建的大型专科医院与急救中心，项目需考虑与对方医疗设施共享。

构思与布局

结合地形特点与限高，方案提取世界遗产红河哈尼梯田的形态元素，因地制宜，化解建筑体量，从南向北层层错落，水平伸展，南北共设两层高差，减少土方量。基地北面为城市主干道，东面为城市次干道，南面和西面为城市支路，主入口朝东，便于共享，门诊与医技共四层，居于场地中间，由东西向医疗街进入并串联。急诊楼三层，位于医技楼体量分支末端，面向主入口。基地南面为城市公园，且考虑到采光和通风优势，将十层和六层的两栋住院楼布置在用地最南面。由于基地常年主导风向为东南风，感染诊疗楼布置在场地西北角下风向处。科研信息楼布置在基地东北角部，构成建筑群的竖向塔楼和城市地标，各种设备和附属用房布置在沿红河大道侧的内部辅道北侧。

功能与工艺

因项目规模大、科室全，结合用地条件，滇南中心医院采用了东西向的医疗街横向布局，将医技楼和门诊楼两大功能分设于医疗街南北两侧，水平流线较长。为化解弊端，方案从医疗工艺角度出发，引入诊疗单元的概念，使功能模块化、流线最短化。首先，扩充急诊楼面积，使其具备影像科、EICU、急诊手术等多种功能，达到一个“医院”的标准，将急诊患者与门诊医技剥离。其次，设计感染诊疗楼，将传染、发热患者的门诊住院集中设置。再次，门诊和医技楼在设计上引入四条医院街副街，使整个体量划分为四大块，医院街分为四个主题庭院，既加强识别性，又使组织流线快捷。同时，从医学角度对科室进行整合，相对模块化，提高空间效率、缩短就诊流线。例如，合并设置神经内科与脑外科、心内科与心外科等，减少因挂号错误导致的流线折返。同时强化门诊与医技科室的同层对应关系，使 CCU 与心内科、血液透析与肾内科等科室达到“面对面”的关系。另外，从功能整体性

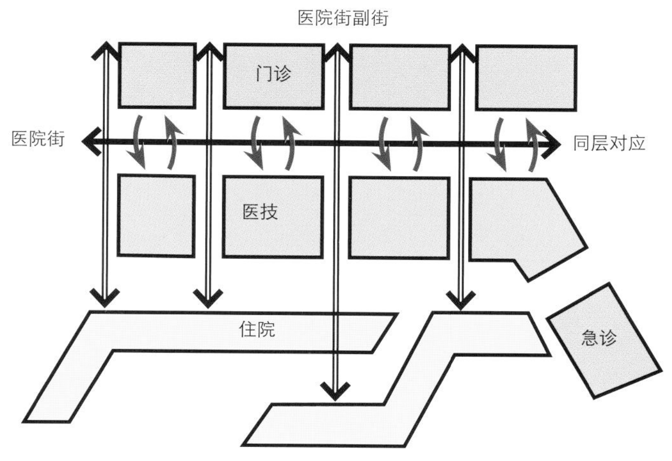

■ 滇南中心医院架构分析

02

03

04 / 急诊楼入口
05 / 医院街面向主入口

看，门诊、医技和住院的相关科室分别在其同层的对应位置直接关联布置，避免了垂直交通和错向的水平交通，使单一患者的就诊流线尽量压缩在某一局部区域，减少奔波感。最后，在住院楼中，PICU、NICU、产房等科室分别与儿科病房、产科病房等住院单元同层联系。

空间与环境

红河州为典型亚高原气候地区，常年温差较小，自然通风条件好。方案结合当地的气候特点，创造性地运用了室外医疗街的设计，形成开放性的多功能休息场所。医疗街顶棚由六根独立的花瓣型钢束柱做底支撑，在顶部每根钢柱发散为树枝状支撑，再层层出挑，使顶棚架空于门诊楼与医技楼之上，结合挑空的医疗街中庭和底层开放的空间，形成良好的通风导流效果，既起到节能减排的作用，又巧妙地解决了如此庞大体量下的消防疏散问题。以干净素雅的医疗街空间为中心，医院整体环境简洁明快又不失温馨。通过利用场地的高差，地下车库以及大量地下室用房都获得了采光通风条件，进一步支撑绿色生态的诉求。

造型与形象

以哈尼梯田文化为原型，方案从总体布局到建筑立面采取了同一设计语言体系，建筑造型、建筑空间、室内空间、景观设计等都围绕和阐释这一主旋律，同时以凸窗、悬窗、百叶窗构成立面特色。蜂窝状六边形医疗街玻璃顶棚是建筑群空间与艺术的升华，既使红河州自然生态与宜人气候在建筑空间中得以高效利用，又寓意医护人员像蜜蜂一样为患者辛勤服务的精神风貌，同时表达了和谐、温暖、友好的医患关系。素雅的真石漆立面与精致的钢结构医疗街顶棚融汇结合，营造一种独特的室内外无缝衔接的场所氛围。

04

1 门诊楼
2 地下车库
3 医院街
4 医技楼
5 一号住院楼
6 二号住院楼

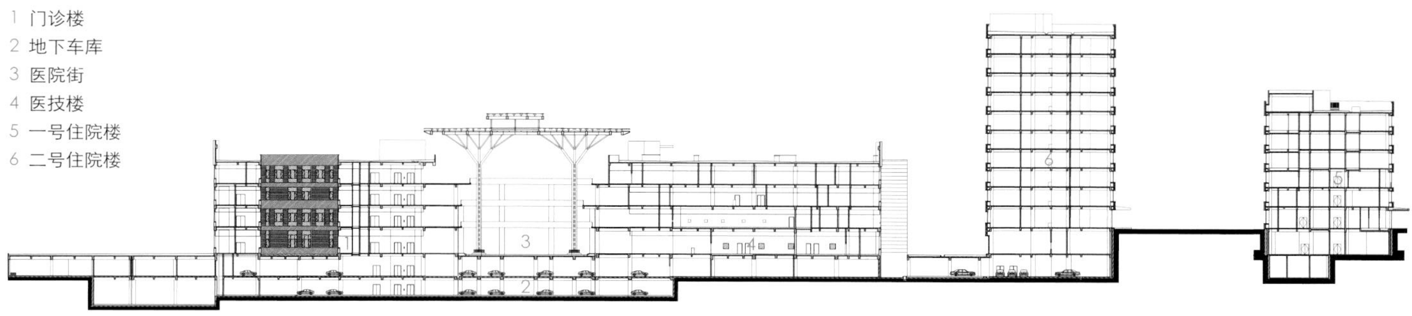

■ 剖面图

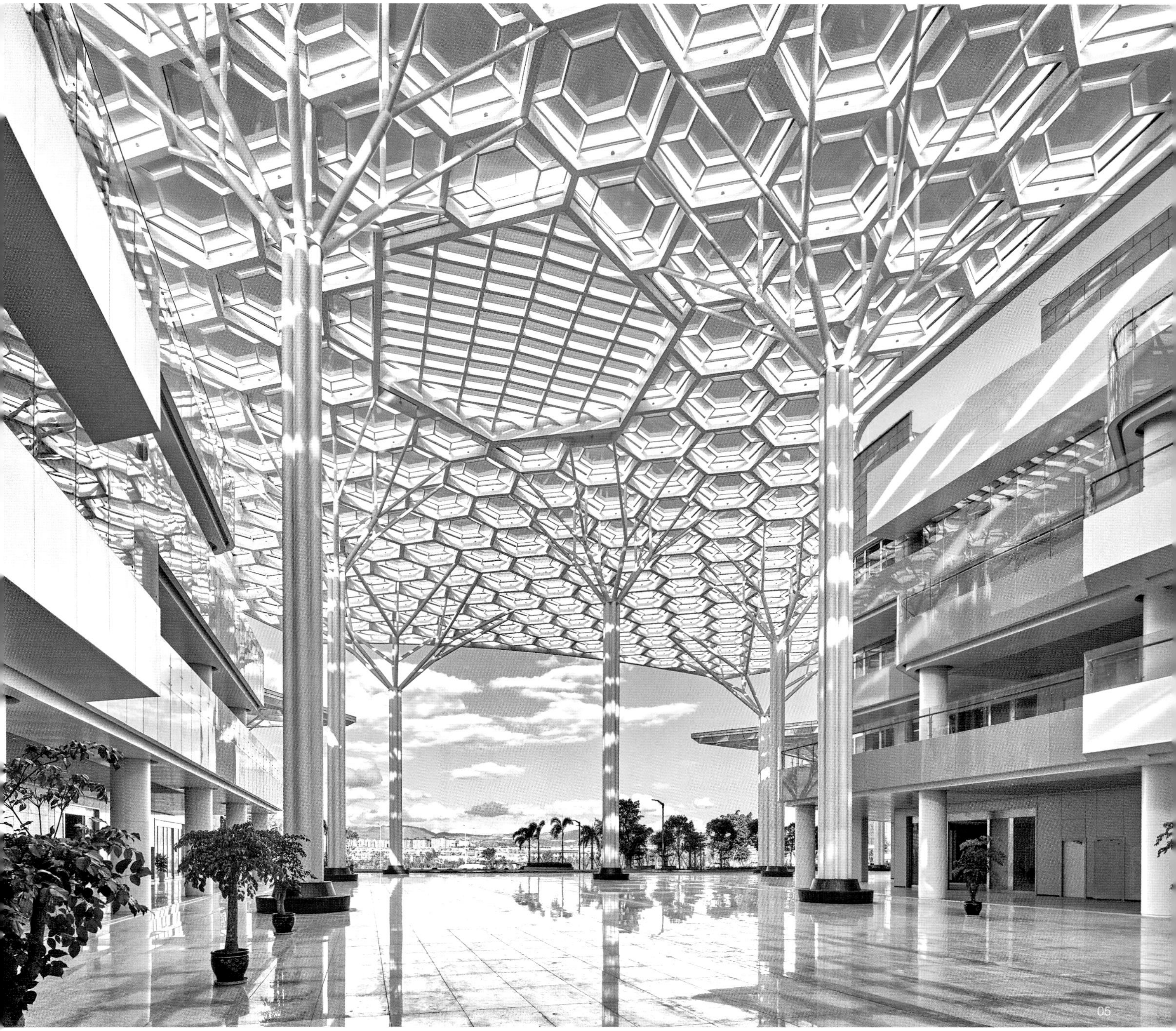

05

06 / 医院街 1
07 / 医技街 2
08 / 医院街顶层

06

07

08

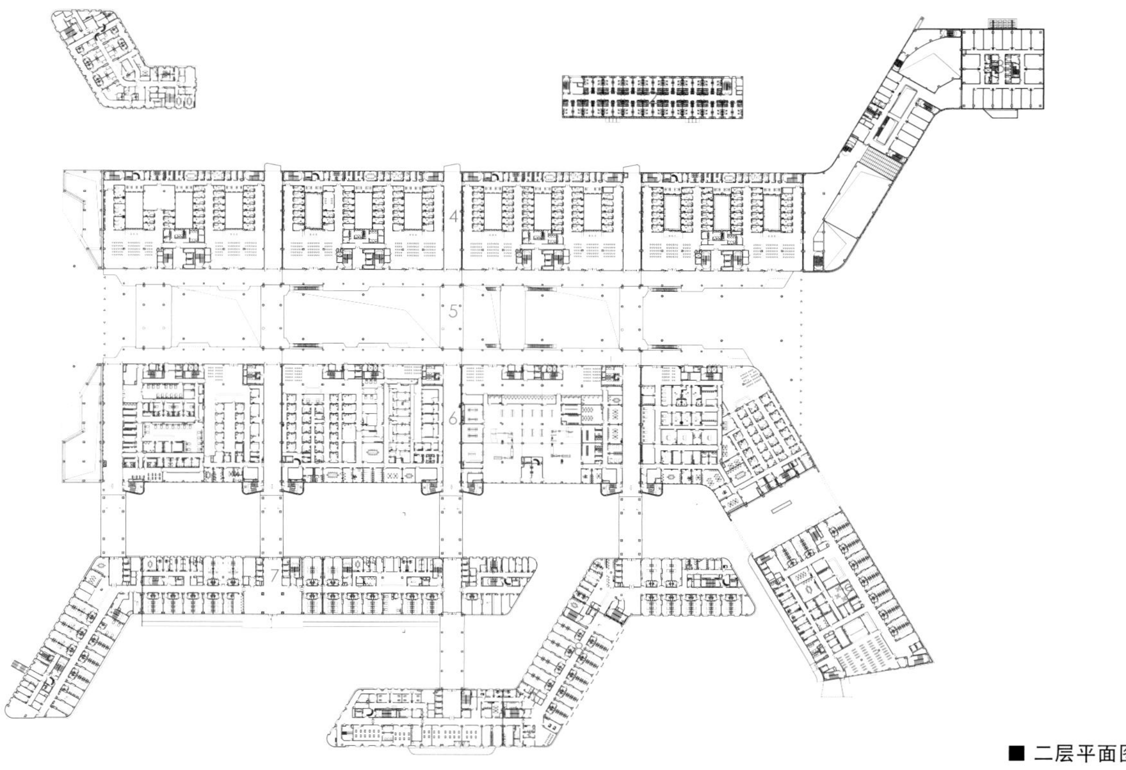

■ 二层平面图

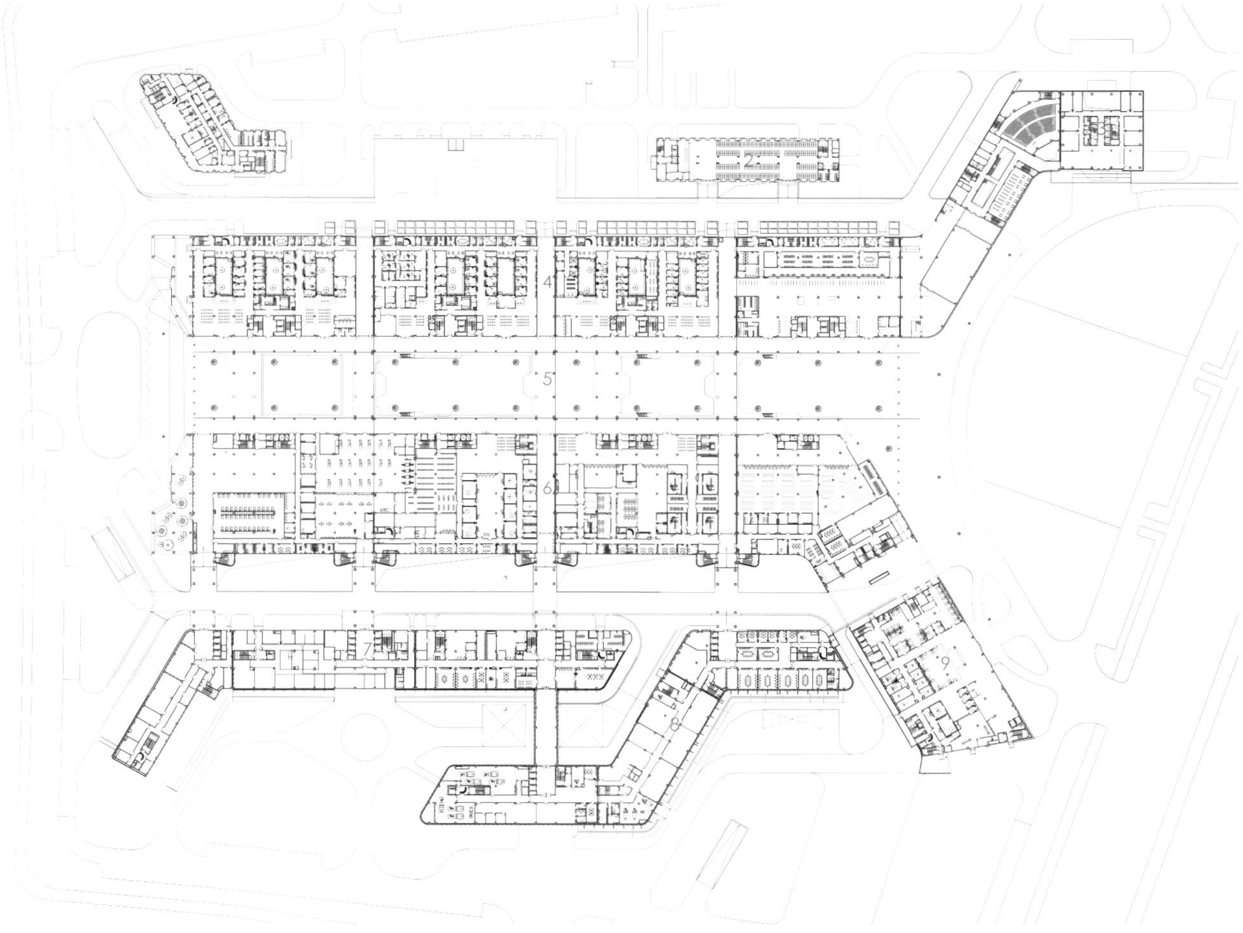

1 感染诊疗楼
2 食堂
3 科研信息楼
4 门诊楼
5 医疗街
6 医技楼
7 二号住院楼
8 一号住院楼
9 急诊楼

■ 首层平面图

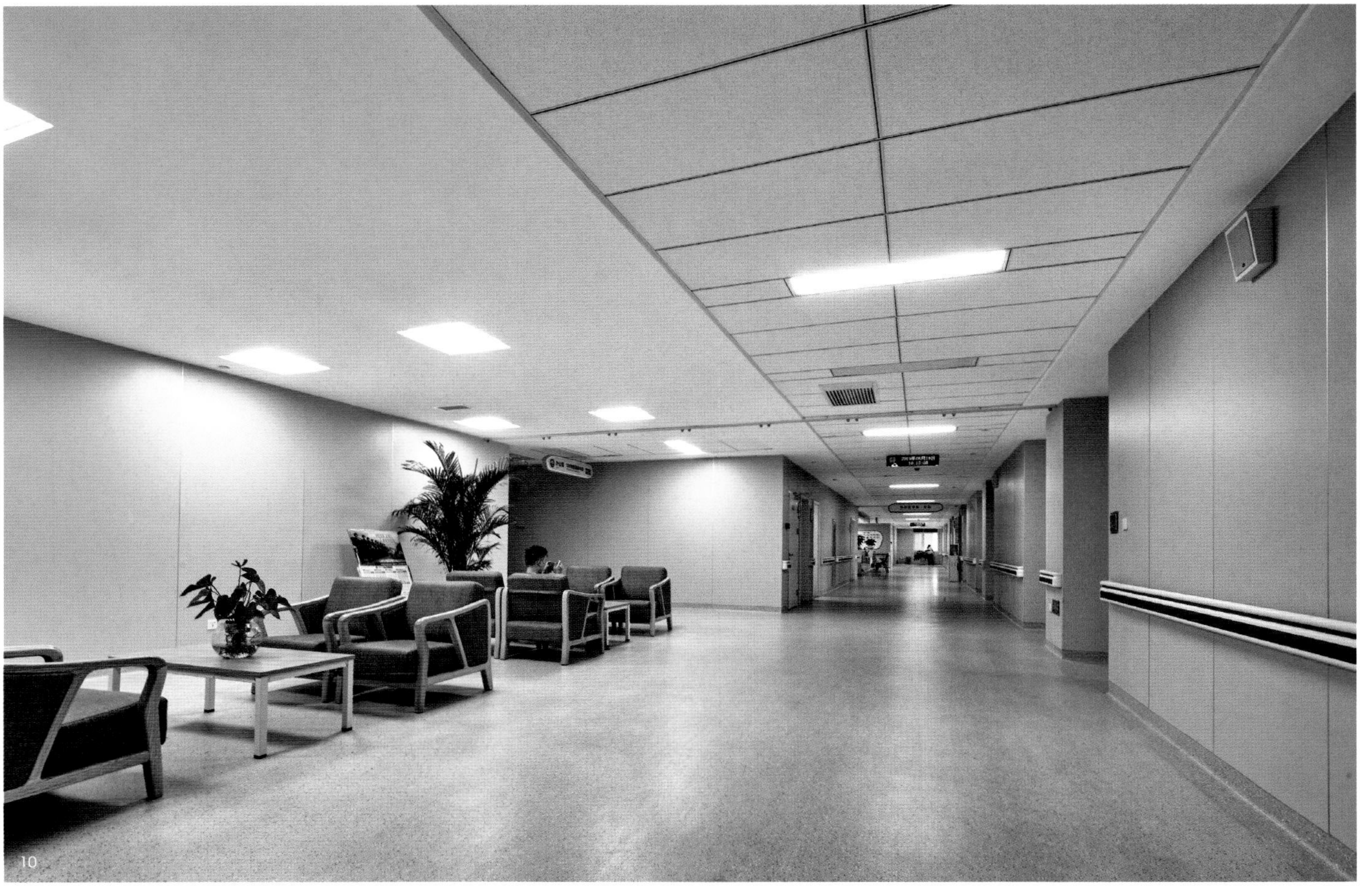

09

10

09 / 体检中心内景
10 / 急诊楼内景
11 / 立面细部 1
12 / 立面细部 2
13 / 感染诊疗楼西侧

海安县人民医院开发区分院

HAI'AN COUNTY PEOPLE'S HOSPITAL (ECONOMIC DEVELOPMENT AREA BRANCH)

浙江大学建筑设计研究院有限公司

海安县人民医院开发区分院选址在江苏省南通市海安县开发区内，北邻丁池路，南邻南海大道，东邻开发大道，西邻开发区区间路。项目规划用地总面积 114 000 平方米，总建筑面积 252 000 平方米，其中医疗区 106 000 平方米，健康养护区 146 000 平方米。项目拟打造一个集诊疗和静养于一体的休闲花园式健康城。

■ 总平面图

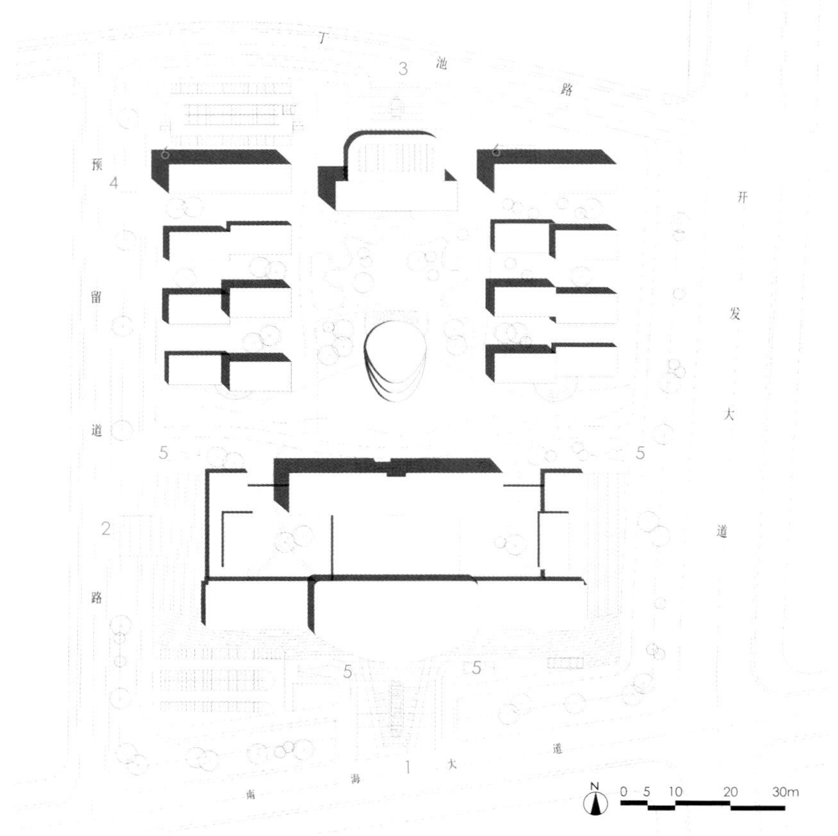

1 医疗区主入口
2 医疗区次入口
3 健康养护中心主入口
4 健康养护中心次入口
5 医疗区地库入口
6 康养区地库入口

江苏省海安县 / 项目地点
2015 年 / 设计时间
在建 / 建成时间
114 000 平方米 / 用地面积
252 000 平方米 / 建筑面积
1000 床 / 床 位 数
装配式结构体系建筑 / 结构形式
地上 12 层，地下 1 层 / 层　　数
陈建 / 总 负 责
陈建、倪剑、乔洪波、许益盛 / 建筑专业
尹雄、寿辰星、梁炜宇 / 结构专业
汪波、张敏敏、毛阆、郑雪梅、郑健、吴毅学 / 设备专业

01 / 鸟瞰图

02 / 入口透视图

合理的功能规划

该方案采用一种半集中的布局模式，门急诊与医技部门通过一条景观式的医疗街联系起来，住院、后勤、办公等功能区根据体量分置在医院的两端，形成高效、便捷的动线。在宏观层次上，医院的主入口和急诊、住院、污物等几大出入口各得其所，科学合理。在微观层次上，中医馆、门诊、急诊、出入院、健康体检、行政后勤、康养中心等均有相对独立的出入口，共享花园式环境。整个园区规划遵循大园套小园的模式，通过建筑组合形成若干内院空间，为病人的康复和疗养创造令人愉悦的环境空间。

清晰的门诊模块

一层通过大厅、医疗街和纵横交织的公共通道及垂直交通工具组织门诊、医技、住院等各功能区。二层门诊区分为四个门诊单元，主要为外科、儿科、骨科及留观用房，各门诊单元候诊空间分一次候诊和二次候诊，通过叫号的形式进入。三层的四个门诊单元主要为妇科、内科、耳鼻喉科和眼科。四层门诊区为专家、肿瘤、中医和皮肤科诊室，医技区设置了 DSA 中心、信息中心以及医技预留区。四至十二层为标准病房单元，病房的每一层为一个护理单元。所有病床尽量朝南，设计通过低窗台的手法，让病人躺在床上即可享受阳光和自然景观。护士站位于病房中心，护理路线便捷，可观察到主入口及各病房入口。

完善的健康养护

健康养护区包括 A、B、C 三个健康养护区块，其中 A 区为自理区，对生活能自理具有一定经济基础但迫于晚年孤独的人群，开展托老型服务；B 区对有肢体、语言等障碍疾病的半自理和非自理人群开展护理及功能康复的生活料理服务；C 区对临将生命尽头的人群开展临终关怀服务。

02

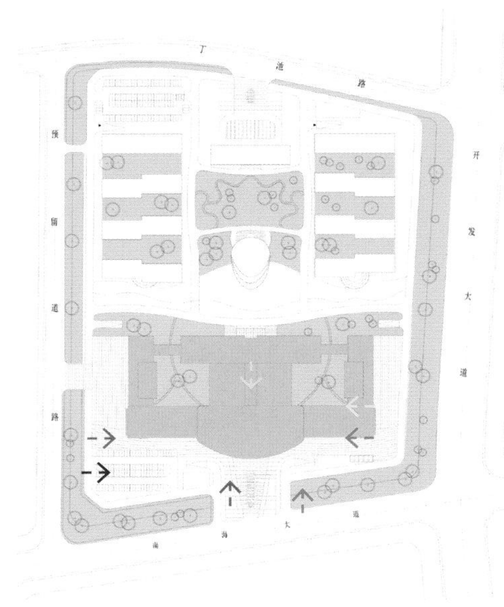

后勤　住院
门诊　体检
急诊　传染
行政

■ 中医院流线

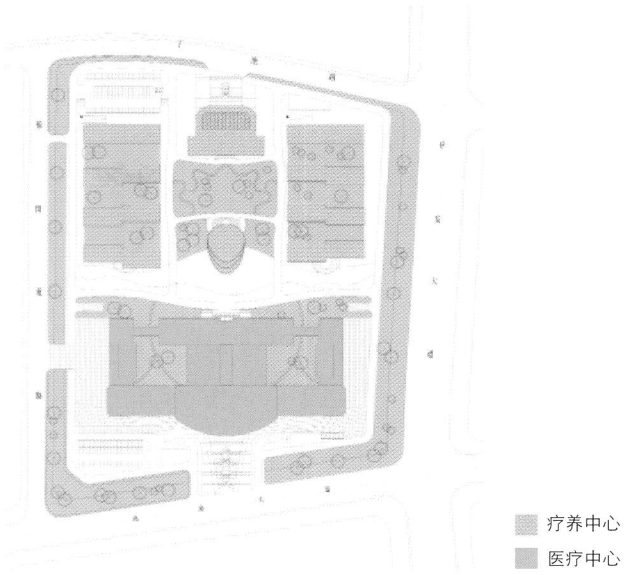

疗养中心
医疗中心

■ 功能分区

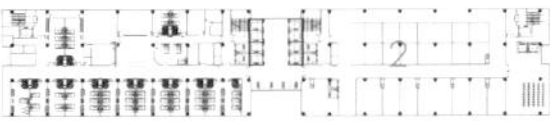

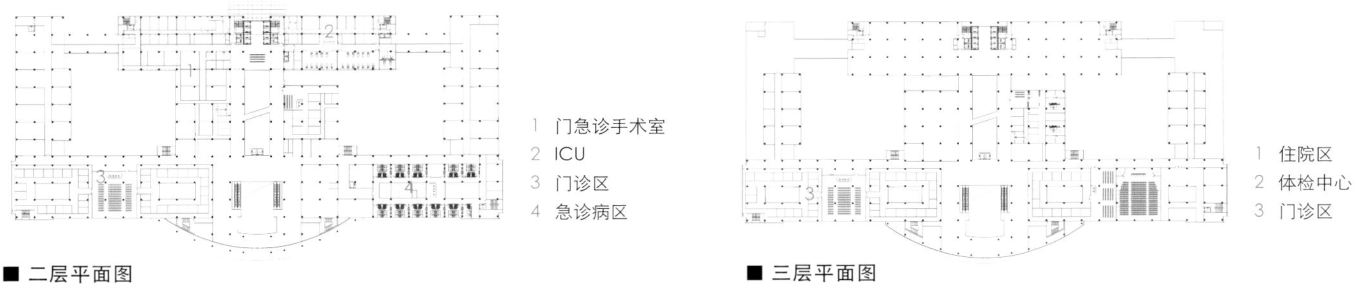

1 门急诊手术室
2 ICU
3 门诊区
4 急诊病区

■ 二层平面图

1 住院区
2 体检中心
3 门诊区

■ 三层平面图

03

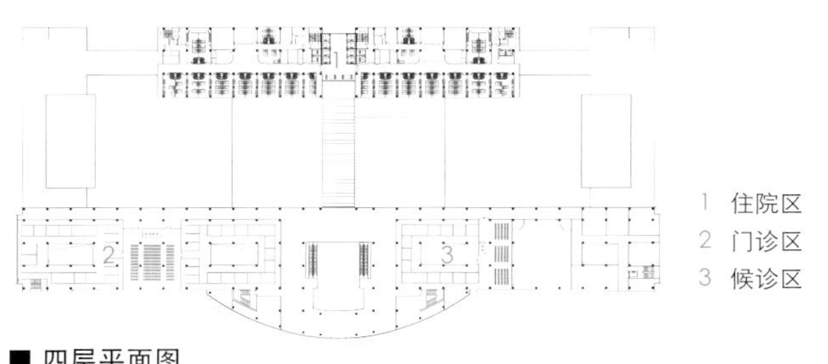

■ 四层平面图

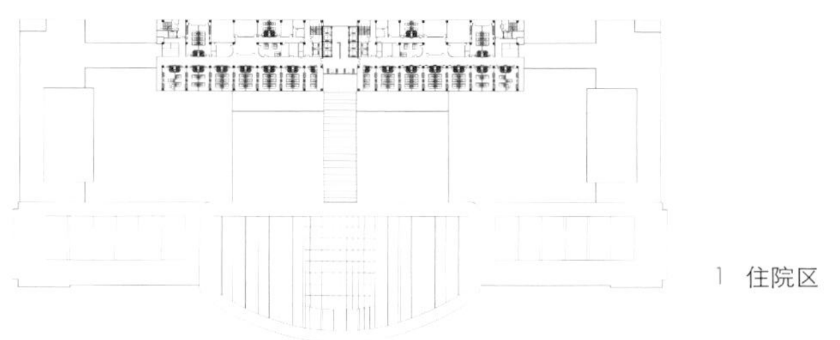

■ 五层平面图

干净的立面造型

该方案力求打造方正、纯净的医院建筑形象。建筑采用中轴对称的布局形式，病房楼打破常规板式建筑，采取折线形造型，沿着门诊入口广场向两侧展开，与门诊楼共同形成一个大气、庄重的综合医院建筑形象。病房楼建筑的立面细部运用流畅的水平线条，裙房立面采用竖向线条，两种元素犹如钢琴的琴键与乐谱，病房楼上倾斜的玻璃窗面犹如连贯的音符，仿佛在演奏一段宁静、和谐的钢琴曲。裙房的一层与内院间的柱廊空间，既满足实际遮挡雨雪的功能，又创造出一个灰空间，给人一种室内外空间过渡的效果。

舒适的室外环境

在景观设计上，方案采用中心花园式景观、滨水景观及康养疗愈花园景观集合的方式，层层紧扣，创造出多层级的景观体系，再加上裙房的屋顶绿化系统，使病房楼拥有良好的自然景观环境。

03 / 中心水系半鸟瞰图

兰溪市人民医院异地扩建工程

LANXI PEOPLE'S HOSPITAL OFF-SITE EXPANSION

浙江大学建筑设计研究院有限公司

兰溪市人民医院（浙医二院兰溪分院）创建于1931年，是兰溪市唯一集医疗、保健、科研、教学、急救为一体的综合性二级甲等医院。新建院区占地85 300平方米，按照三级乙等医院标准建设，开放床位950床。医院现设有35个临床学科、9个临床医技科室、23个病区和40个特色专科门诊。一期项目总建筑面积75 962平方米，包括医疗综合楼、病房楼、后勤综合楼和动力中心。

■ 总平面图

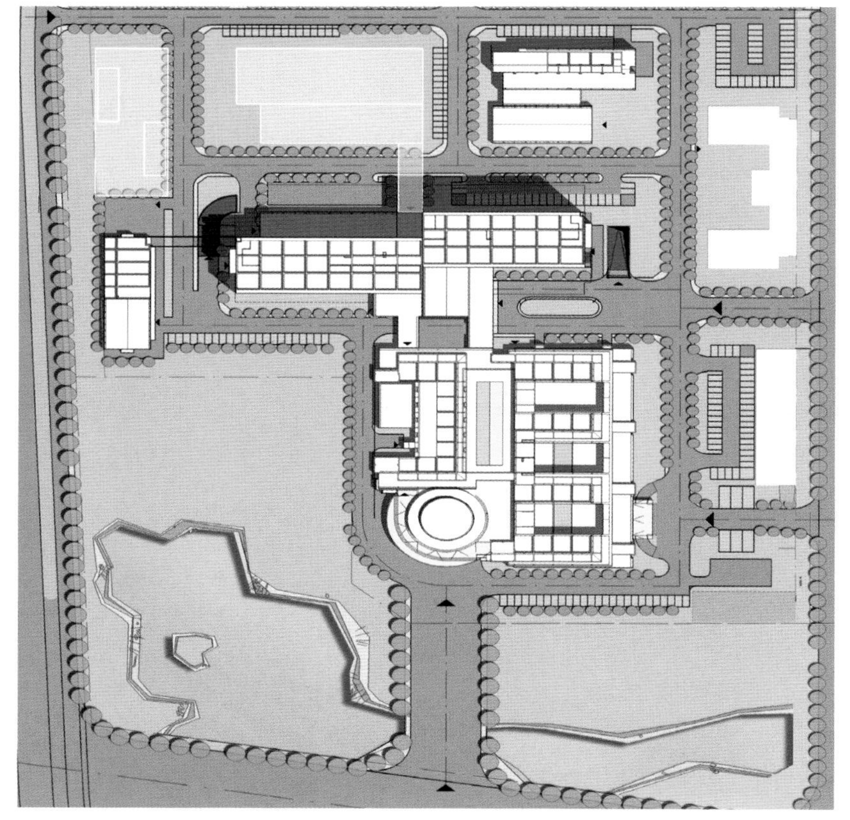

01

浙江省兰溪市 / 项目地点
2009 年 / 设计时间
2013 年 / 建成时间
85 300 平方米 / 用地面积
75 962 平方米 / 建筑面积
950 床（一期）/ 床 位 数
框架剪力墙结构建筑 / 结构形式
地上 14 层，地下 1 层 / 层　　数
董丹申、王健 / 总 负 责
王博、吕子正 / 建筑专业
邵剑文、袁小树 / 结构专业
余俊祥、王小红、王宇、杨国忠、孙文通、宁太刚、李东栋、白启安、孙海峰 / 设备专业

01 / 南侧实景

02 / 西南侧立面图
03 / 住院部大楼入口广场
04 / 医疗综合楼南侧
05 / 医疗综合楼门诊大厅

融入自然的诊疗空间

如今，医院已不再是单纯提供医疗活动的场所，随着医学模式的转变，追求愉悦、舒适、人性化的医疗环境，营造使病患接触自然的诊疗空间，缓解病患的焦虑情绪，是当今的设计趋势。

该项目基地原为大片果园农田，南侧有一个 10 000 平方米的鱼塘。设计团队希望以“融入自然”作为设计的出发点，因此总体布局力求将区域景观优势最大化，基地南侧结合原有的鱼塘和果园打造了 26 666 平方米公共绿地。医疗综合楼置于湖面东侧，住院大楼南侧面向湖面，主要功能区块也都能享受到区域内的优质景观。

科学合理的总体规划

布局强调群体之间的关联，对传统医院的工字形分散布局进行调整。医技、门诊、住院三个功能区形成半集中式的品字布局，其北侧则为后勤综合楼及接远期发展用房。医院的主入口设在南侧西山路，东侧规划路上分设急诊和住院部出入口，西侧西环路设后勤入口兼污物出口。

规划引入了医疗主街的概念，主街把医院的门急诊、医技科室以及住院部相互串联起来，流线清晰，指向明确，最大限度缩短病人的诊疗距离。多层主街可以在不同层次上合理地组织、分导人流和物流。贯穿院区的 16 米宽的透明顶棚主街，很好地满足了使用功能的要求，也给来访者带来了完全不同的全新感受。

人性化的诊疗空间

医疗综合楼采用标准模块化诊疗单元，病人和医生有单独的通道。所有候诊区、诊室、办公室都围绕三个绿化庭院设计，可以改善区域的采光通风环境，并节约建筑的运行成本，同时为患者和医护人员提供了一个更为舒适、充满人文关怀的绿色空间。住院部大楼分设医、患、污、物电梯，候梯厅南北错层布置在通高的休息中庭，由两个护理单元共用，病区入口宽敞明亮。护理单元每层有 45 张床位，采用双廊式布置，

02

03

04

05

06 / 住院部大楼门厅内景
07 / 门急诊大楼门厅内景
08 / 住院部大楼西北立面

中部设置护士站，其北侧办公区开敞布置，由此改善了中部的采光通风，也降低了平时的运营能耗。

南侧主入口后退形成方便人车集散的入口广场。退台顶部的体块成组地整齐排列，形成独特的韵律感。与住院部西侧临湖的护理单元的层数相比，规划适当地减少东侧的层数，并在保证与医疗综合楼距离合适的情况下，在体块后退的空间设置了柱廊，形成具有围合感的住院部入口广场，增强区域的场所特征和城市标志性。

干净雅致的外观

设计充分尊重基地及周边环境，由于严格控制造价，材料的选择不求华丽，但强调精致。外墙大面积选用仿石涂料，只在入口门厅局部使用石材幕墙和玻璃幕墙。开窗墙面的竖向肌理采用细致的分格造型搭配大面积实墙面，建筑体块简洁明快、方正饱满而不失轻盈，整体色调淡雅清新，符合医疗类建筑的特征。

06

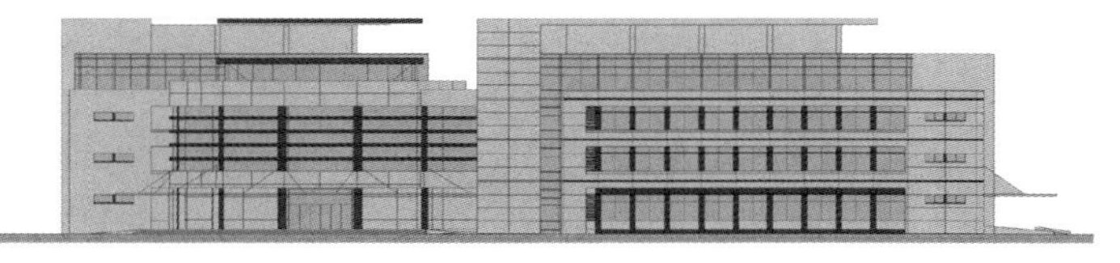
■ 南立面图

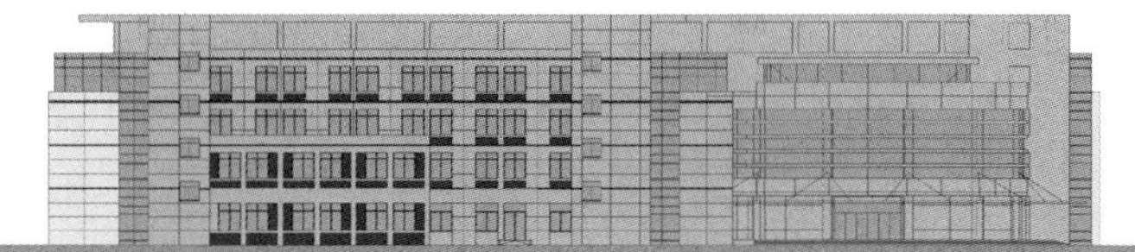
■ 西立面图

07

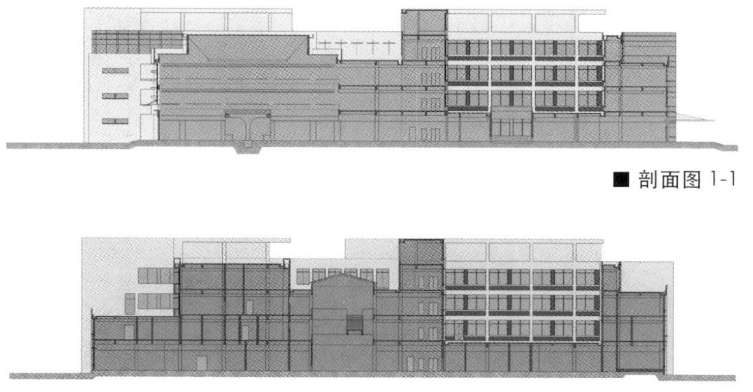

■ 剖面图 1-1

■ 剖面图 2-2

08

09 / 医疗主街内景
10 / 住院部大楼病区休息厅
11 / 住院部大楼病区护士站

09

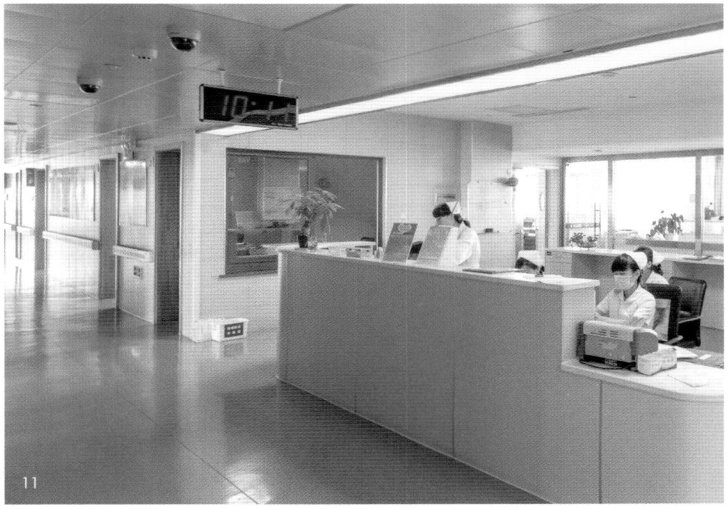

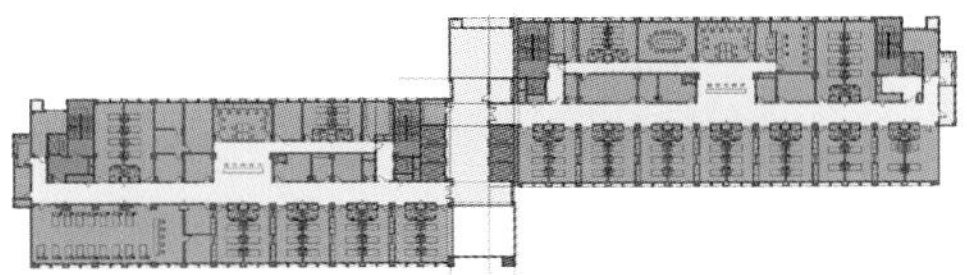

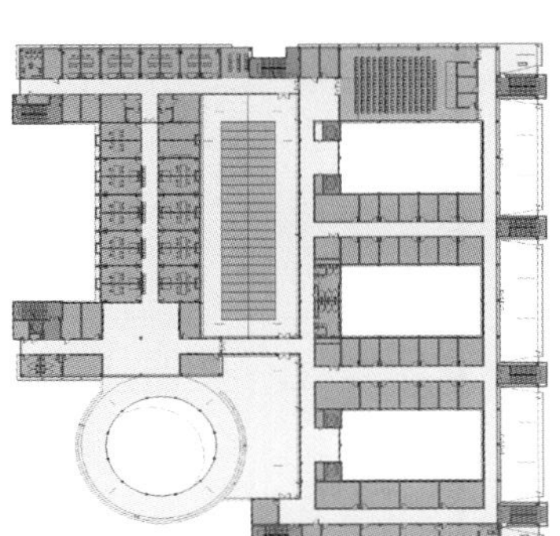

■ 三层平面图

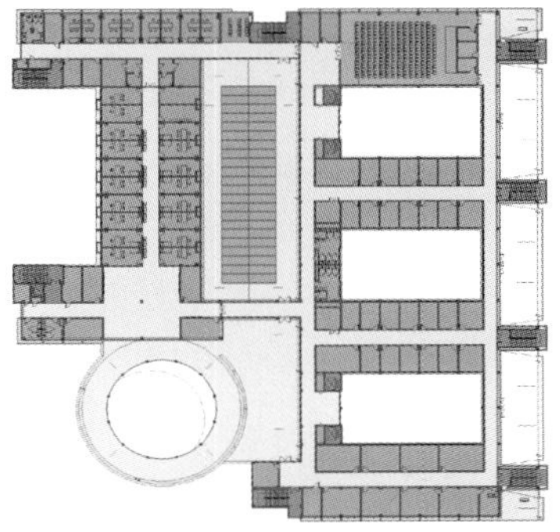

■ 四层平面图

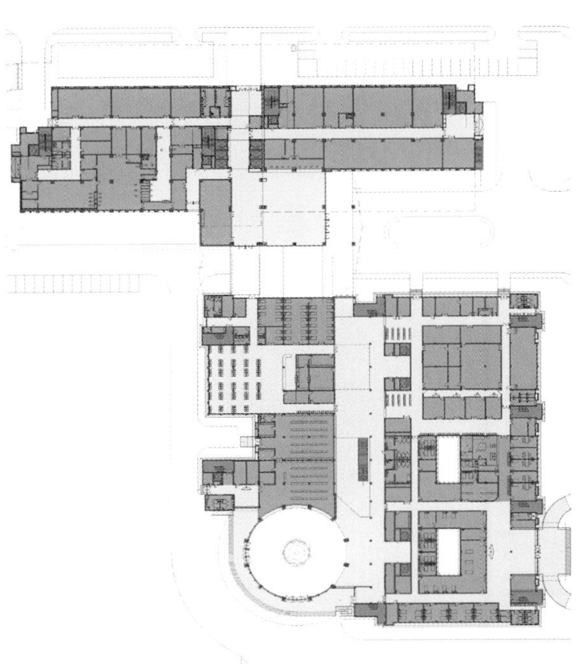

■ 一层平面图

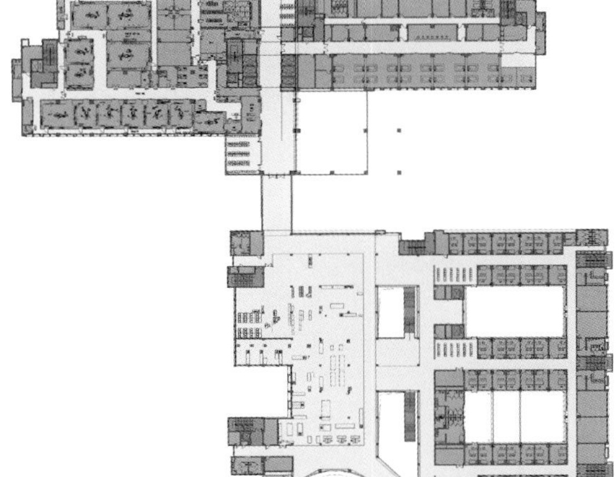

■ 二层平面图

临安区中医院整体迁建及康养中心建设

CHINESE MEDICINE HOSPITAL RELOCATION AND REHABILITATION CENTER IN LINAN, HANGZHOU

浙江大学建筑设计研究院有限公司

临安区中医院整体迁建及康养中心建设项目位于临安区武肃街和临水路口，西临马溪路，南面毗邻马溪。地块东侧为中医院，主楼16层，建筑高度70.8米，床位数500床；西侧为康养中心，主楼12层，建筑高度48.1米，床位数260床。该项目秉承“以人为本、绿色生态、高适应性、便捷实用”的策略，致力于打造集医疗、养护、康养为一体的现代化医养园区。

以人为本——体现以人为本的理念，营造一个对病人、医护人员、后勤人员及来访者多方位关怀的医院环境；绿色生态——充分利用周边的自然山水景观，构建出多层次的立体绿化系统，创造清新、优美的医疗环境，与此同时，应用太阳能、雨水收集、数字化与医疗管理系统等生态技术结合节地节能、自然通风采光打造一个绿色生态的综合医院；高适应性——以“一次规划，分期实施”为原则，采用模块化的组合方式，在总体规划与内部功能设置方面创造出适应未来发展的高适应性医院；便捷实用——平面功能布置注重科室特点，注重科室之间的联系，平面设计强调流线的独立性，遵循高效便捷的原则。

■ 总平面图

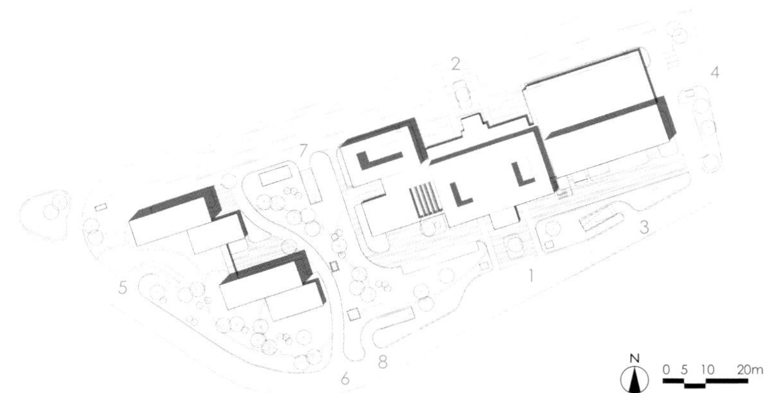

1 医院主入口（车行+人行）
2 医院次入口（人行）
3 地下车库入口
4 医院次入口（急诊）
5 地下车库出入口（污物）
6 医院次入口（车行）
7 地下车库出口

01

浙江省杭州市 / 项目地点
2017 年 / 设计时间
在建 / 建成时间
52 400 平方米 / 用地面积
110 785 平方米 / 建筑面积
260 床（康养中心）/500 床（中医院）/ 床 位 数
装配式结构体系建筑 / 结构形式
地上 16 层，地下 1 层 / 层　　数
陈建、倪剑 / 总 负 责
陈建、倪剑、黎冰、殷农、乔洪波、许益盛、姜哲远 / 建筑专业
尹雄、寿辰星、梁炜宇 / 结构专业
汪波、张敏敏、毛阆、郑雪梅、郑健、吴毅学 / 设备专业

01 / 主入口效果图

弹性的规划布局

建筑采用东方造园式的规划布局，力求满足综合医院复杂的功能流线的要求。医疗主街作为整个现代化医院的大动脉，呈“一”字形串接各大功能区块，使内部功能高效便捷。方案合理地划分用地，使建筑既可以一次建设完成，也可以分期建设，若分期建设，则一期建设中医院，预留二期康养中心用地，为整个园区未来的可持续发展留足了可能性。考虑到现代化综合医院的科学运营的需求，设计采用尺度适宜的医疗街空间，8 米适度的模数柱网和太阳能转化、雨水收集等绿色建筑技术，在外立面上采用涂料及简洁的方格窗的手法，取得实用、科学、美观与投资的平衡。

合理的功能分区

医院在平面流线的设计上强调医患分流、洁污分流，门诊、医技、病房均设置有员工专用通道，与患者通道互不干扰，利于效率提高与资源共享。一层的层高为 5.4 米，一层通过大厅和医疗街组织门诊、医技、住院各功能区，并结合内院空间及中心庭院，为患者和医生创造了开敞明亮的公共空间。北侧人行广场的西侧为中医馆入口，东侧为感染门诊入口，与急诊毗邻，合理便捷。急诊急救中心设置于东侧次入口一侧，急诊急救流线分开设置，清晰明了。

高效协作的医技中心

医技的布置充分考虑了各个医疗流程的工艺要求，形成功能对应性强的高效协作型医技模块。一层布置放射科，二层设置 B 超中心、电生理中心、内镜中心、检验科、血库等，三层包括血透中心、中心供应、病理科、信息中心及档案中心。

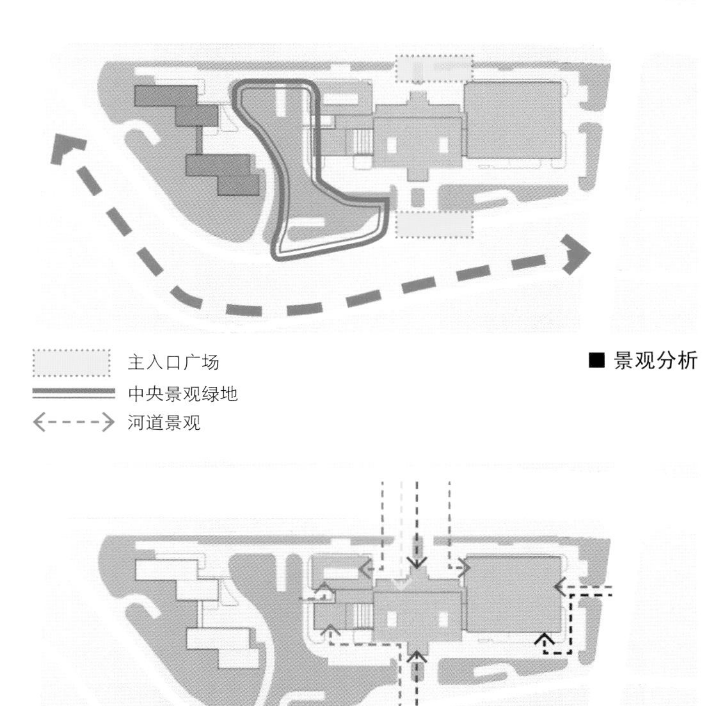

■ 景观分析

■ 中医药流线

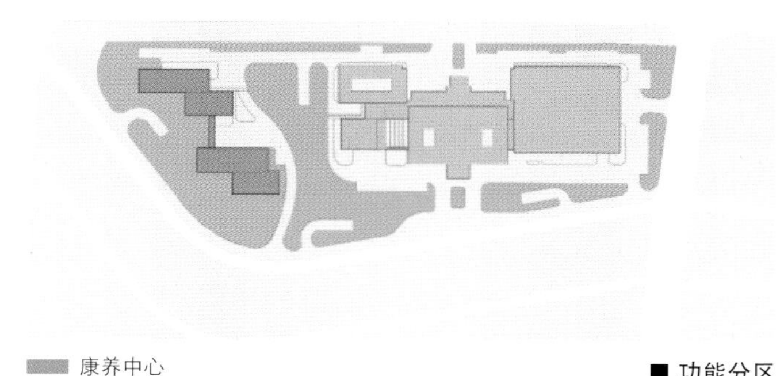

■ 功能分区

02

03 / 南侧效果图 1
04 / 南侧效果图 2

手术中心共布置 10 间手术室及一间 DSA，手术区采用常规三通道布置，分别设有患者通道、医生通道和污物通道。

中国特色的立面造型

针对中医医院的特征，方案以中国建筑文化为出发点，秉承“民族的就是世界的”设计原则。建筑造型的设计来源于对内部功能的深入思考和与环境的良好对话，形态精炼、纯净、理性。建筑采用现代化的手法传承了中式建筑的“大屋顶”，并通过虚实、高低、进退、穿插等手法营造出丰富的立面形象。简洁而不失中国特色的建筑语言、典雅的东方造园式布局和沉稳大气的新中式风格是对“中医走向世界”的呼应。

舒适的室外环境

景观的设计以中式景观造园格局为特色，力求弘扬中式园林的韵味，强化中医特色，同时通过对南侧形象入口的设置引入南侧河道景观，强化内外景观的渗透。设计还引入了“公园”的概念，在中医院和康养中心之间打造一座中心花园，旨在为患者创造一个公园般轻松宜人的就医环境。花园的设计注重功能性、可持续性和无障碍化，有效地帮助患者及陪同的亲友减轻悲观情绪，舒缓压力。

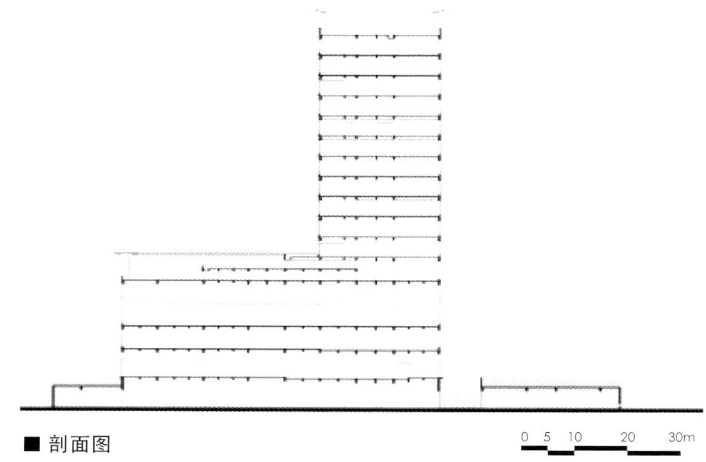

■ 剖面图

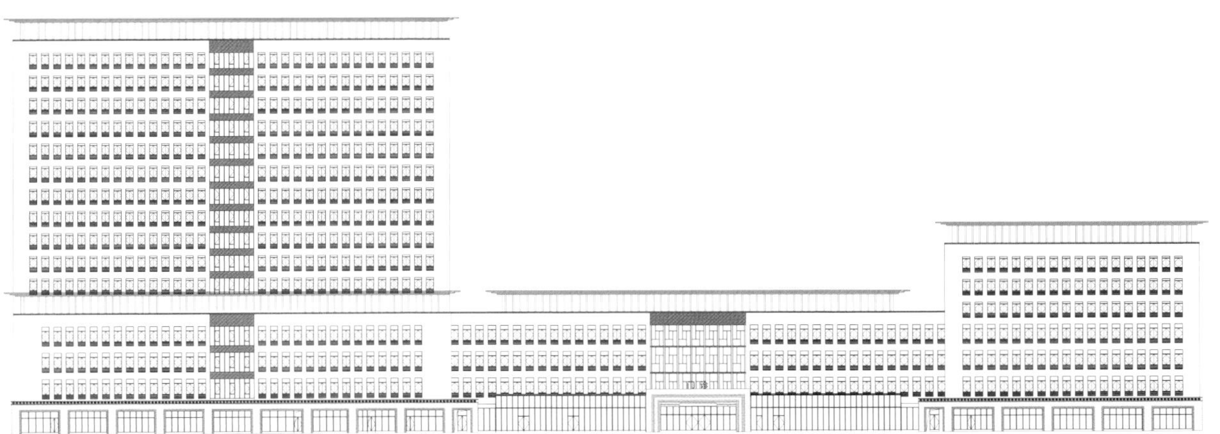

■ 南立面图

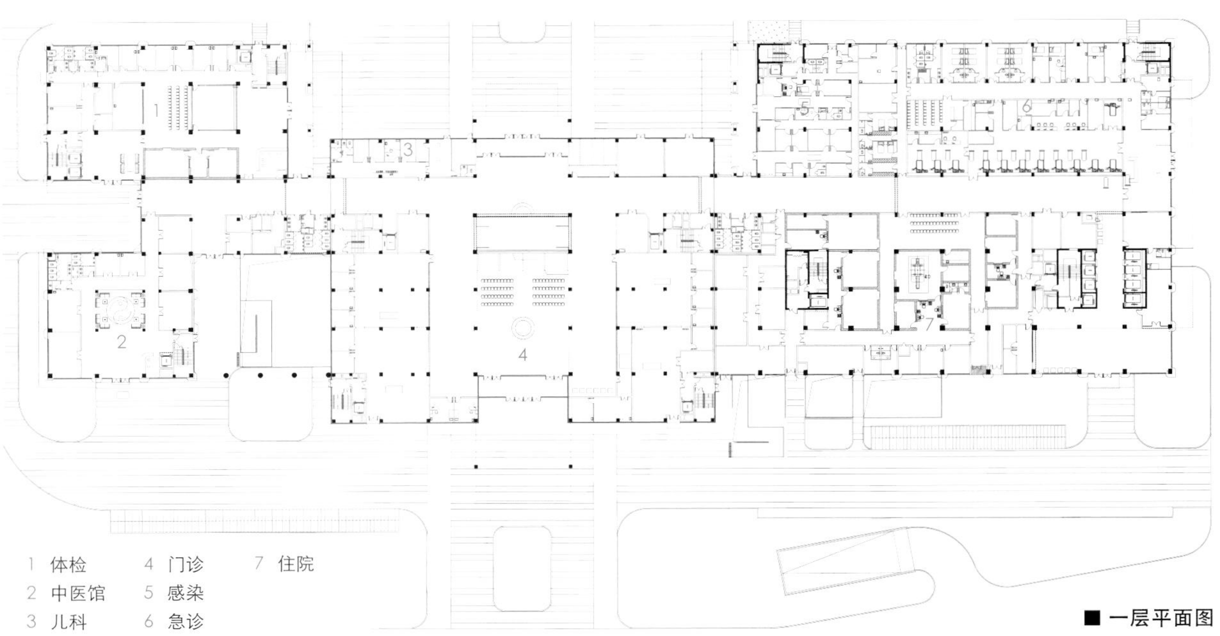

1 体检
2 中医馆
3 儿科
4 门诊
5 感染
6 急诊
7 住院

■ 一层平面图

绍兴市中医院改扩建工程

THE RENOVATION AND EXTENSION PROJECT OF SHAOXING HOSPITAL OF TRADITIONAL CHINESE MEDICINE

浙江大学建筑设计研究院有限公司

绍兴市中医院的前身是张爱白先生创办的处仁医院，始建于1928年，并于1981年正式更名为绍兴市中医院。绍兴市中医院是一所融中西医医疗、急救、教学、科研、预防、保健、康复为一体的综合性三级甲等中医医院。绍兴市中医院改扩建工程位于绍兴古城保护区内，距离最近的历史保护区——八字桥历史文化街区仅600米，周边古建风貌完整。基地沿人民中路分东、中、西三区，其中东、中区地上面积约35 440平方米，地下面积约7150平方米，西区地上面积约40 110平方米，地下面积约21 630平方米。西区门急诊、医技部为5层，日门诊量3500人次。中区和东区住院部6层，总床位1000床。项目深入地挖掘越医文化，延续绍兴独有的“台门”建筑风格，创造具有中医特色的功能布局和具有越城地域文化之美的空间结构。

01

■ 总平面图

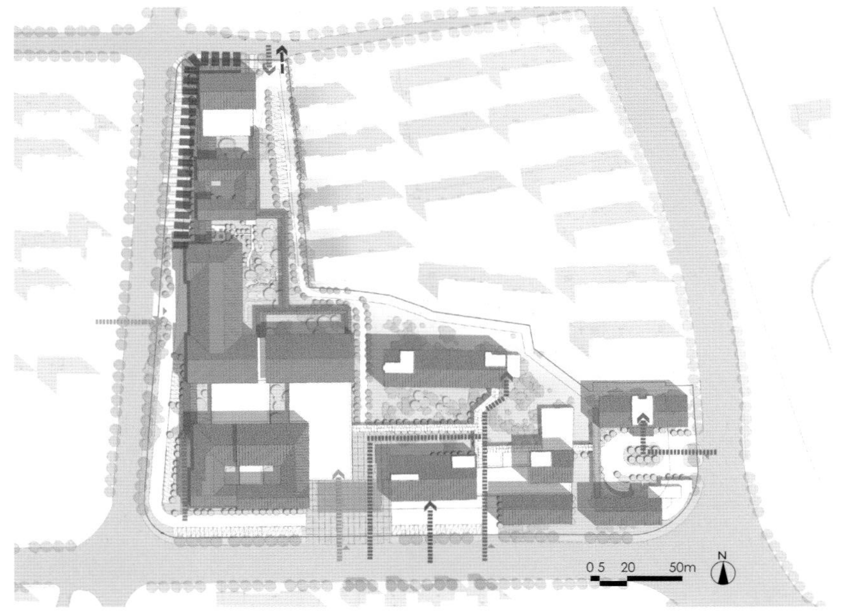

中医特色诊疗街区
门诊医技流线
急诊流线
行政流线
后勤流线
污物流线
自行车坡道
图上的字能修就修掉

浙江省绍兴市 / 项目地点
2019 年 / 设计时间
43 500 平方米 / 用地面积
104 330 平方米 / 建筑面积
1000 床 / 床 位 数
框架结构 / 结构形式
地上 3~5 层，地下 1 层 / 层　　数
钱锡栋、殷农 / 总 负 责
郑怡霖、胡频飞、王一川、潘雯婷 / 建筑专业
樊启广、郭佳鹏、王晗琦 / 结构专业
余俊祥、施大卫、张钧、张武波 / 设备专业

01 / 西南侧鸟瞰图

02 / 西南侧全景
03 / 医院主入口

以人为本，集中高效

方案沿南侧人民中路设置主要出入口，打造庄重的沿街形象，保证新老院区良好的可达性，沿西侧设置次要出入口，缓解主入口的交通压力。基地北侧设置污物出口，同时保留南侧人民中路的急诊出入口和环城东路的行政出入口。各出入口的安排使医生和病人、人流与物流、清洁与污物等交通流线清晰合理，互不干扰。

贯穿廊桥，共享医疗

主医疗区的三组主要建筑——门诊部、医技部、住院部，可通过一条共享的医疗街进行便捷的联系。同时，方案在这条街必要的节点上设置了楼梯、电梯、中庭、休息茶座及卫生间等，丰富了“街”的内涵，强化了“街”的公共属性，希望创造一种富有亲和力的医疗环境。病人通过医疗街可方便地进入各医疗区块和功能单元。简洁明了的就医程序和医疗街人性化的设计能有效缓解病人的焦躁情绪。在中区和西区之间，方案利用建筑挑檐结合柱廊形成架空的景观廊，患者可以在此获得良好的景观体验，休息散步，放松心情。

江南水乡，历史传承

西侧的扩建建筑沿用绍兴传统台门的形式，将八字桥历史风貌保护区的建筑形式延续到场地内部。东、中区改建采用“削一层再加坡屋顶”的形式，将绍兴古城文化体现得淋漓尽致。建筑立面以黑白灰为主基调，配以柔木暖竹，成就精致典雅、庄重大气而又不失传统韵味的医院。

越医千年，开放创新

越医文化深深根植于传统文化的基础之上，绍兴中医药创造了无数个传奇，也孕育了众多杰出的杏林名家。绍兴中医院着力打造开放式、体验式的中医特色诊疗区，集传统中医疗法、中医药材药膳展示和中医药文化教育于一体。人们在这里既可体验知名中医的问诊把脉和养生调理，又能享受中医药文化的熏陶，使绍兴中医在丰富的越医文化的浸润下得到不断传承、创新和发展。

02

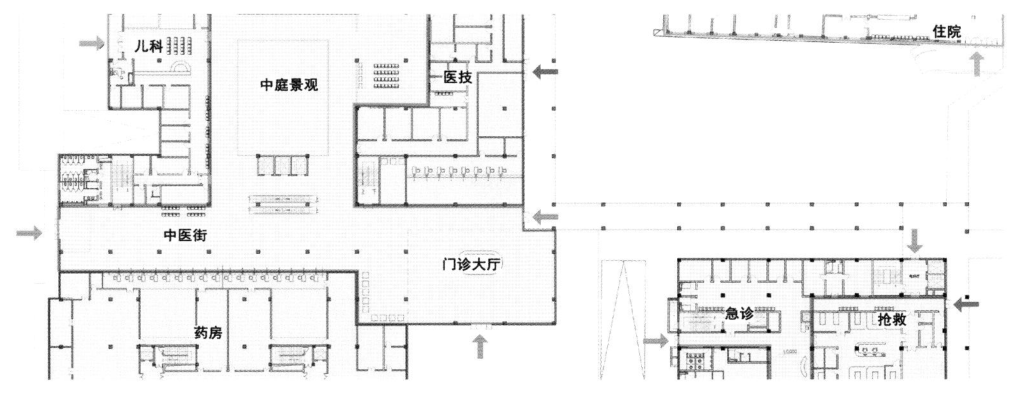

■ 出入口分析

03

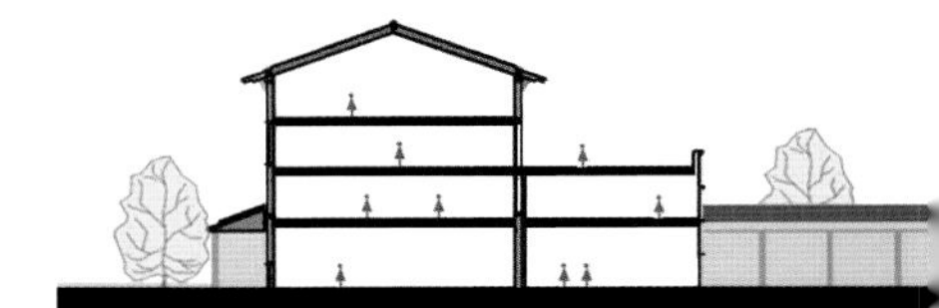

04 / 百草园中式景观
05 / 中医门诊

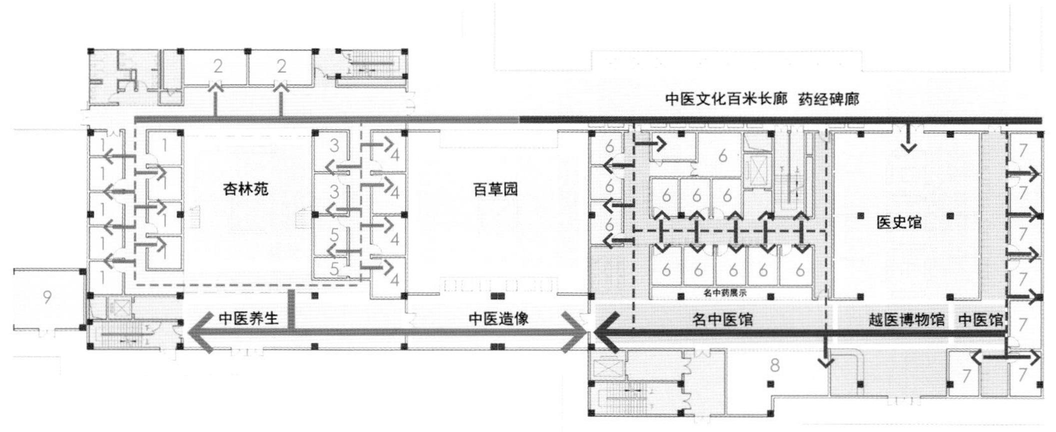

1 足浴间
2 艾灸间
3 拔罐刮痧间
4 督脉熏蒸间
5 超短波间
6 名中医诊室
7 中医诊室
8 中医诊室展示体验室
9 药铺

■ 中医特色诊疗示意图

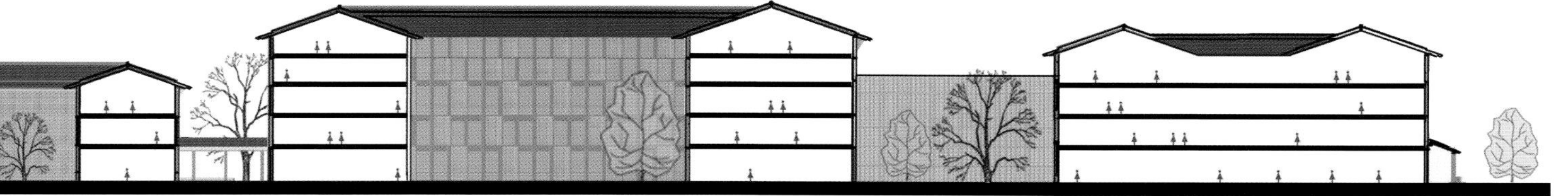

■ 南北向中医院剖面图

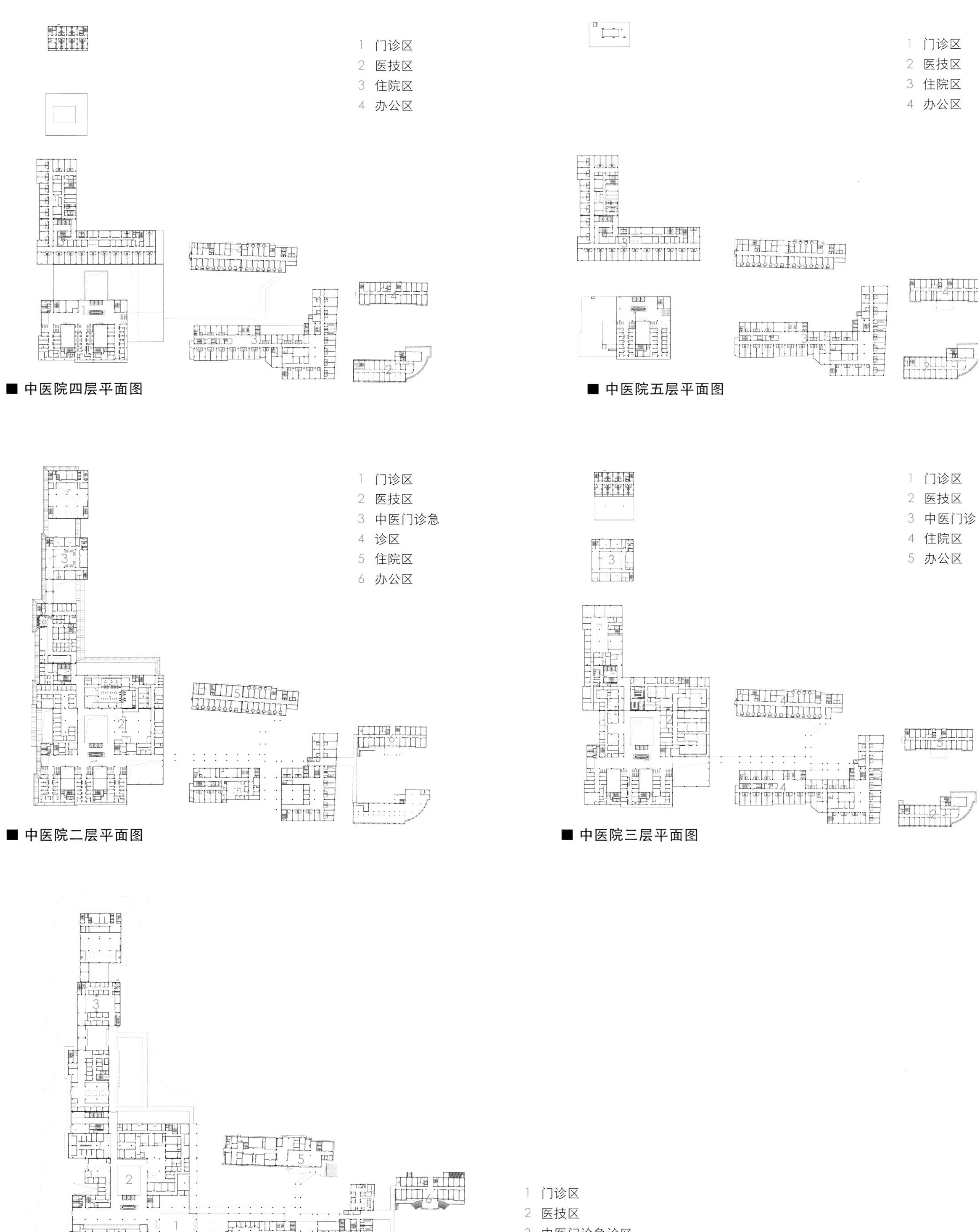

■ 中医院四层平面图

■ 中医院五层平面图

■ 中医院二层平面图

■ 中医院三层平面图

■ 中医院一层平面图

06 / 病房内景
07 / 检验科内景
08 / 中医街候诊区

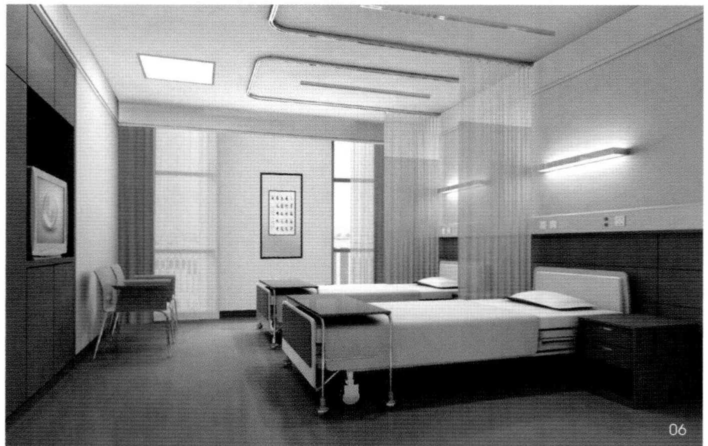

06

07

08

永康市中医院迁建工程

RELOCATION PROJECT OF YONGKANG TRADITIONAL CHINESE MEDICINE HOSPITAL

浙江大学建筑设计研究院有限公司

永康市中医院组建于 1983 年，是一所集医疗、保健、康复、教学于一体的综合性二级乙等中医院。迁建的永康市中医院位于永康市城南老福利院位置以北，龙川学校以东，体育馆路以南，总用地面积 66 243 平方米，其中一期医疗用地 52 000 平方米。一期总建筑面积 79 674 平方米，建设床位 600 床，预留床位 80 床，日门诊接待量 2000 人次。建筑分为医疗大楼、办公培训楼、后勤楼等三栋建筑。医疗大楼地上 12 层，地下 1 层，建筑高度 54.4 米。行政楼地上 5 层，建筑高度 23.9 米。后勤楼地上 4 层，建筑高度 18.3 米。

项目秉承“绿色、高效、人文，现代”的设计理念，设计了便捷高效的医疗流程、紧凑集约的功能布局和绿色生态的医疗环境。

■ 总平面图

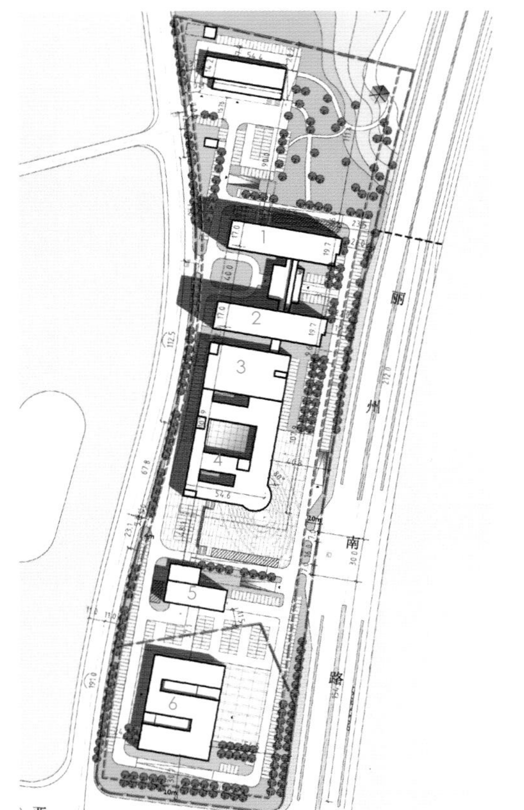

1 住院楼 B
2 住院楼 A
3 医技楼
4 门急诊楼
5 行政楼
6 中医亚健康治疗中心（二期）

01

浙江省永康市 / 项目地点
2014 年 / 设计时间
2019 年 / 建成时间
52 000 平方米 / 用地面积
79 674 平方米 / 建筑面积
600 床 / 床 位 数
框架剪力墙结构、框架结构 / 结构形式
地上 12 层，地下 1 层 / 层　　数
王健 / 总 负 责
姜浩、沈彬彬、钟思斯、孙翌、蒋心辰、鲍涵思 / 建筑专业
肖志斌、邵剑文、刘中华、岑迪钦、王珂、朱浩川、黄河、吴冰鏐 / 结构专业
张钧、张滨、刘佩炬、余俊祥、宁太刚、高克文、孙彪、施大卫、蔡均、赵亮、江兵、张武波 / 设备专业

01 / 东南侧透视图

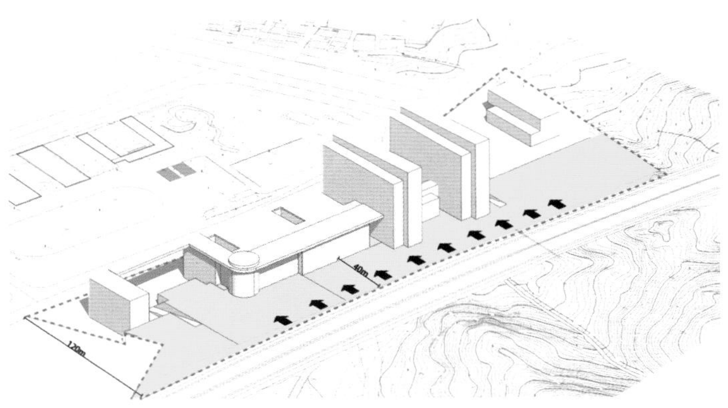

■ 城市界面延展布局

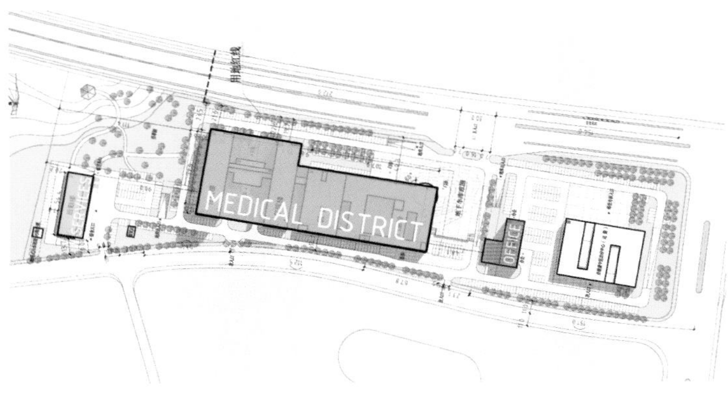

■ 总体布局

因地制宜的延展布局

由于基地比较狭长，办公区、医疗区、中心绿化和后勤区沿基地的长边从南往北依次展开。医疗区通过医疗主街串联各功能区块，从南到北分别为门急诊部、医技部和住院部。院区的主出入口被布置在东侧丽州南路，因此该方案在办公培训区和医疗区之间设置横贯基地东西的主广场，成为医院的集散中心。

模块化布局的门诊单元

门诊区域采用标准化柱网，使内部空间有很大的弹性和应变性。模块化的门诊布局方便科室位置的调整，实现功能的可持续性。门诊区采用两次候诊模式，一次候诊为厅式候诊，宽敞明亮；二次候诊为廊式候诊。诊室均为单人诊室。门诊办公区域与诊室区域各自成区、相互独立，改善了医生的办公环境。

高效组织的医技中心

该方案严格遵守洁污分流的原则，分设医务人员工作区和患者活动区，同时将功能相关的科室进行同层或上下层布置，从而缩短流程，提高工作效率。手术中心与手术辅助中心、ICU 同层布置；手术中心与中心供应、病理科、输血科上下层布置。

手术部采用多通道式布局模式，洁污分流。医护人员通过换鞋区和更衣区，进入医护工作区，再进入手术室区域。病人均经过换床才能进入手术部。污物被集中放置在污物处理间，并通过污物电梯和内部走廊，送至垃圾站、上层的中心供应和下层病理科。中心供应工作人员的生活区与工作区分区设置。工作区采用单向流程布局，污染—清洁—洁净分区设置。

温馨便捷的护理单元

所有病房均朝南，使病房拥有良好的朝向和视野。护士站具有良好的护理视野和便捷的护理流线。医护辅助区位于护士站北侧，自成一区，便于管理，同时为医护人员提供良好的办公环境。住院楼每层设置一个公共活动区，供患者及其家属休息活动；一个示教兼医生休息区，供医生休息、交流。每个病区设置晾衣间，供晾晒私人衣物。

花园式的室外环境

该方案以带状绿化、集中绿化、屋顶绿化、庭院绿化，从外而内、从集中到分散，为整个院区营造花园式的室外环境。

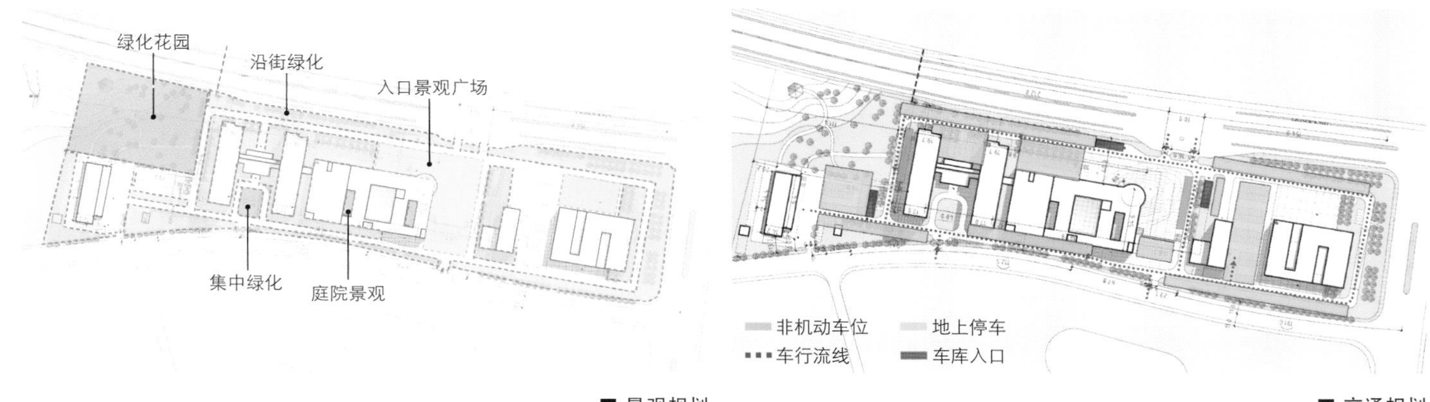

■ 景观规划

■ 交通规划

02 / 门诊大厅效果图
03 / 东南侧鸟瞰图

04 / 住院楼效果图
05 / 住院病房
06 / 住院大厅

方案在基地的东、西两侧沿城市道路设置了绿化带，既缓和了城市交通对院区的影响，又美化了城市道路的沿线景观。医疗区和后勤区之间为集中绿化，其间设有雕塑、小品、花草、乔木、座椅、硬地铺装等，赋予空间自然生动的灵性，是院区住院患者和医护员工最好的休闲散步场所。屋顶绿化以草坡为主并设置步道，使用者可移步屋顶花园，以别样的视角一览城市和医院建筑。建筑之间为庭院绿化，为患者就近提供观赏绿地的机会，改善了就医环境，进而可以改善病患的就医心情。

04

良好的城市界面

该方案在外观设计上除了体现医院严谨、求实的性格特征，还体现了具有新时代气息的现代特色。在立面处理上，方案采用大气简洁的处理形式，强调建筑形体的变化、虚实的对比，简化烦琐的细部处理。建筑整体沿着丽州南路展开，造型高低起伏，界面活泼生动，使医院建筑成为这座城市的一个新的亮点。

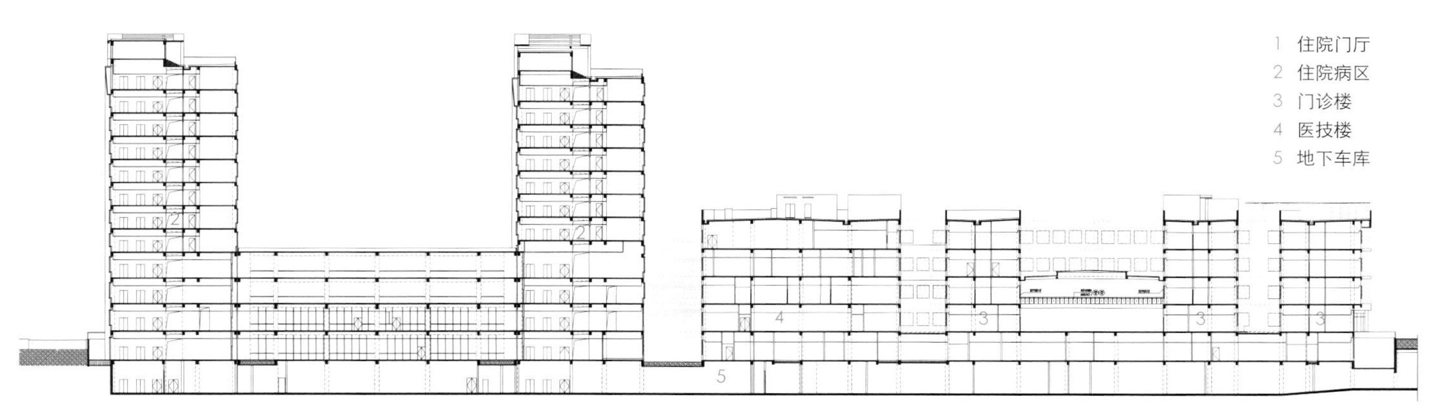

■ 剖面图

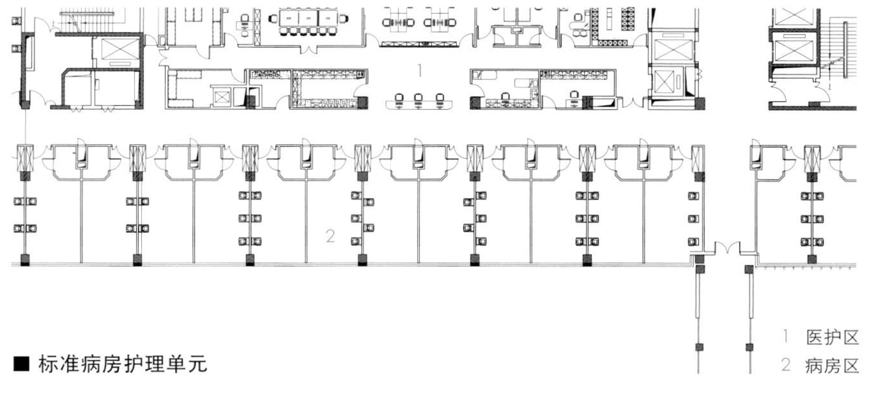

■ 标准病房护理单元

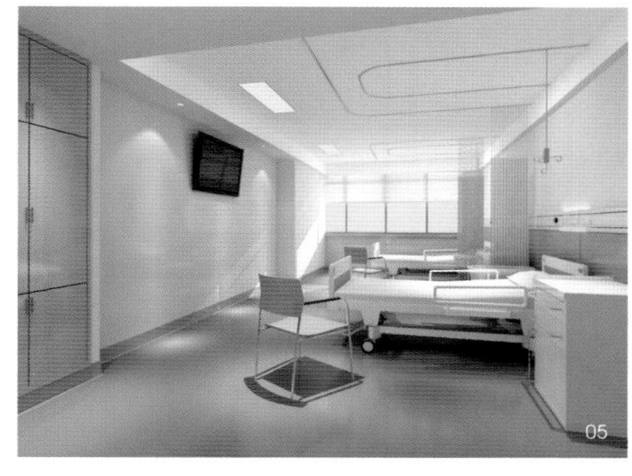

05

06

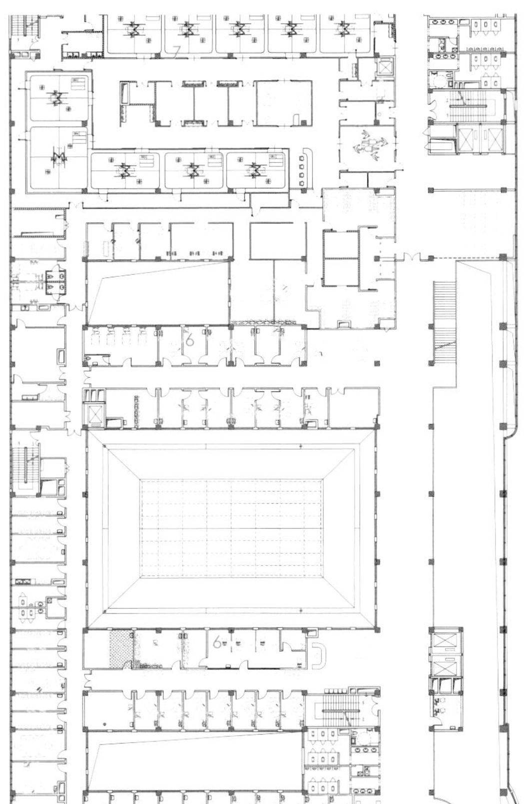

■ 门诊三层平面

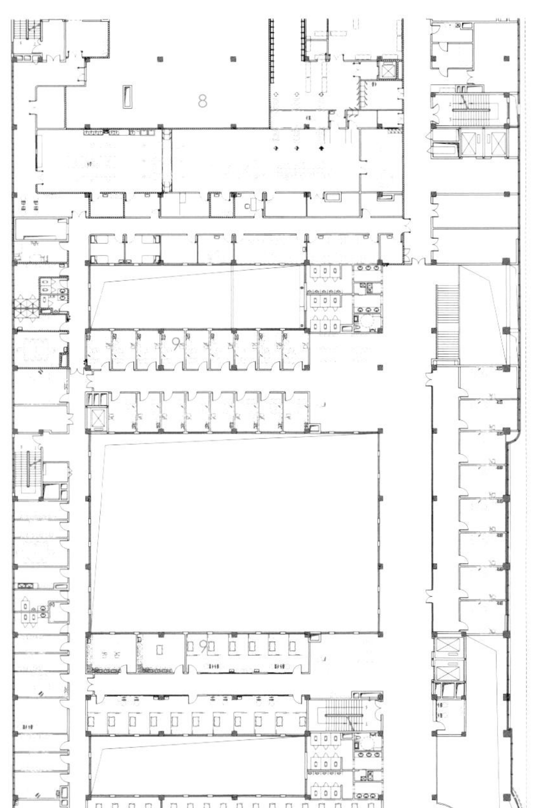

■ 门诊四层平面

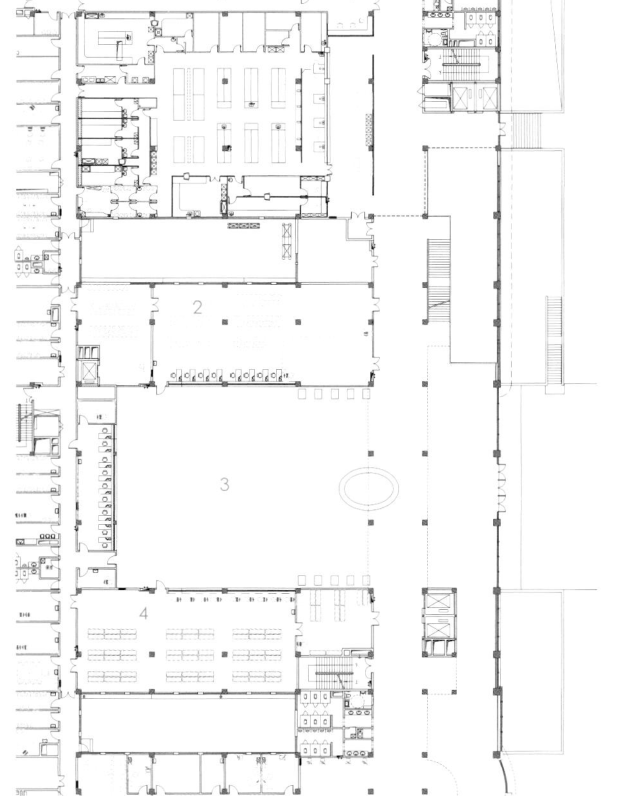

■ 门诊一层平面

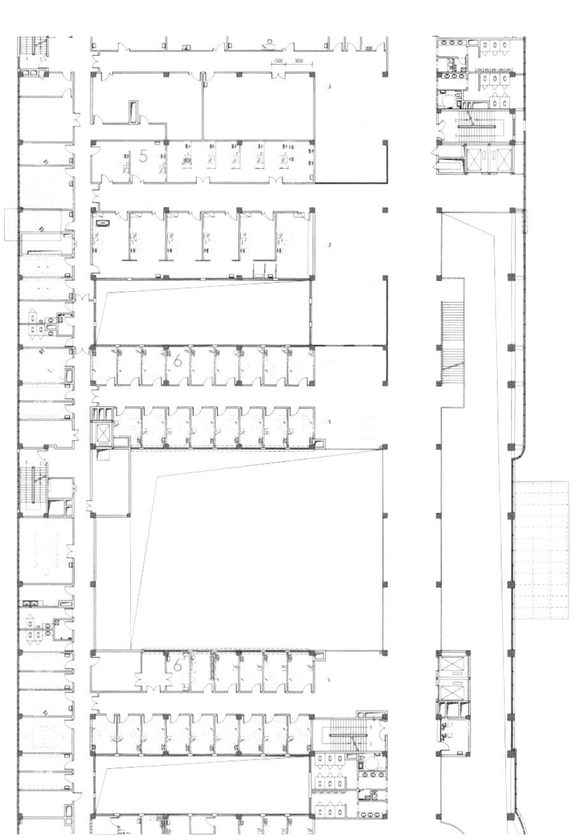

■ 门诊二层平面

1 检验科
2 中药房
3 门诊大厅
4 西药房
5 功能检查室
6 门诊单元
7 手术中心
8 中心供应室
9 中医门诊部

07 / 门诊大厅
08 / 门诊候诊区
09 / 阳光医疗主街

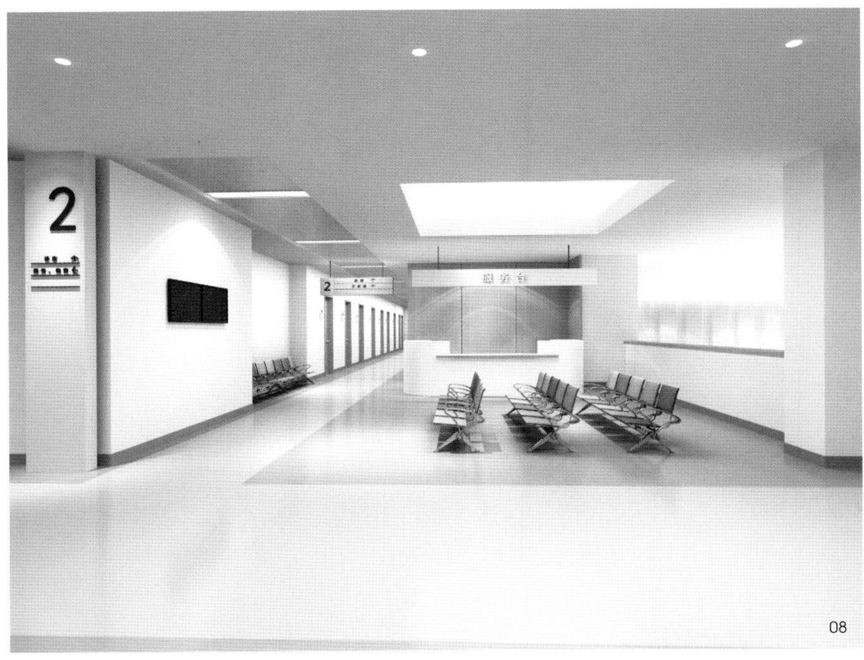

阜外华中心血管病医院

FUWAI CARDIOVASCULAR AND HEART HOSPITAL

哈尔滨工业大学建筑设计研究院

阜外华中心血管病医院位于郑州市郑东新区白沙组团工贸路以南，西平路以北，康庄路以西郑信路以东地块，总用地面积约167 152平方米。该项目周边交通便利，有高速公路直达。区域内地势平坦，地质条件适宜。

该项目主要包括国际一流的心血管医疗中心、国家心血管病中心华中分中心、中国医学科学院阜外心血管病医院河南技术培训中心以及教育科研产业中心等，是集医疗、教学、培训、科研、管理、预防、国际交流于一体的大型综合性医疗保健中心。

随着医疗模式的转变，人们更加关注医院建筑的舒适便捷、高效环保和安全可靠。该方案的设计灵感源于"心脏——人体血液循环系统中的动力中心"这一主题，希望创建一所功能先进、医疗服务人性化、环境舒适的现代医疗建筑。该方案将医院建筑与环境相结合，重视室内外环境的设计融合，突出"以疾病为主线、以病人为中心、以人为本"的设计理念，打造与城市发展相融合的现代医疗建筑综合体。

■ 总平面图

01

河南省郑州市 / 项目地点
SMITHGROUP / 合作单位
2013 年 / 设计时间
167 152 平方米 / 用地面积
204 471 平方米 / 建筑面积
1500 床 / 床 位 数
框架结构 / 结构形式
地上 17 层，地下 1 层 / 层　　数
周峰、高英志 / 总 负 责
张伟玲、周婷婷、左刚 / 建筑专业

01 / 鸟瞰效果图

02 / 下沉庭院透视图
03 / 屋顶庭院鸟瞰图

可持续发展原则

设计应根据医院自身发展的特有规律，立足于现有建筑规模和环境条件，合理利用建设用地，平衡病房建设规模与用地的矛盾，形成有效的发展模式，以使用尽可能少的环境资源换取最大的环境及社会效益，将医院建筑和场地环境融为一体，使其成为区域总体的和谐组成部分。具体体现在一方面设计具有一定的前瞻性和先进性，满足医院在一定时期内发展的需要；另一方面，医院各个功能单元均按模块化布置，根据医疗流线依次展开，并考虑到医技发展的不确定性，预留发展空间。模块之间既可以相互转化，又可以延伸发展，为医院长远发展奠定基础。

以人为本的原则

"以人为本"在现代医疗建筑设计中是一个非常重要的设计理念，而"以人为本"的真正意义，不仅仅是指病人，还包括医护人员、医院的管理者以及陪护、探视人员。通过高效简洁的就医流程设计，温馨舒适的室内空间以及优美轻松的外部环境，该项目力求进一步创造适合患者心理、生理特点的就医环境，实现医院对患者的人文关怀。

生态性原则

医院设计的生态性原则，首先应该注重创造自然、环保、节能的绿色医院环境和自然生态绿化系统，并注重房间的自然采光通风，使患者尽可能地享受到绿色；其次要强调绿色建筑设计准则，运用生态原理、理念和方法来研究和发展医院环境的设计，努力形成健康的医院环境。

功能有机性原则

医院是一类复杂的公共建筑类型，涉及功能分区和流线众多。功能分区与流线设计如何有机共生，做到流线通畅、功能合理，直接关系到医疗行为和就医流线的便捷和效率。医院的功能布局及交通组织除应符合一般的交通组织原理外，还应基于医院的医疗流程，充分考虑到医院组织模式的可变性，为医疗流程的变化留有余地，达到有机共生的目的。

智能化原则

智能化原则主要体现在医院的数字化、信息化和智慧化上。数字化医院系统是由医院业务软件、数字化医疗设备、网络平台所组成的三位一体的综合信息系统，是医院智能化原则的实现主体。数字化医院工程有助于医院实现资源整合、流程优化，并降低运行成本，提高服务质量、工作效率和管理水平。

02

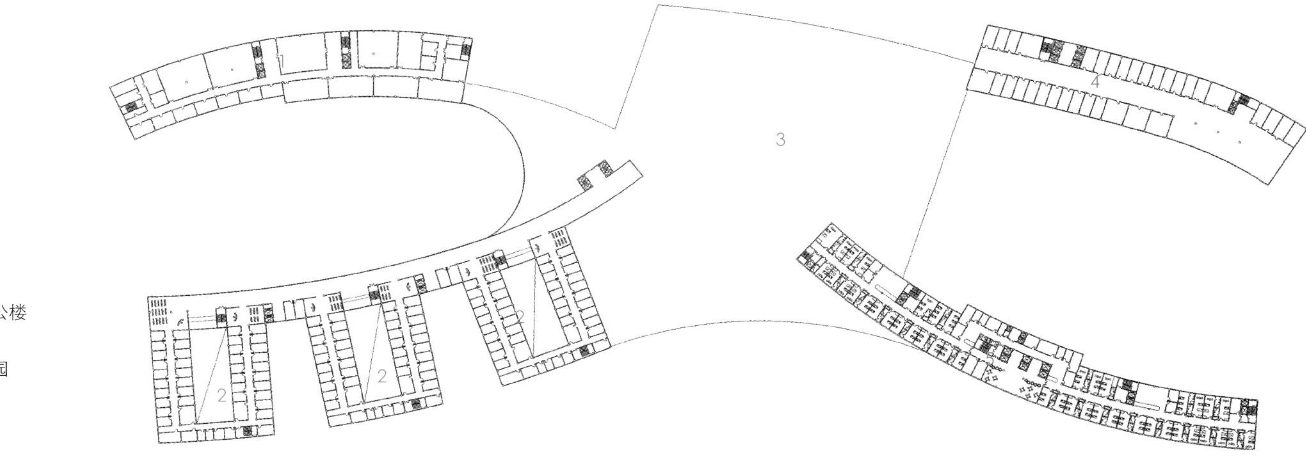

1 科研办公楼
2 诊室
3 屋顶花园
4 体检区
5 住院部

■ 高区标准平面图

1 门诊大厅
2 诊室区
3 内院
4 放射科
5 体检大厅
6 住院大厅
7 礼品商店
8 科研办公楼
9 员工食堂

■ 首层平面图

03

04 / 入口效果图

1 交通核
2 附属办公室
3 休息大厅
4 卫生间
5 门诊病房
6 护士站
7 付药区
8 住院药品储藏区

■ 塔楼高区标准层平面图

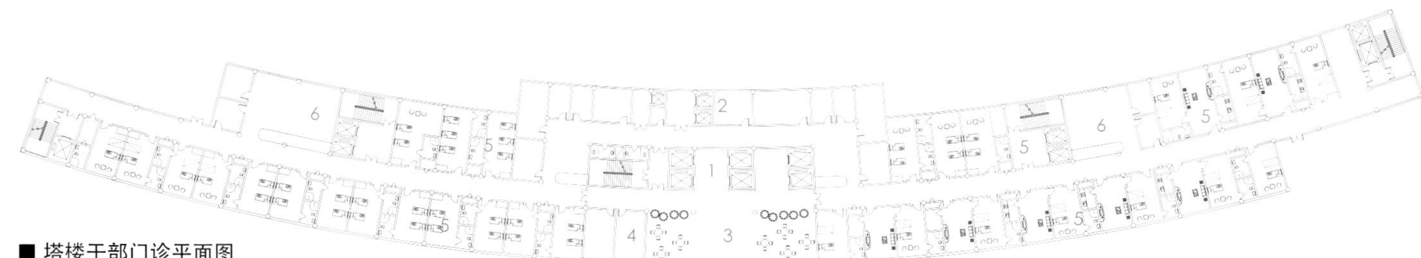

■ 塔楼干部门诊平面图

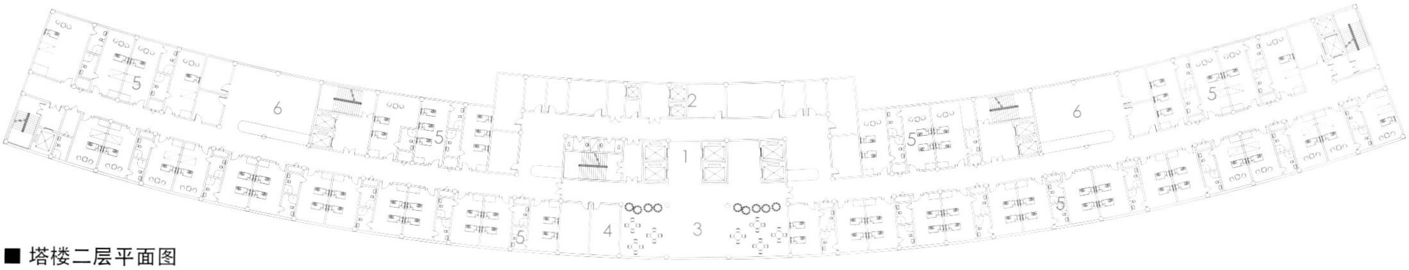

■ 塔楼二层平面图

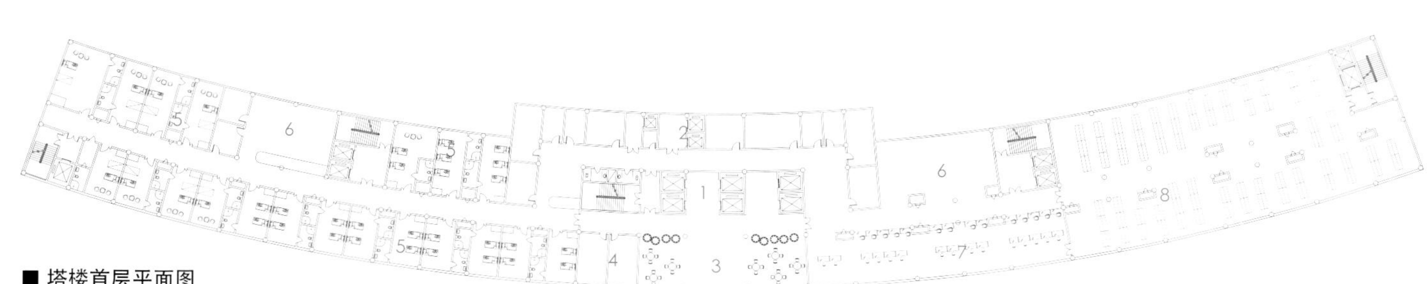

■ 塔楼首层平面图

04

医技区
屋顶花园
住院部
餐厅和活动室
门诊大厅
门诊部
下沉广场
会议部
科研楼

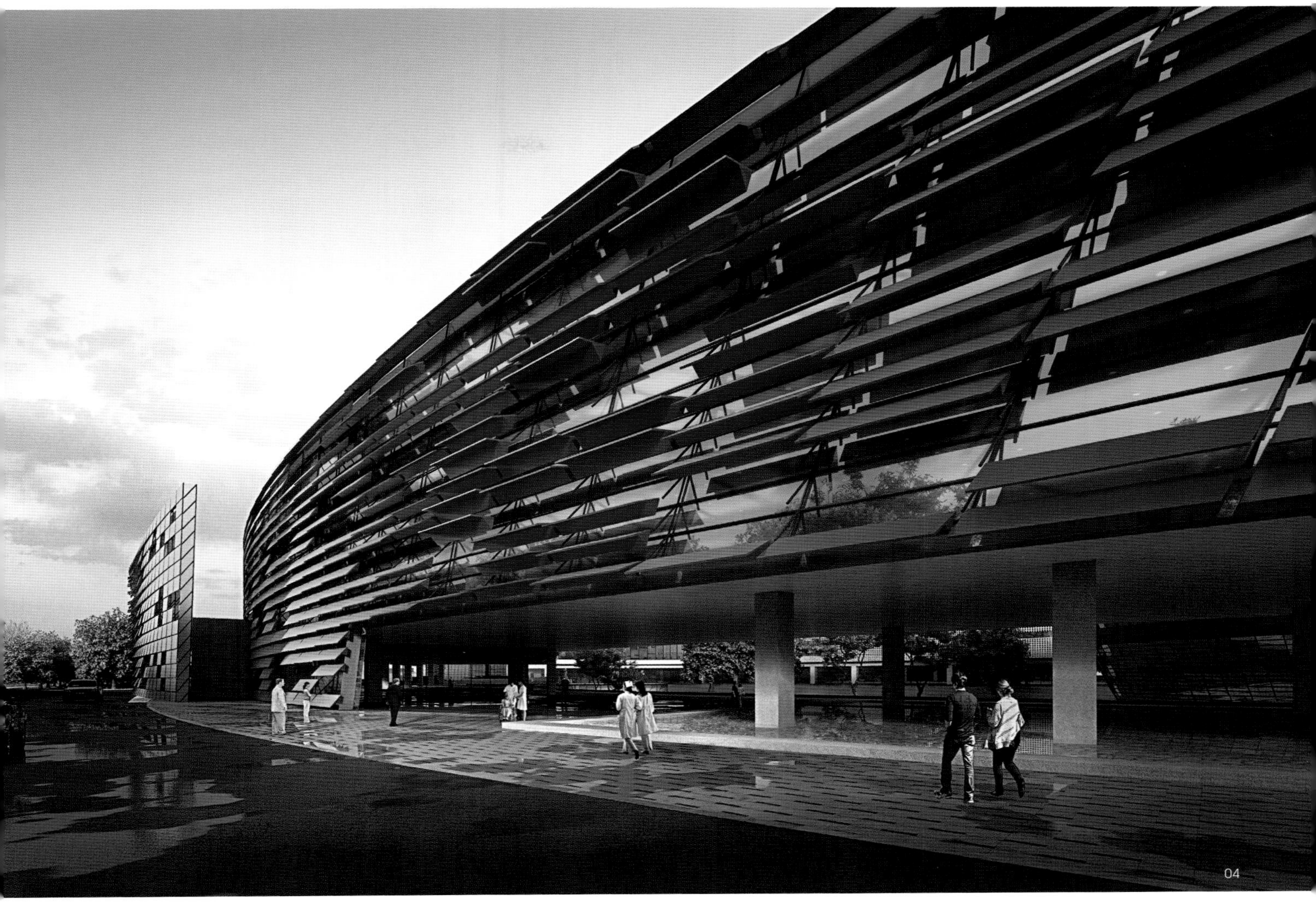

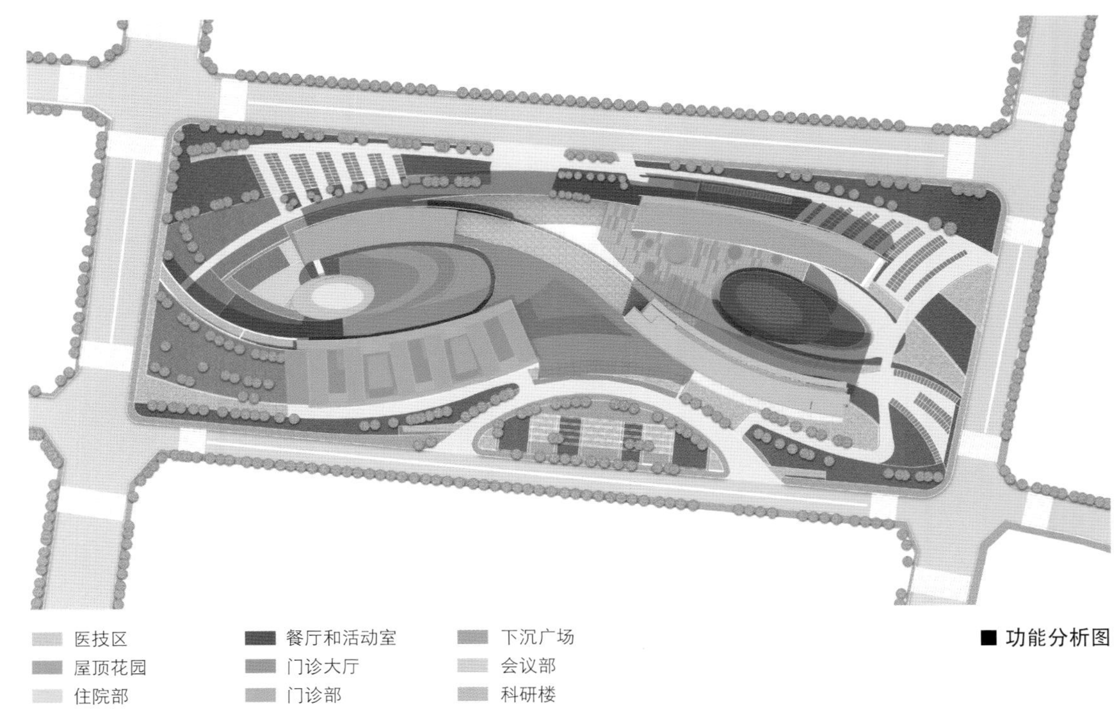

■ 功能分析图

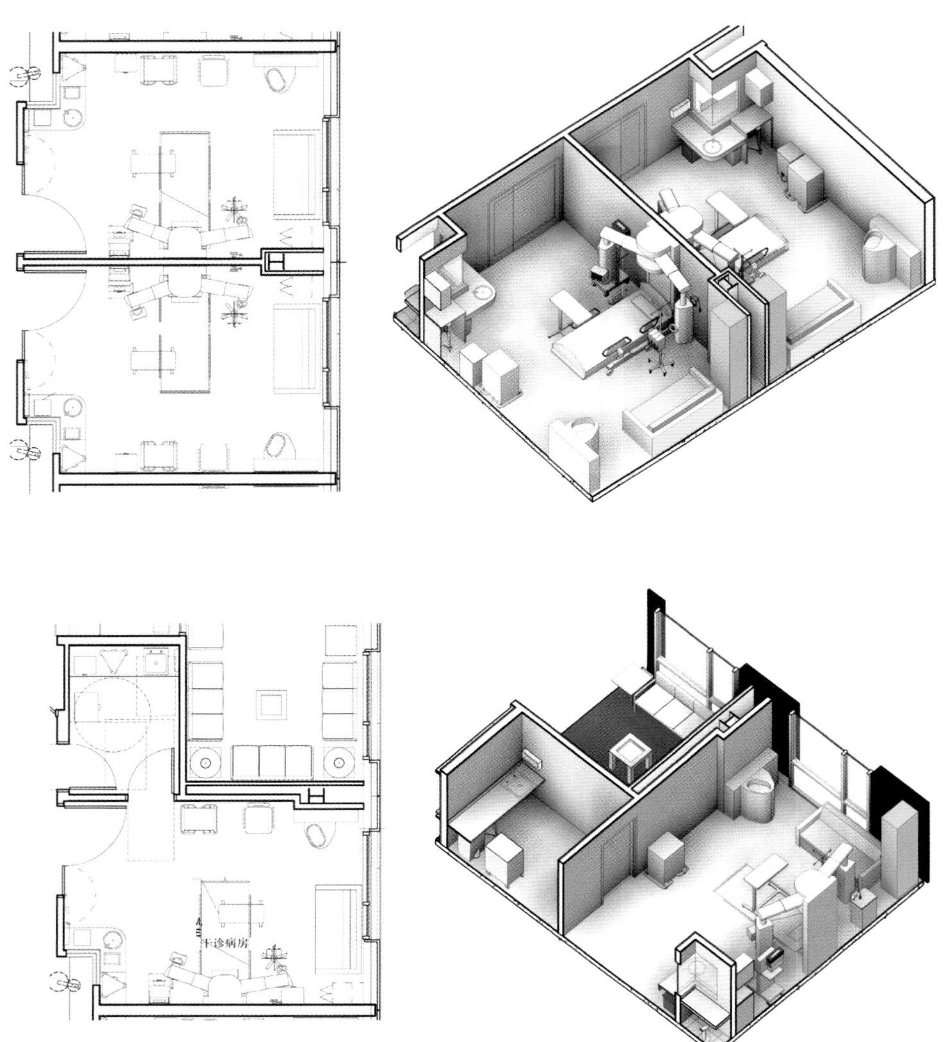

■ 病房空间意向

05 / 医技区空间意向
06 / 病房区空间意向
07 / ICU 空间意向
08 / 门诊鸟瞰图

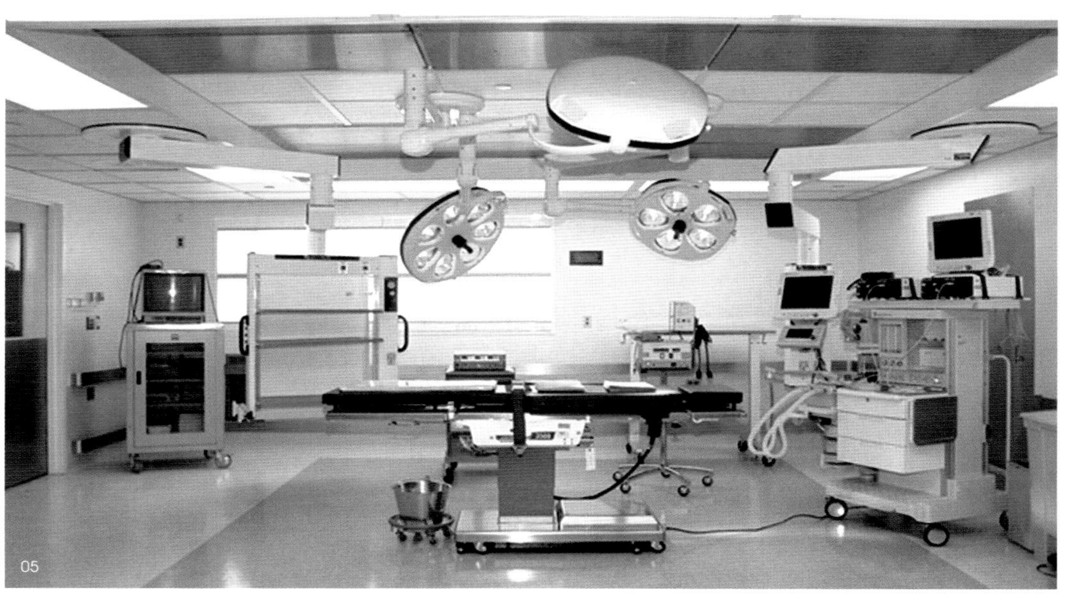

08

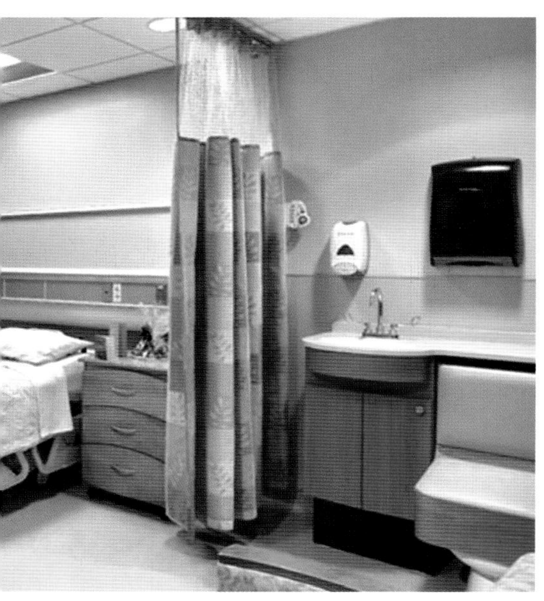

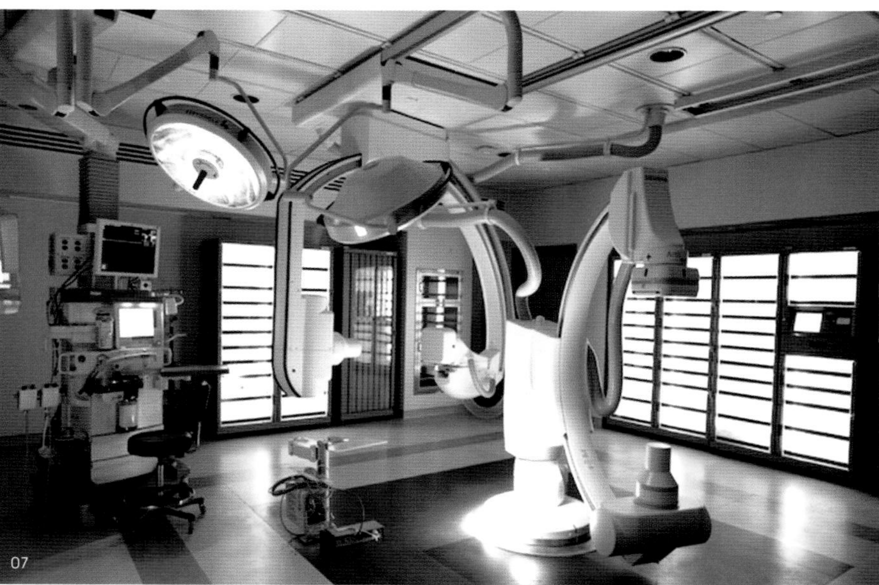

07

盘锦市中心医院

PANJIN CENTER HOSPITAL

哈尔滨工业大学建筑设计研究院

盘锦市中心医院是医疗、教学、科研、防保、康复、急救“六位一体”的三级甲等综合医院。总建筑面积为188 000平方米，包括门诊医技楼、住院楼、科研办公楼、干部病房楼和后勤保障楼5个子项工程。

门诊医技楼4层，建筑高度22.55米；住院楼地上17层，地下1层，建筑高度74米；科研办公楼5层，建筑高度23.55米；干部病房楼4层，建筑高度19.8米；后勤保障楼2层，建筑高度11.4米。

■ 总平面图

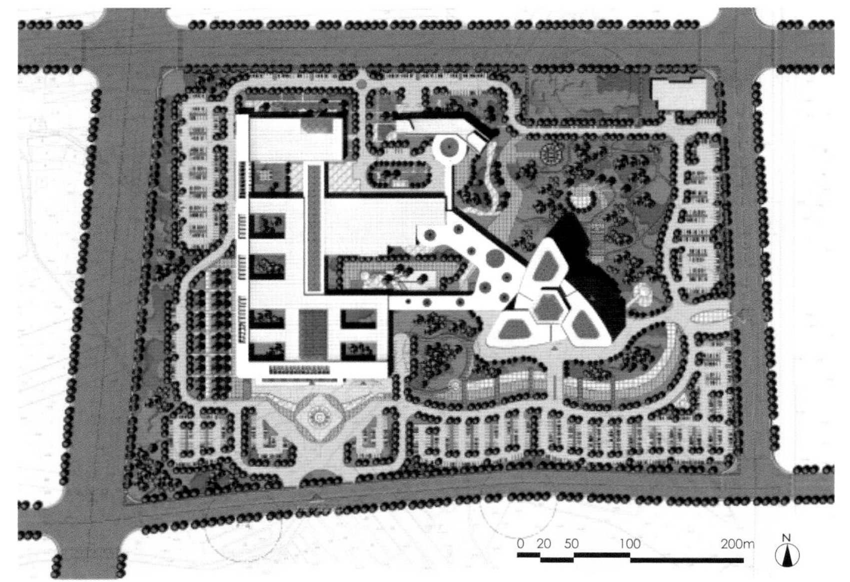

01

辽宁省锦州市 / 项目地点
2009 年 / 设计时间
2012 年 / 建成时间
202 500 平方米 / 用地面积
188 000 平方米 / 建筑面积
2000 床 / 床 位 数
17 层 / 层　　数
高英志、张伟玲、皮卫星 / 总 负 责
周峰、王新利、张井岩、邹晓英、梁海飏、白宇、王海英 / 建筑专业
王仙蔚、张琳、辛宇、周莉、董莉、易江川、蔡丽、陈慧磊 / 结构专业
周滨 、彭晶、吴莹、王蕊、刘锐锋、金玮涛、刘忠华、孙振宇、王立、刘晓峰、李莹莹、叶伟、王岩、王海新 / 设备专业

01 / 外景实景图

02 / 渲染鸟瞰图
03 / 住院楼透视图

科学合理的功能布局

根据医疗建筑设计要求，工程的总体布局本着功能分区合理，洁污路线清晰，避免交叉感染，平面布局紧凑，交通便捷，管理方便的原则进行设计。门诊区靠近主要道路辽河南路，提高了医院的可识别性和可达性；医技区居中布置，使各个区域到医技区都比较便捷，为患者的诊治带来便利，同时实现资源共享，降低医院的运营成本；住院区远离交通干道，避免了噪声对住院患者的干扰，为住院病人提供了一个安静、舒适的康复环境；后勤保障楼设在院区东北部，相对独立，避免对医疗区产生影响。

以人为本的设计理念

门诊医技楼采用医疗街的就诊模式，各科诊室分布于医疗街两侧，使各诊区既相对独立、各自成区，又紧密联系、便于识别。同时，医疗街又将诊区与医技区联系在一起，更加便于患者就诊。医疗街顶部的采光天窗设计，则是医院街的又一大亮点。中庭与采光天窗将整个医院街的环境大大提升，给就诊患者创造了明亮舒适的就诊环境。

项目组在设计过程中多次模拟病人挂号、就诊、交款、检验、住院等整个看病流程，充分立足于患者的使用需求设置患者

02

03

等候休息区，通过一次候诊和二次候诊，就医流程更加合理有序。同时，整个医院各功能区之间设置医护人员专用通道，有效缩短了医护人员的服务半径，节约时间的同时又能提高工作效率。

住院楼设有平层、跃层式的景观厅，室内的绿化景观与室外院区的大环境相互渗透，为患者提供了良好的就诊环境。各科病房中医护工作站的设置有效地提高了医护人员的工作效率。病房根据不同柱网尺寸进行设置，空间适宜，满足了不同的使用需求。

花园式生态医院

建筑采用简洁而独特的造型元素，塑造现代而又富有韵律美感的立面形象。门诊入口立面的大面积玻璃幕墙通透明亮、气势非凡。入口雨棚以超大尺度的波浪形造型，塑造滨海城市特点。

景观设计注重层次性和不同环境氛围的营造，力求达到处处有景的生态环境。由于住院区采用了高效集中的布局，建筑基底占地面积小，住院区具有较大的绿化用地，因此设计师在这里打造了一座景观花园，绿树成荫、鸟语花香，结合水体和微地形设计，为住院病人提供安静舒适的疗养环境。景观层次的塑造还体现在庭院空间的多样性上，形成了形式多样、内外渗透的庭院系统，真正体现了“绿色花园式生态医院”的设计意图。

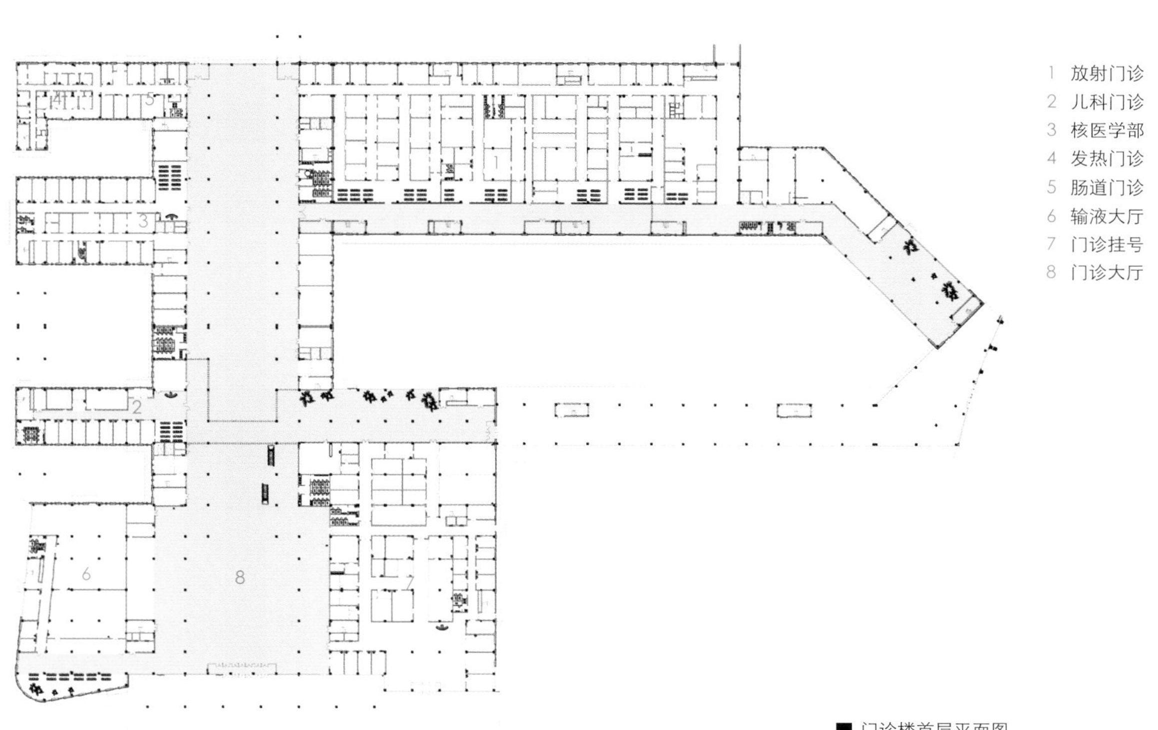

■ 门诊楼首层平面图

04 / 院内景观透视图
05 / 中庭

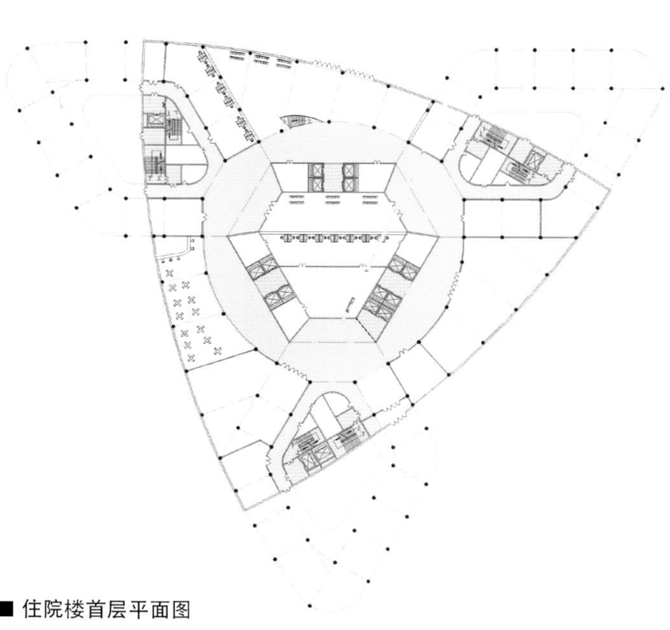

■ 住院楼首层平面图

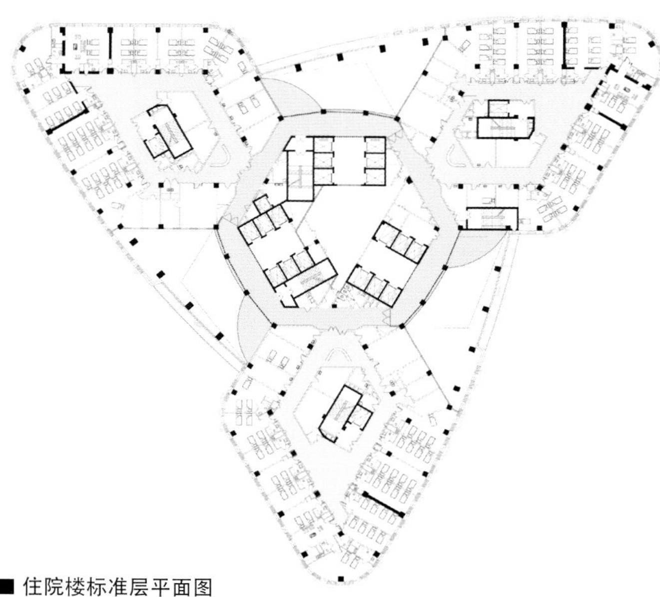

■ 住院楼标准层平面图

06 / 住院楼中庭
07 / 护士站
08 / 挂号窗口
09 / 放射候诊区

07

08

09

三亚残疾儿童康复中心

SANYA REHABILITATION CENTER FOR DISABLED CHILDREN

哈尔滨工业大学建筑设计研究院

三亚残疾儿童康复中心为新建的三级甲等综合医院。项目位于三亚市，基地呈三角形，北侧和西北侧为城市规划路，东侧为住宅，南侧为拟征二期发展用地。该项目用地面积 14 458 平方米，总建筑面积 59 940 平方米，地下 1 层，地上 13 层，建筑高度 51.2 米，建设规模为 543 张病床，日门诊量为 1500 人次。

康复中心的设计重点在于围绕伤残儿童接受治疗、康复的特殊需求设计合理的建筑布局，并营造一种鼓励恢复健康和心理自信的环境。康复中心面朝大海的优越地理位置和独特的亚热带气候特征带给设计师设计灵感。设计师在整个院区规划和建筑造型及室内的环境设计中，大量使用弧形元素，加入具有韵律的形态元素，营造一栋温暖而具有包容性的建筑。

■ 总平面图

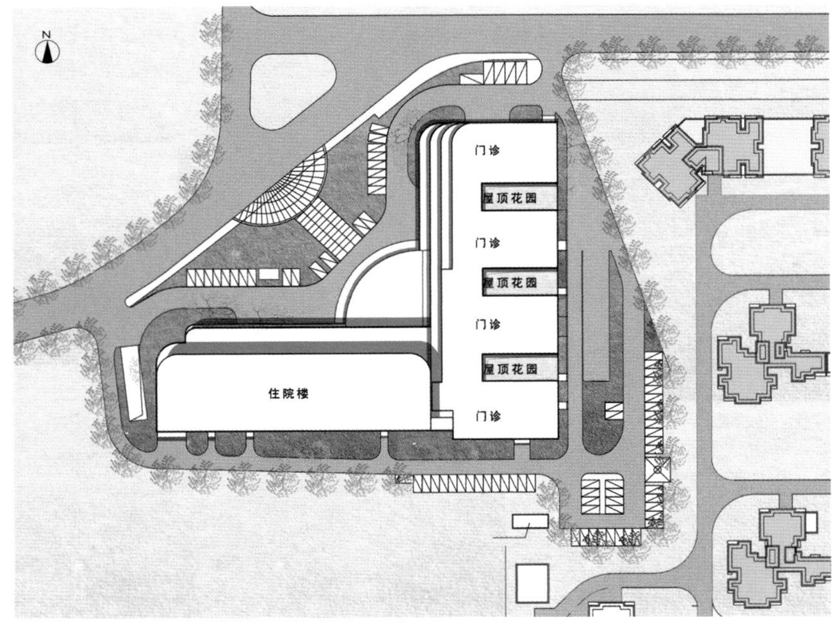

01

海南省三亚市 / 项目地点
深圳机械院建筑设计有限公司 / 合作单位
2014 年 / 设计时间
2017 年 / 建成时间
14 458 平方米 / 用地面积
59 940 平方米 / 建筑面积
500 床 / 床 位 数
框架剪力墙结构建筑 / 结构形式
地上 13 层，地下 1 层 / 层　　数
高英志、张伟玲 / 总 负 责
张伟玲 、梁海飏 、周婷婷 / 建筑专业
王仙蔚、陈明辉、张 煜 / 结构专业
周滨 、王蕊、金玮涛 、金玮漪 、张磊 、刘晓峰 、李莹莹 / 设备专业

01 / 西北侧效果图

分诊导诊咨询台
前往二楼
体检中心

总体布局与交通组织

由于用地紧张，项目将门诊、医技、住院、办公集中布置于一栋建筑单体中，污水处理站设在基地南侧，远离主体建筑主入口。院区主要出入口设在院区西北侧，汽车出入口设在院区西侧和北侧，方便患者进出门诊、急诊、住院部，避免医疗区人流间的交叉感染。后勤物资、药品等洁物货运入口设在院区北侧，污物出口设在院区西侧，减少了洁物与污物的互相干扰。

康复中心地下一层为医技用房、地下停车库和设备用房等。一层设置门诊、急诊急救中心、120 调度中心、感染门诊、发热门诊等。二层至五层为门诊各科室、医技用房及设备用房。六层至十二层为病房、医技用房及办公用房等。

简洁大方的立面设计

康复中心的建筑造型体现了医院建筑简洁大方的特征。局部立面融入弧线元素，为建筑在方正中增添了几分柔美，有助于缓解患者的焦虑心情，并给人以刚柔并济、内外兼修的视觉感受。外立面灰白色和深灰色线条通过色彩的变化营造一种视觉上的层次感。建筑充分结合当地气候特色，利用退层形成屋顶花园，既丰富了立面的设计，又增加了空间的多样性。

辅助治疗的康复花园

医疗景观作为辅助医院医疗康复功能的生态元素出现，希望给患者带来最大程度的身心愉悦，起到配合治疗的效果。该项目的景观设计注重层次性和不同环境氛围的营造。门诊入口主广场是患者最集中的区域，广场以一条景观轴连接主要人行出入口和门诊大厅，两侧的植草砖停车场宽敞开阔，主体景观以硬质铺装结合绿化形成景观序列。

景观层次的塑造还体现在屋顶花园空间的多样性上，建筑的围合与退层形成了形式多样的屋顶花园系统，屋顶花园设置花坛、建筑小品等景观要素美化环境，花坛四周设长凳，为病人提供休息区域的同时，又能够使病人充分享受主广场景观。

绿色建筑

康复中心的公共区域采用了超大可开启式围护结构，可以在过渡季节自动开启，在最大范围内实现空气流通。门诊部主入口的顶棚以及门诊、医技区上方的设备夹层都可以达到很好的架空隔热通风效果。建筑立面采用水平向的开窗和遮阳板，高层病房楼本身也为北面裙房提供了遮蔽，从而减少了空调能耗以及对人工环境的依赖。

为了达到可持续性设计的目标，建筑物将在高层屋面上使用太阳能光伏发电板作为遮阳板，为建筑运行提供能源支持。地下车库等处也将采用光导照明技术或光纤照明技术，充分利用太阳能资源，减少能源消耗。

屋顶、主要花园区域和水池采用雨水收集系统，构筑景观贮留渗透水池，将集中的径流引导至有植被的洼地，来实现循环利用并采用渗水绿地实现雨水存留。

03 / 单人间病房
04 / 双人间病房
05 / 护士站病房

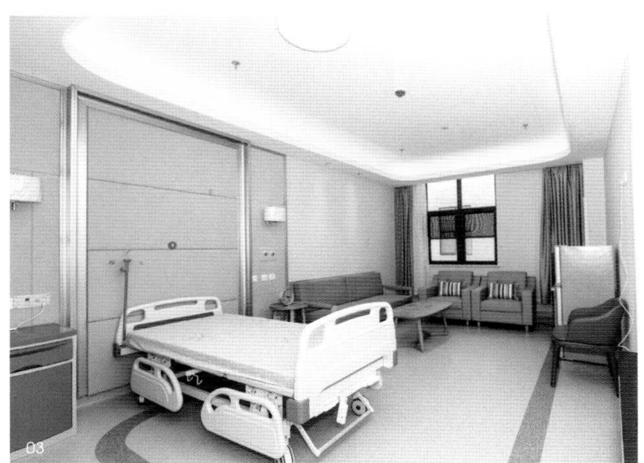

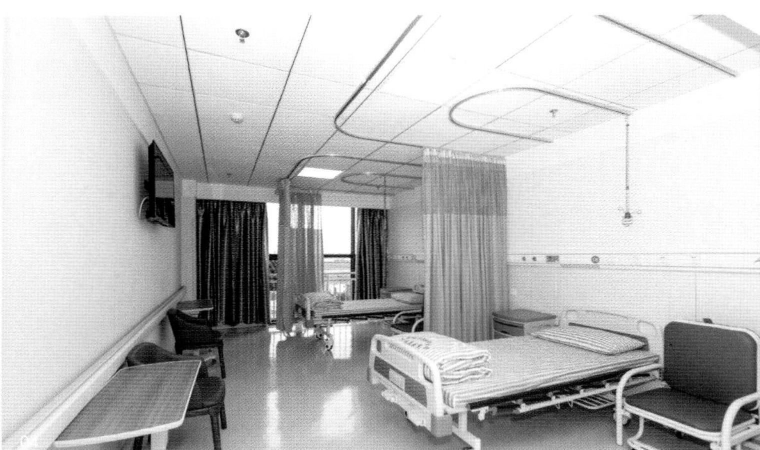

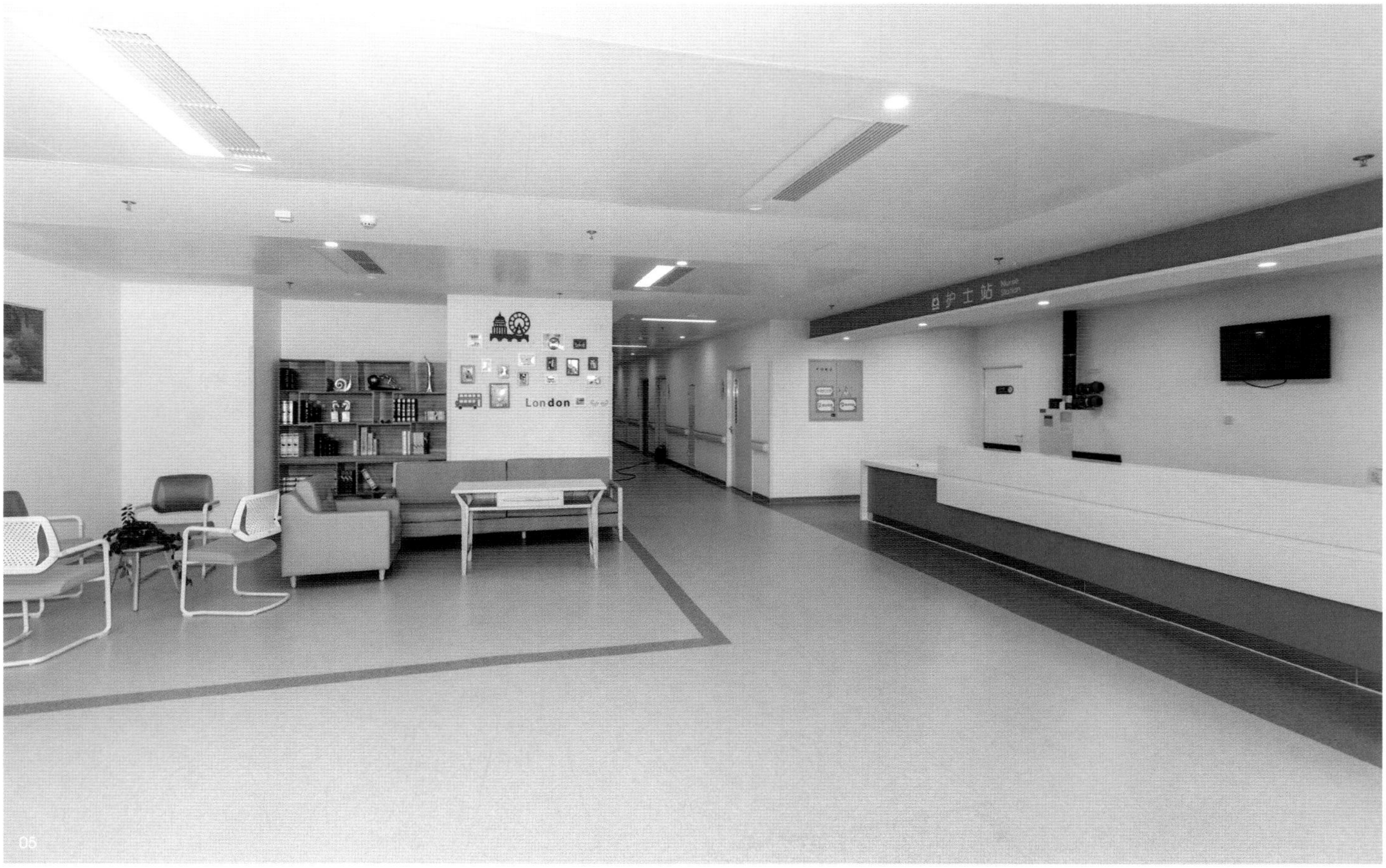

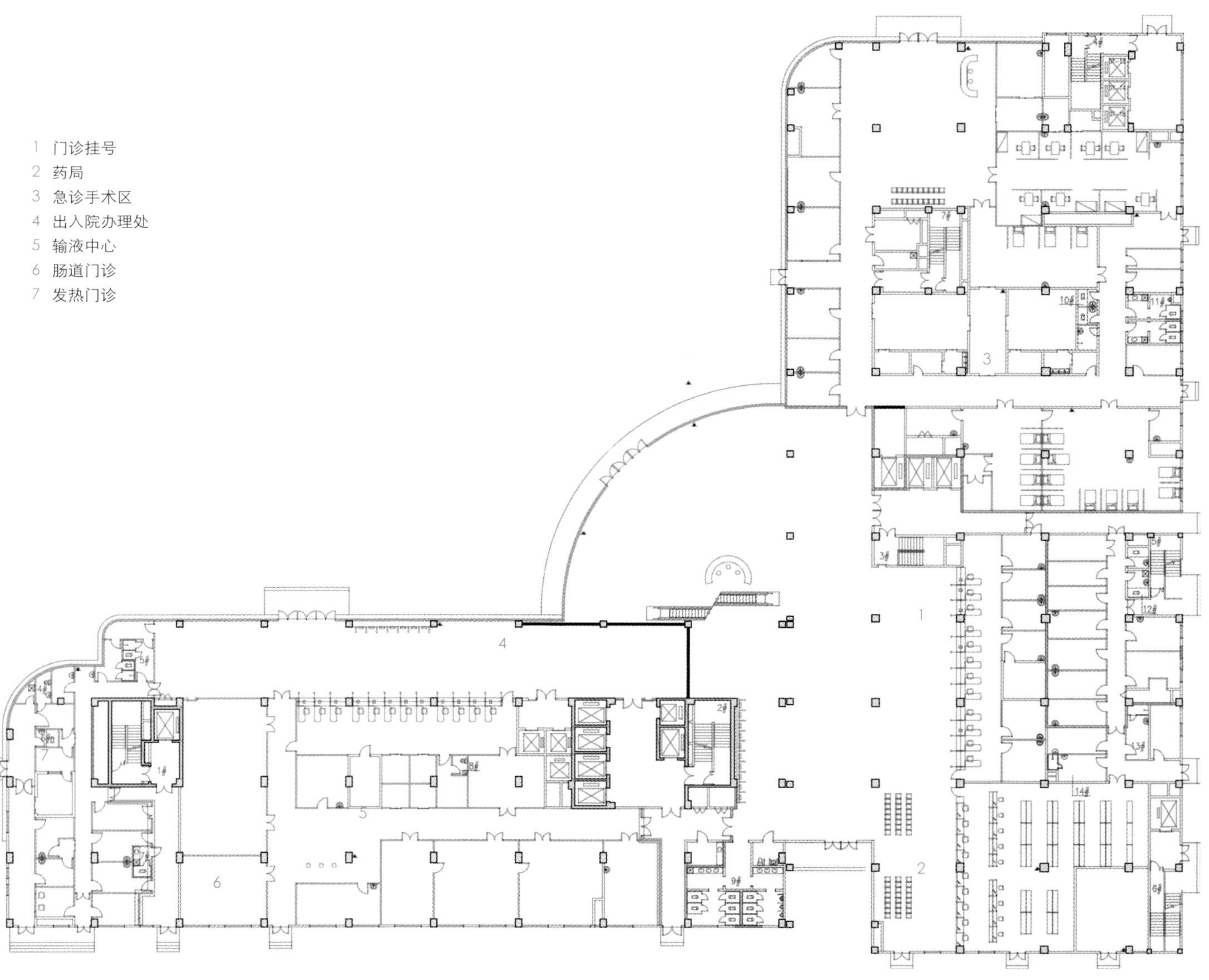

■ 首层平面图

哈尔滨医科大学附属第四医院门诊外科楼

OUTPATIENT SURGERY BUILDING OF THE FOURTH AFFILIATED HOSPITAL HOSPITAL OF HARBIN MEDICAL UNIVERSITY

哈尔滨工业大学建筑设计研究院

哈尔滨医科大学附属第四医院是集医疗、教学、科研为一体的三级甲等医院，为适应医院的发展，新建 136 419 平方米的门诊外科楼。新楼位于院区中部，地下 2 层、裙房 6 层、主楼 24 层、建筑总高度约 99.95 米，是一座涵盖了门诊、住院、手术以及其他主要医疗辅助功能的大型综合性医院建筑。

该项目在设计中结合医院的地理位置、场地情况以及发展需要，在充分考虑医院医疗流程的前提下，将新建建筑与原有建筑有机地结合在一起，同时也在较难解决的建筑消防设计、结构选型、给排水以及暖通、空调和电气设计等方面采用了国内外最新的建筑技术及设计理念，力求达到同类建筑领先水平。

■ 总平面图

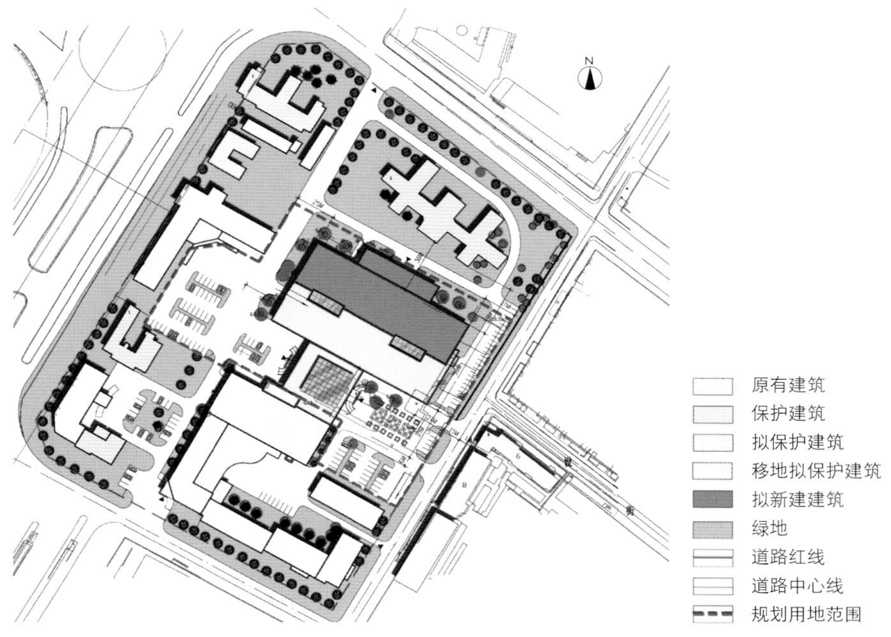

01

黑龙江省哈尔滨市 / 项目地点
2007 年 / 设计时间
2009 年 / 建成时间
24 300 平方米 / 用地面积
136 419 平方米 / 建筑面积
1600 床（一期）/ 床 位 数
框架剪力墙结构建筑 / 结构形式
地上 24 层，地下 2 层 / 层　　数
皮卫星、张伟玲 / 总 负 责
皮卫星、张伟玲、高英志 、王志民 、邹晓英 、左刚 / 建筑专业
冯阿巧、黄显民、董莉、王春岩、蔡丽 / 结构专业
周滨、尹鹏志、王蕊 、金玮涛、刘忠华、陈港、刘晓峰、任宝立、程柱 / 设备专业

01 / 院区总体愿景图

02 / 局部立面实景
03 / 整体鸟瞰图

新老建筑资源共享

由于该工程位于医院的原有院区内，整合医院功能区，将医疗区的发展与扩建统一规划，实现新老建筑资源共享，是规划首先要解决的问题。

规划将新建的门诊外科大楼设置在院区中部临近银行街一侧，并与原有的第一住院部和医技大楼形成围合，使院区中部成为整个医院的主要医疗区。各医疗区分区明确，各功能体块相对独立，联系便捷，满足医院的流程需要。该项目充分利用扩建的契机，整合和提升医院的服务功能，合理地组织交通，创造了方便的就医环境，

流线清晰、环境舒适的门诊空间

根据医院未来发展的需要，医院在一至四层分别设置了内科、妇产科、外科、眼科、耳鼻喉科、疼痛科、皮肤科、针灸康复科以及门诊输液大厅等科室。各层均采用中轴对称的平面布局方式，以宽敞的医疗街及采光中庭为轴线形成四个诊区，使人流到达各个科室的路线清晰，距离较短。为了满足人们对就医环境要求的不断提高，项目在门诊部的中轴线两侧靠近外窗部分，分别设置了四个候诊厅，良好的采光提高了病人等候空间的舒适性。每个诊区沿走廊两侧分别布置一医一患的诊室，可以保证病人就诊时的私密性。

分区明晰、联系便利的手术部

由于手术部对周围环境的要求十分严格，因此设计将手术部布置在新建门诊大楼裙房顶部的四至六层，远离噪声及人流干扰。四层为门诊手术部，设有六间万级手术间；六层为住院手术部，设有三十间手术间，其中包括六个百级手术间，可以满足各种无菌手术的需要。为了使病人能够方便、快捷地到达手术部，门诊医生及各个诊区的病人可以通过四部直梯及扶梯很方便地到达更衣缓冲区；住院部则设置了两部手术专用梯，可以从各层将病人以最快的速度运送到手术部。而且，为了方便病人家属的等候，各层手术部外均设有家属等候厅，体现了医院的人性化关怀。

功能齐备的 ICU

由于重症监护病人与手术部要能方便联系，所以设计将 ICU 以及 CCU 设置在手术部的下层，手术后医护人员可以通过专用电梯以最快的速度将病人送至监护病房。ICU 分为两个病区，共设病床 33 张，可以满足全院重症监护的需要。监护区外设有家属等候休息厅，为家属探视、等候提供了舒适的休息空间。

02

03

门诊
4

04 / 日间实景
05 / 连廊空间

精细的病房设计

为了适应未来医院“小门诊，大住院”的发展趋势，设计将八至十四层作为病房的护理单元，每层设置两个护理单元。病房采用双廊、医患分开的形式，开敞式护士站位于每个护理单元的入口处，便于照顾两侧病房的病人及接待外来探视人员，提高护理质量，缩短护理距离；南北两侧分别布置病房，所有的病房均能够获得良好的通风和采光。病区依据各护理单元的病人特点分区配色，利用色彩的潜在作用，使病人尽快地适应医院的环境，缩短患者从家庭到医院之间的心理距离，减少环境的陌生感，创造安宁静谧、一尘不染的环境来增进病人的安全感。

多功能的医疗街

医疗街是联系各部分的纽带，设计在门诊部各层分别设置两条医疗街，将各门诊部与门诊共享大厅和诊断综合楼有机连接，使病人到达医院各个功能区的路线简单清晰。同时，地下一层设置了一条环形通道，如同一条城市道路，把门诊部、诊断综合楼、住院部连接起来，起到了简化流程、缩短病人步行距离的作用。医疗街还引入了花店、咖啡厅、超市、商务中心、餐厅等服务设施，绿色植物景观布置也必不可少。所有这些都为患者的康复起到了积极的作用。

展现医疗建筑形象

项目位于历史保护街区，院区内现有多栋欧式建筑，因此新建门诊外科楼的建筑造型设计充分考虑建筑风格、形态和体量与院区内其他建筑物的协调关系，并汲取欧洲文艺复兴时期建筑风格的特点，采用通高的立柱、有韵律的组窗、夸张的阴影处理方式，并着重强调顶部的穹顶以及跌落式的处理，丰富建筑的层次。整体设计力求回归城市历史文脉基调，新建筑与老建筑风格一致，共同组合成一个极具文化意义的城市历史风貌街区。

06 / 室内大厅实景图
07 / 电梯大厅
08 / 入口大厅

07

08

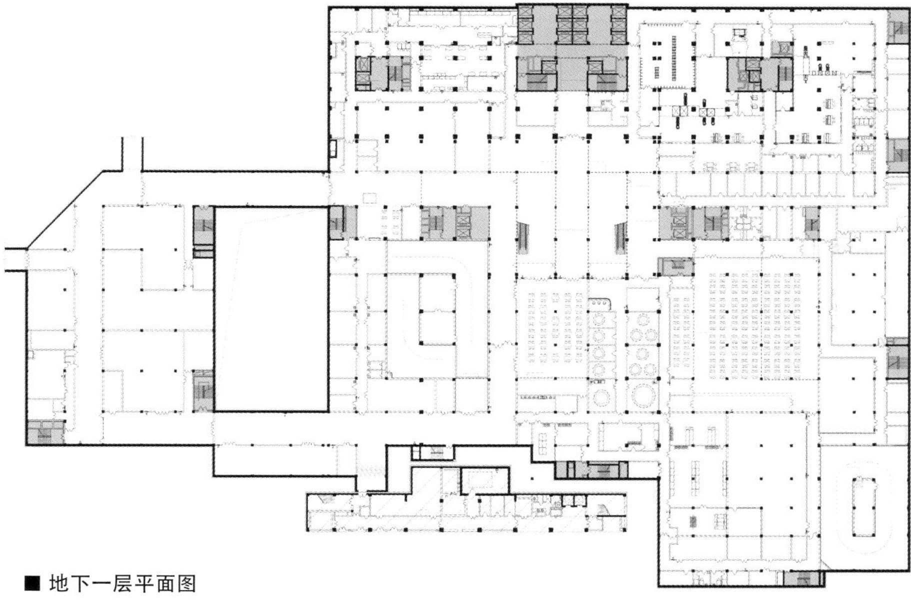

■ 地下一层平面图

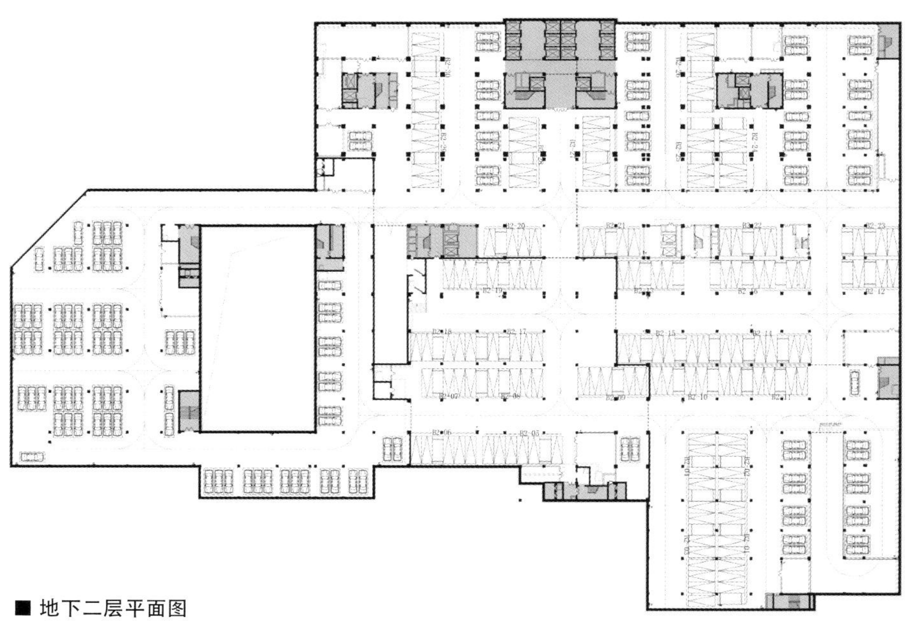

■ 地下二层平面图

09

10

09 / 疗养空间实景图 1
10 / 疗养空间实景图 2

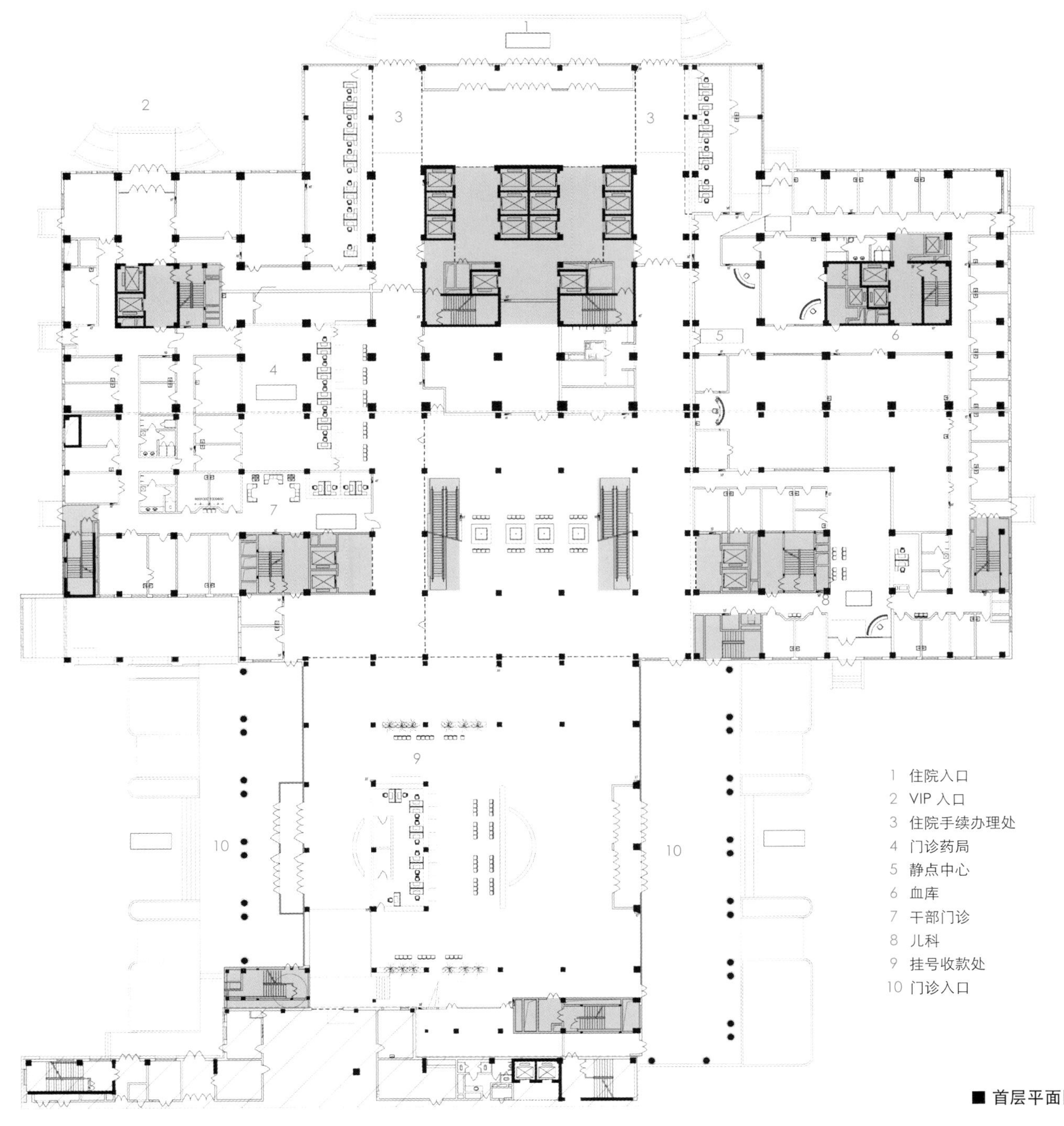

■ 首层平面图

11 / 立面效果图

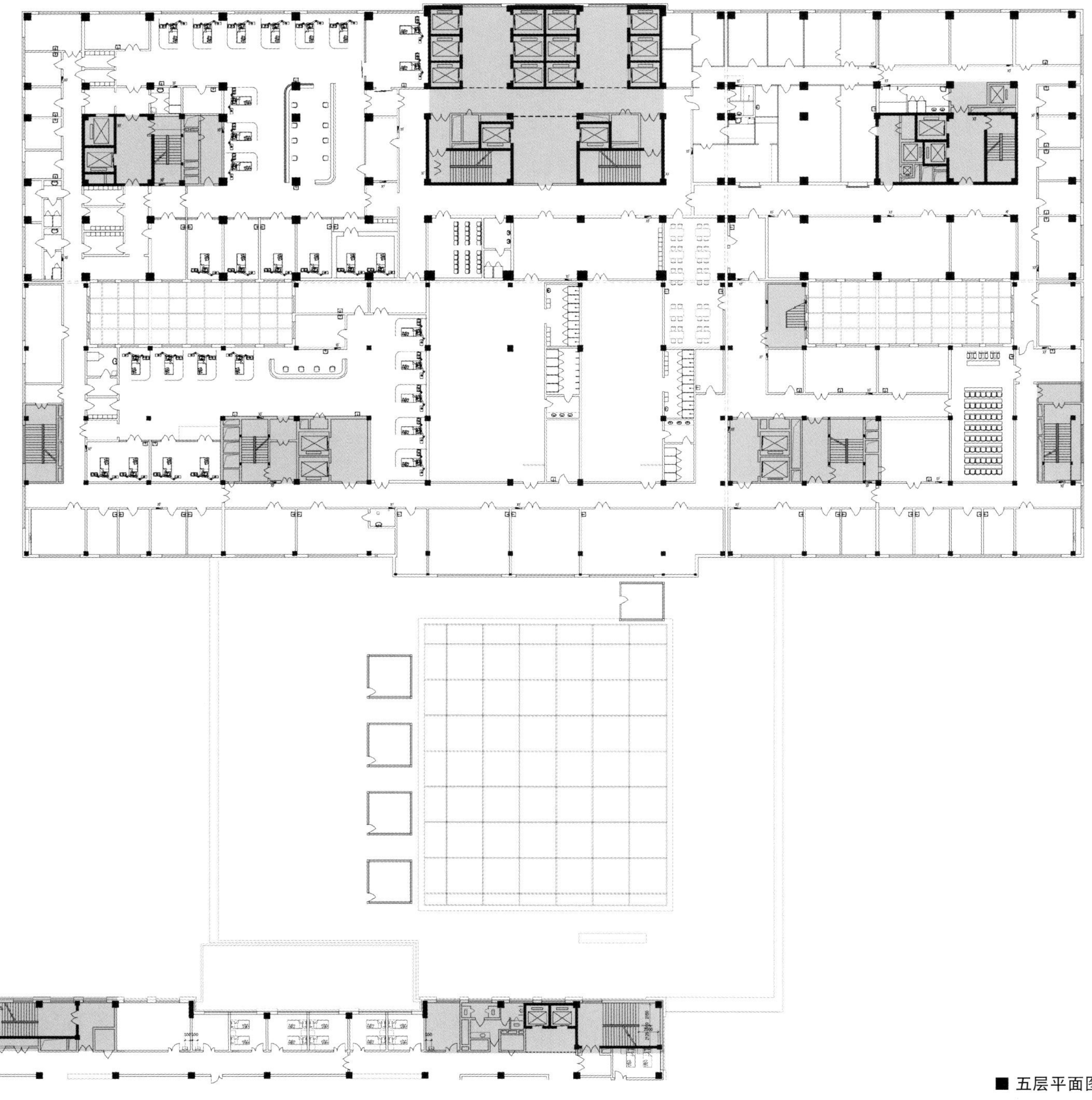

■ 五层平面图

哈尔滨医科大学附属第四医院松北院区

THE FOURTH AFFILIATED HOSPITAL OF HARBIN MEDICAL UNIVERSITY (SONGBEI BRANCH)

哈尔滨工业大学建筑设计研究院

哈尔滨医科大学附属第四医院松北院区医疗区二期综合医疗建设项目位于哈尔滨市松北区龙川路、翔安北大街、左岸大街的围合区域。

二期综合医疗建设项目包括门诊综合楼、医技综合楼和阳光医院街三部分。其中门诊综合楼部分地上 4 层，局部 5 层，地下 1 层，建筑高度 22.5 米；医技综合楼地上 5 层，地下 1 层，建筑高度 22.5 米；阳光医院街地上 3 层，地下 1 层，建筑高度 14.1 米。

■ 总平面图

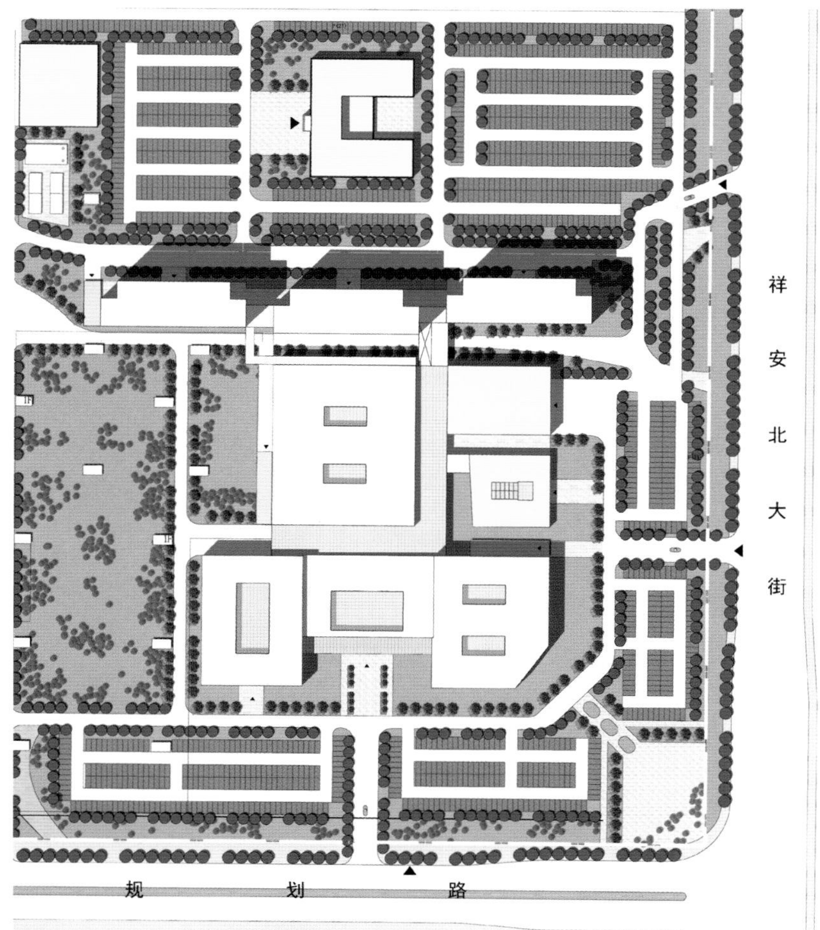

黑龙江省哈尔滨市 / 项目地点
2016 年至今 / 设计时间
66 100 平方米 / 用地面积
201 823 平方米 / 建筑面积
1000 床 / 床 位 数
框架结构 / 结构形式
5 层 / 层　　数
左刚 / 总 负 责
皮卫星、郝英舒、张一男 / 建筑专业
张英华、董莉 / 结构专业
孙振宇、张磊、刘婷婷、刘晓峰、叶伟、周滨、王蕊 / 设备专业

01 / 鸟瞰效果图

02 / 东南侧效果图
03 / 南侧主入口效果图

科学的总体布局

总体布局功能分区明确，与医院原有医疗部分进行功能整合，资源共享，并保持便捷的联系。医院流程设计和医疗手段及设备的选用尽量做到技术先进、经济合理，体现现代化综合医院的特点。

合理的功能分布

医院建筑平面布局既要满足洁污分区、洁污分流的卫生学要求，又要满足运行路线便捷，管线经济合理的工程技术要求。远期住院楼部分位于医技楼的北侧，通过空中连廊与医技楼和阳光医院街相连接，水平、垂直交通便捷、安全。病人活动区与医务人员工作区相互独立，各科室分区明确的互不穿插。

紧密协作的医疗系统

新建的医技楼位于基地的西北侧，门诊楼部分位于南侧，两部分的一至三层通过医疗街紧密连接。院区原有急诊部分与科研中心与医院街相连，整个院区形成完整的医疗系统。

人性化的环境营造

项目在医院建筑内外环境设施上努力为病人创造优美舒适的就医环境，同时为医务工作者提供安全、高效的工作环境。各科室采用厅式候诊，设有较大的候诊空间，挂号和候诊空间结合有采光天窗的医院街中庭布局以及各种休息空间和服务用房，使病人在就诊过程中有宽敞的活动空间和良好的视觉环境。

02

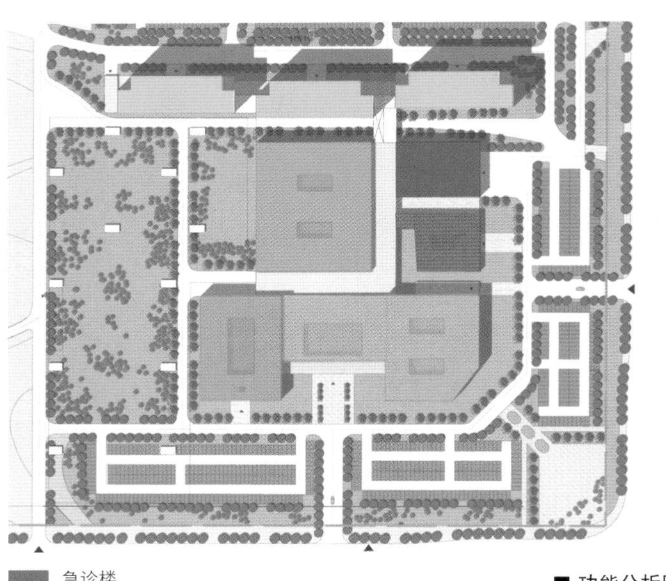

■ 功能分析图

急诊楼
研发中心
门诊楼
精准医疗中心
住院楼
医技楼

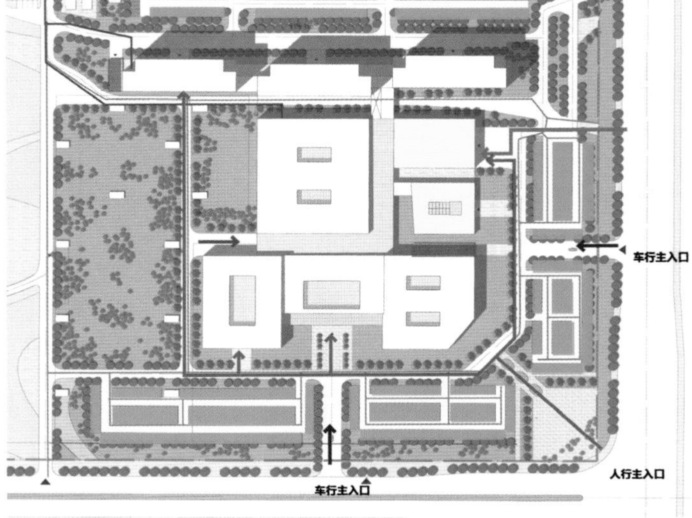

■ 流线分析图

车行流线
车辆入口
地上停车位
地下车道入口
人行入口
急诊入口
污物流线

04 / 大堂
05 / 地下一层内院
06 / 研发中心和急诊楼

04

05

06

1 入口大厅
2 门诊部
3 医院街
4 核医学部
5 影像中心
6 静脉配置中心
7 中庭
8 体检中心
9 一期已建成建筑

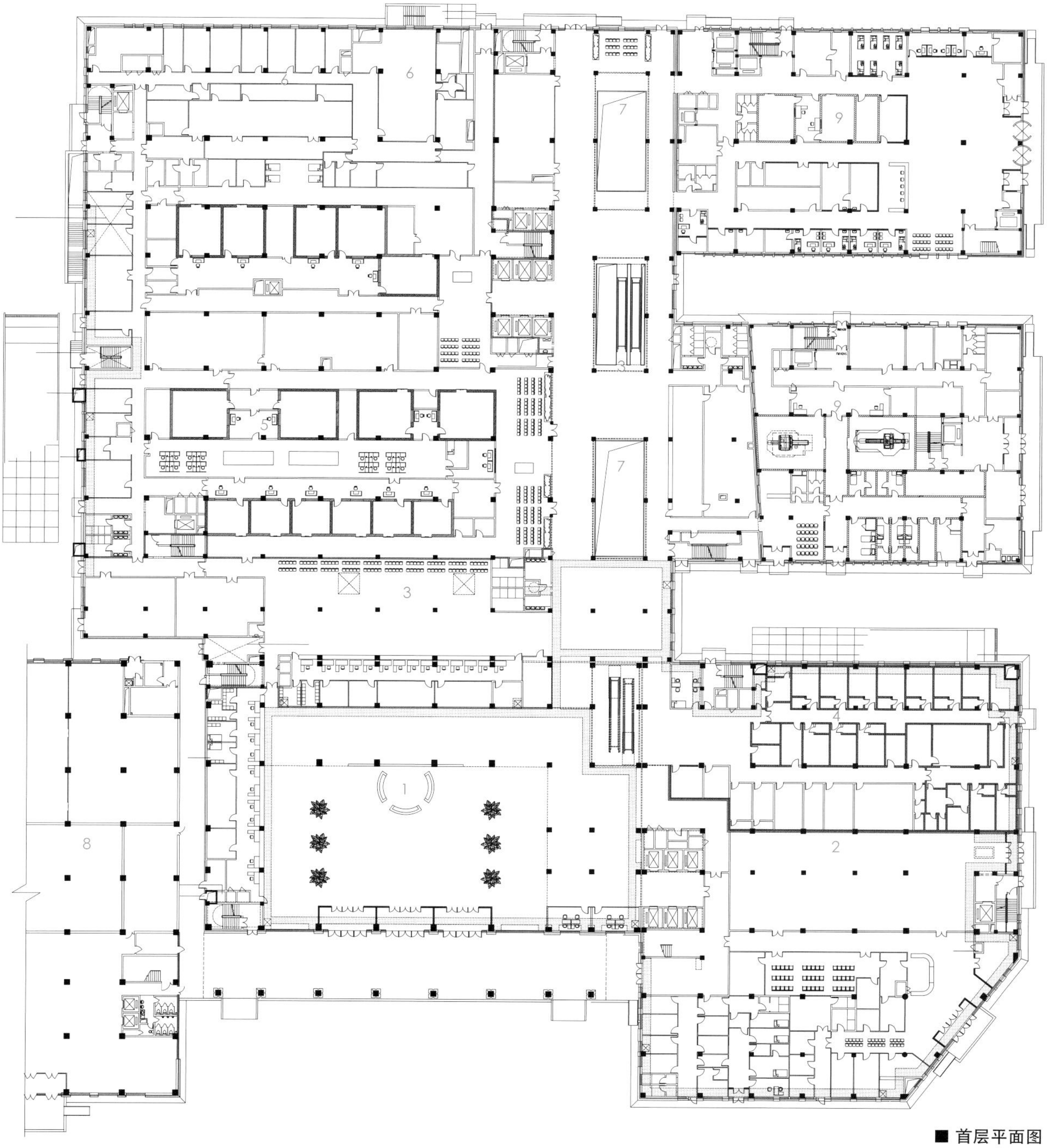

■ 首层平面图

重庆医科大学附属大学城医院

UNIVERSITY-TOWN HOSPITAL OF CHONGQING MEDICAL UNIVERSITY

重庆大学建筑规划设计研究总院有限公司

重庆医科大学附属大学城医院是一所集医疗、教学、科研、预防和保健为一体的三级甲等综合医院。医院规划床位 1500 张，占地面积 92 171 平方米，总建筑面积 208 536 平方米，服务人口近 200 万，日门诊量 5000 人次。医院依托重庆医科大学的人才资源优势和科研实力，凭借雄厚的技术力量、先进的诊疗设备、新型的医疗服务模式，成为重庆西部新城区域医疗中心。

工程建设分为二期进行，一期工程位于用地南部，建筑面积 90 588 平方米，包括门急诊、手术部、医技用房、病房以及后勤服务等主要医疗功能用房；二期工程位于用地北侧，主要为医疗综合楼、科教及医师培训楼及心理咨询中心。

01

■ 总平面图

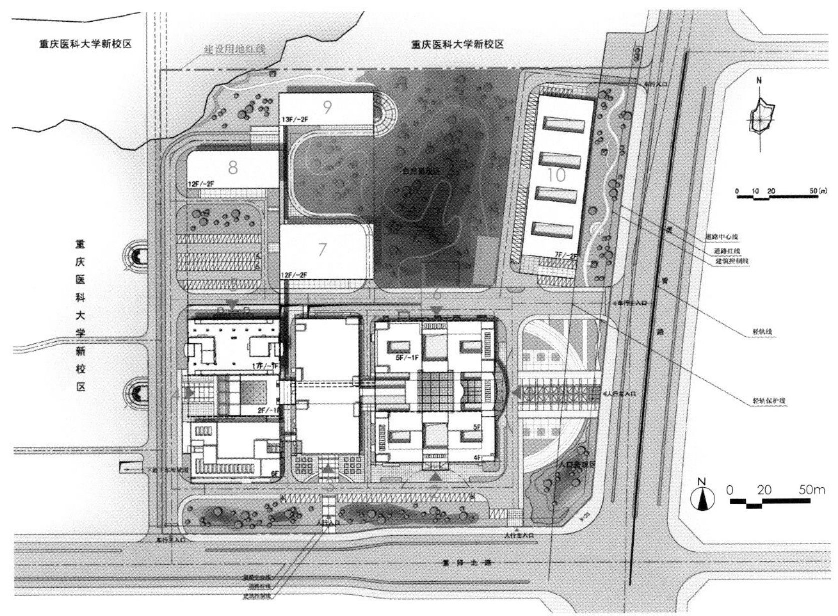

1 门诊入口
2 急诊、急救入口
3 医技入口
4 住院入口
5 体检入口
6 实验医学
7 医疗综合楼
8 科教楼
9 医师培训楼
10 心理咨询中心

重庆市 / 项目地点
2011 年 / 设计时间
2014 年（一期）/ 建成时间
92 171 平方米 / 用地面积
208 536 平方米 / 建筑面积
住院 1500 床（一期 1000 床）/ 床 位 数
周智伟、何洪建、魏宏杨、戴志中 / 总 负 责
周智伟（主创）、朱凌、梁路、邓菡、杨钰浩、姜凤 / 方案团队
周智伟、梁路、罗丽娟、朱凌、傅槐槐、李洁、李泽新 / 建筑专业
周晓雪、陈静、江舟、沈前继、龙莉萍、苟基佐、崔佳、彭玉萍 / 结构专业
吴宁、颜强、朱自伟、姜佩言、张义雄、张小虎、黄世清、李骏、张林、姚加飞、龚思福、郭丹、罗睿、吕思颖、王怡鹏 / 设备专业
成泽会、刘琼、沈静 / 经济专业

01 / 南侧实景

02 / 南侧航拍
03 / 门急诊楼外景

高效便捷的规划布局

为适应地形的高差变化，设计师将大型建筑化整为零，保证最佳的进深和面宽，创造更多的临道路界面并结合地形高差分层入口，满足复杂流线的需要。同时，设计还为未来改扩建留有充分的空间。

门急诊、医技、住院三大部分通过医院街构成一个联系紧密的整体，交通流线及功能布置清晰明了、高效便捷。根据重庆夏季湿热、风速小的气候特点，设计注重自然通风、采光和散热，创造舒适、节能的空间。

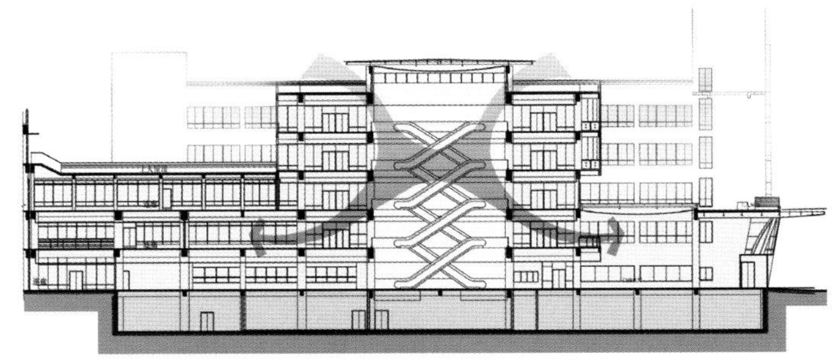

■ 剖面图

03

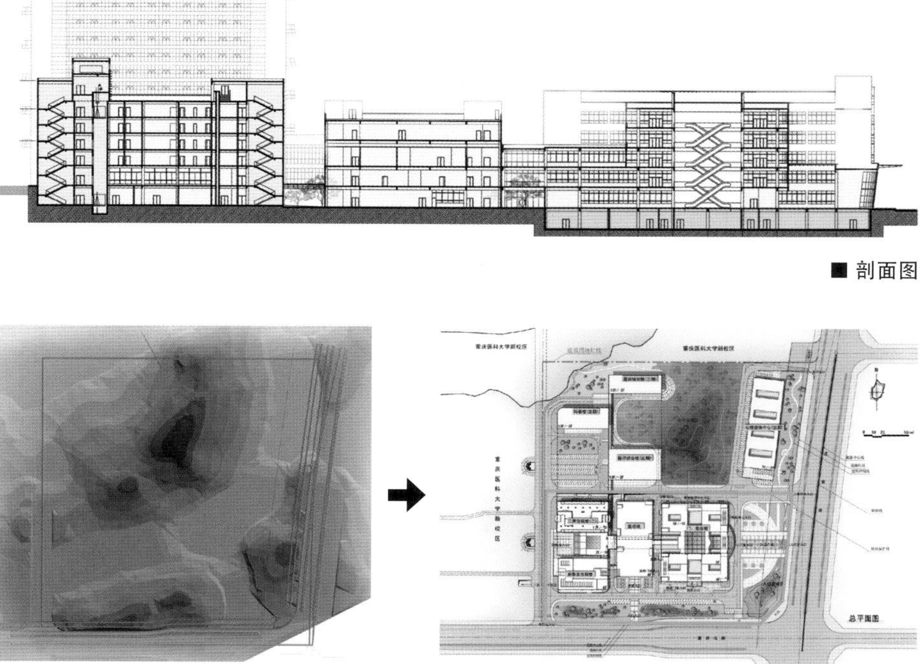

■ 剖面图

■ 地形分析

04 / 医技楼实景
05 / 医院一角

模数化门诊和多形态庭院空间

设计创造了高效率、模数化的门诊布置模式，主要公共服务空间及交通设施的合理设置使各种人流流线最为便捷、有序，空间方位感及导向性清晰。

不同层次、多种形态的庭院空间体系具有传统建筑院落空间韵味。不同标高、不同形态的屋顶绿化平台及空中挑台，为候诊病人提供舒适的室外等候休息空间。

弹性的发展空间

因项目投资限制，设计采用经济适用、成熟可靠的工艺和材料，保证全生命周期运行的可靠性与有效性，并为目前尚不普及的新技术预留发展空间，待技术发展成熟后有序更新。针对现代医疗技术更新频繁的特点，各部分功能可以不断有机生长更新，未来功能扩展有序进行。

04

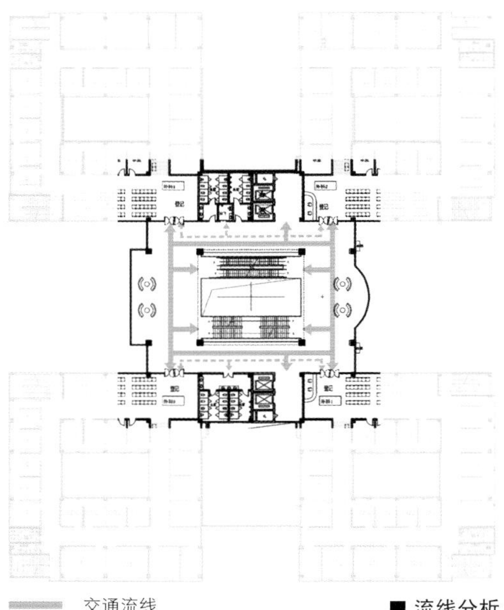

■ 流线分析

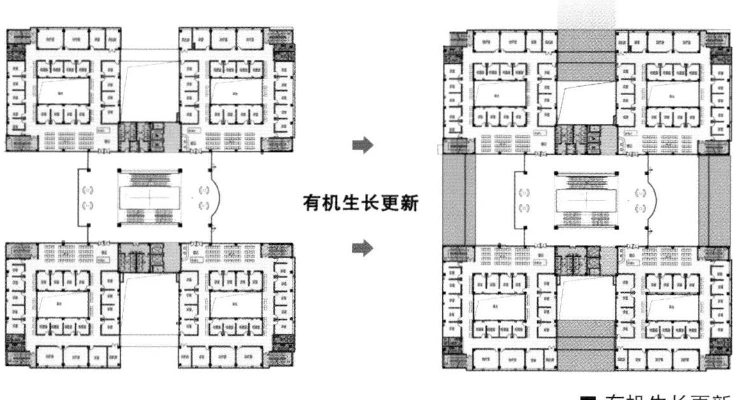

■ 有机生长更新

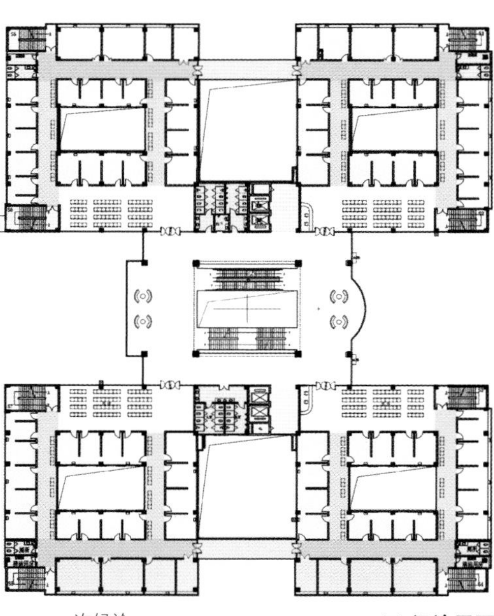

■ 门诊平面

06 / 门急诊楼中庭 1
07 / 门急诊楼中庭 2

08 / 门急诊楼中庭 3
09 / 门急诊楼内景
10 / 住院大厅实景

08

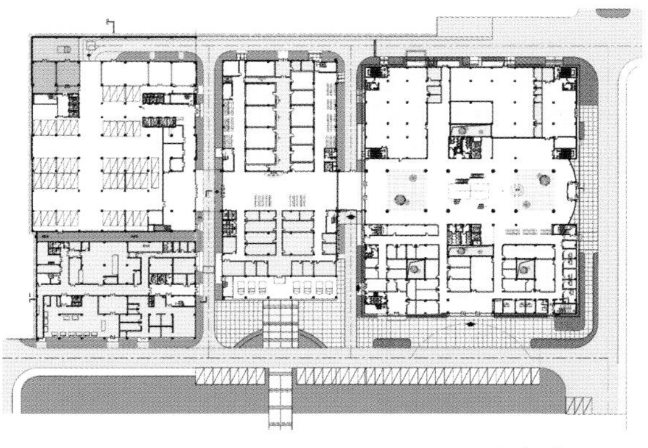

■ 一层组合平面图

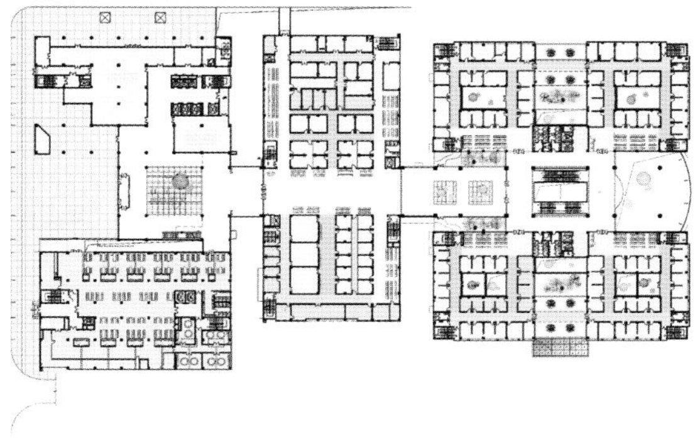

■ 二层组合平面图

09

10

重庆医科大学附属第一医院金山医院

JINSHAN HOSPITAL,THE FIRST AFFILIATED HOSPITAL OF CHONGQING MEDICAL UNIVERSITY

重庆大学建筑规划设计研究总院有限公司

重庆医科大学附属第一医院金山医院是重庆医科大学附属第一医院按照高标准、高规格、高水平的原则打造的集医疗、康复、预防、保健、涉外及教学为一体的大型综合性直属三甲医院。医院侧依青山、怀抱绿水，是所在区域内规模最大的现代化综合医院。

金山医院总占地面积 159 333 平方米，其中建设用地约 106 040 平方米，规划总建筑面积 200 776 平方米，一期建筑面积 112 431 平方米，含 VIP 部 11 559 平方米及普通部医疗综合楼 100 872 平方米。医院总编制床位 1000 张，一期开放床位 638 张。医疗综合楼门急诊和医技部为 4 层，住院部为 18 层，地下 2 层，建筑高度约 85 米，日门诊量 5000 人次，设计床位 600 床。VIP 部为涉外医院，地上 3 层，半地下 1 层，半地下一层至屋面建筑高度 18.5 米。

■ 总平面图

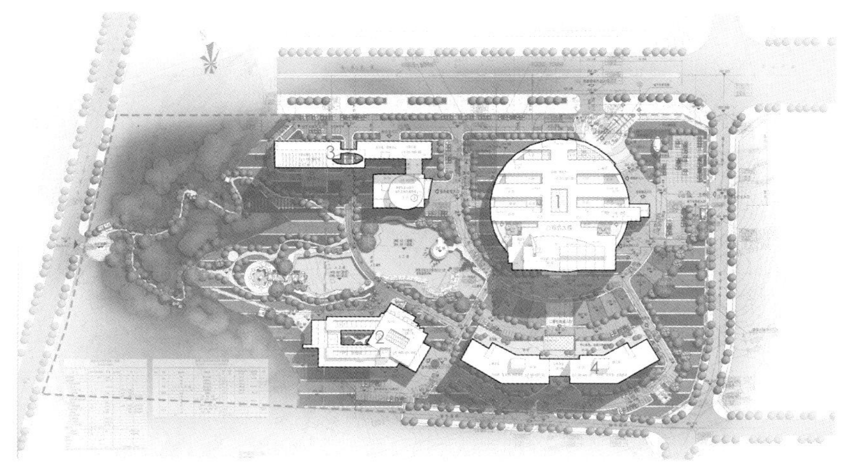

1 综合大楼（一期）
2 VIP 部（一期）
3 学术中心及后勤楼（二期）
4 住院楼（二期）

重庆市 / 项目地点
2009 年 / 设计时间
2017 年 / 建成时间
159 333 平方米 / 用地面积
200 776 平方米（一期 112 431 平方米）/ 建筑面积
1000 床（一期 638 床）/ 床 位 数
5000 人次 / 日 / 门 诊 量
框架 - 剪力墙结构 / 结构形式
地上 18 层，地下 2 层（主楼）/ 层 数
王琦、何洪建、段晓丹 / 总 负 责
王琦（主创）、王玮、吴舜 / 方案团队
王琦、周跃跃、段晓丹、史昆琳、李洁、武子栋、王力 / 建筑专业
阎秋月、李方、谢虹 / 结构专业
姜佩言、颜强、吴宁、袁方、蒲永红、黄世清、张义雄、龚思福、郭丹、袁龙等 / 设备专业

01 / 西北侧航拍实景

02 / 绿色健康的外部环境
03 / 东北侧实景

山地特色的生态化规划格局

医院规划充分体现生态观和可持续发展观，尊重场地原有的山地特征并发挥地形优势，依山就势分层筑台，减少土石方量，同时利用低洼地带设置中央景观湖面，从而形成“城市—水体—山体”的三维空间格局。由于医院设在城市新区，建设初期周边极其不成熟，居住氛围较差，生活配套薄弱，规划必须兼顾城市发展的进度和医疗需求增长速度等因素进行分期布局并考虑长期发展，因此结合山地特征形成了“一轴一心两带三区”的空间格局，并按照 X 形脉络进行分期规划。其中，一轴为东西生态轴；一心代表中央景观湖；两带指北侧医疗及配套功能带和南侧康复功能带；三区为西侧山隐养生区、北侧医疗及配套区和南侧 VIP 及康复区。

三维集约化的 L 形空间模式

医院作为承载高效化、专业化医疗服务的空间载体，必须满

02

足各级医疗流程的效率和功能需求。为此，设计采用 L 形空间模式将门诊、医技及住院三者进行立体折叠：L 形水平段布置门急诊，垂直段布置住院楼，而两者相交的结合部布置医技部。这种布局方式改平面串连为立体组合，将门诊、医技、住院等功能有机叠合、高效集约，极大地缩短了各部门之间

03

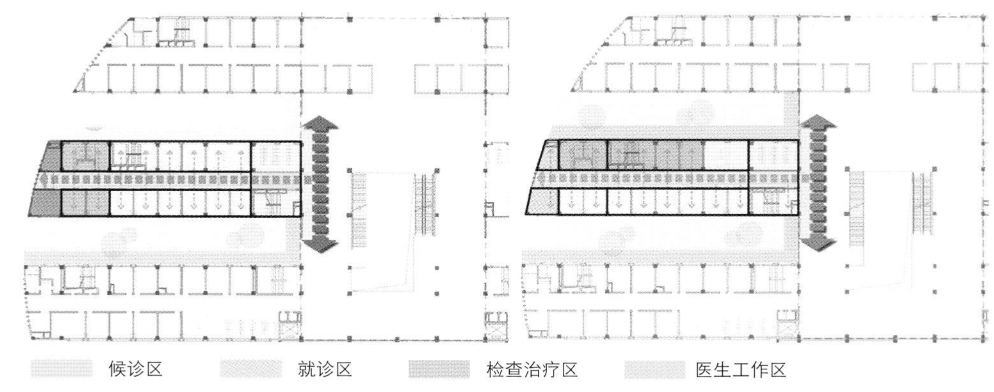

■ 门诊单元分段式与混合式划分

的距离，充分发挥医技部作为现代医院核心部门的积极作用，从而提高医院的运行效率。同时，集约型布局模式缩减了建筑占地，提供了更多的地面环境，为未来留出了更多的拓展空间。

“医疗大厅 + 指状分支”的平面模式

医疗综合大楼采取“医疗大厅 + 指状分支”的方式，形成功能布局和流线组织的核心平面模式：由于基地进深较浅，门诊主入口前区广场被置于东北角的道路交叉口处，患者从斜向进入建筑，经过入口大厅过渡后直接对接医疗大厅的前厅，再通过前厅衔接南北向医疗大厅，并由医疗大厅串联组织各类指状分支的诊疗空间。这种“医疗大厅 + 指状分支”的平面模式，具备逻辑清晰、识别性强、交通高效、多维拓展、避免穿套、采光通风好等特点，符合“以患为本”的设计理念。同时，由于建筑的平面呈圆形，建筑分支的尺度各不相同，因此能够很好地对应大小不等的各个科室。

灵活多变的门诊单元

为实现功能的通用性和布局的弹性，门诊区采用标准化的门诊单元，并依据位置关系的不同进行灵活的组合。每个门诊单元采用内廊形式，内廊作为二次候诊区直接对接各个诊疗区域。单元与单元之间设有三合院，保证每个诊室具有良好

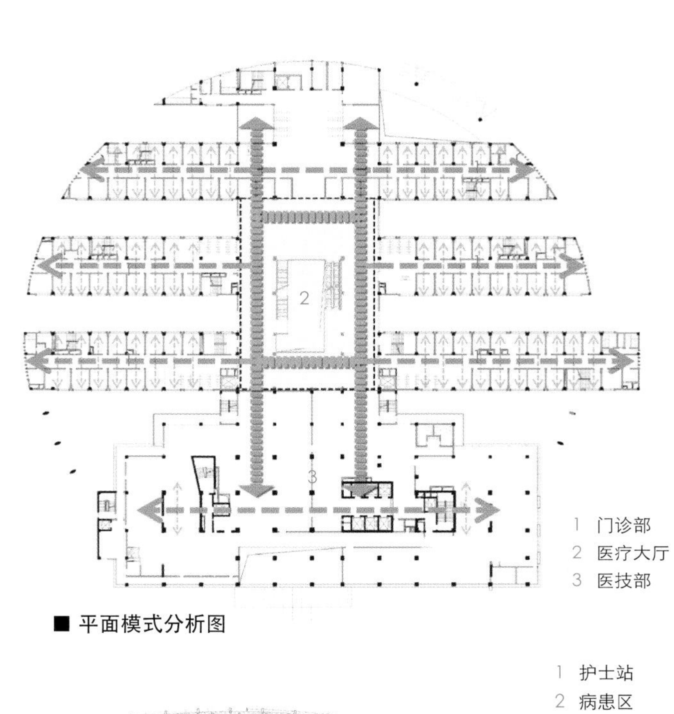

■ 平面模式分析图

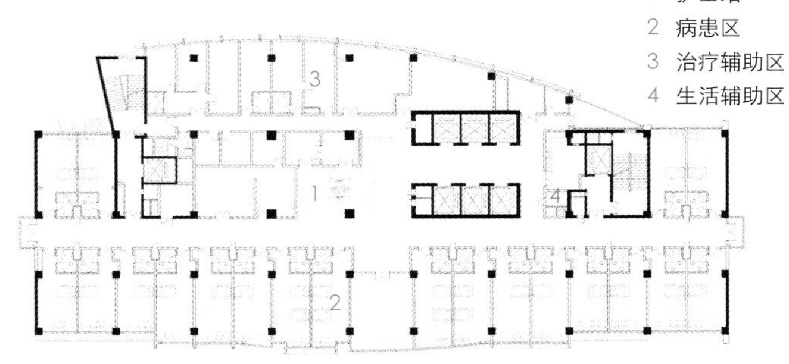

■ 护理单元平面分区图

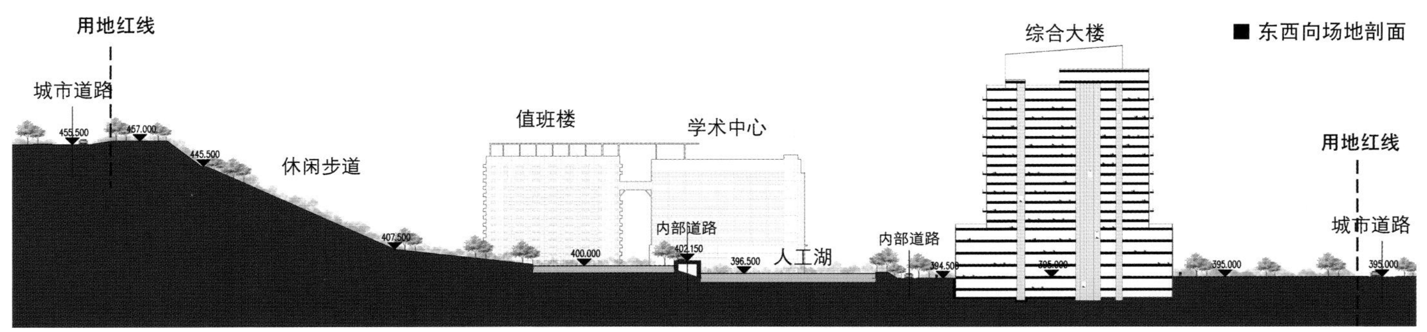

■ 东西向场地剖面

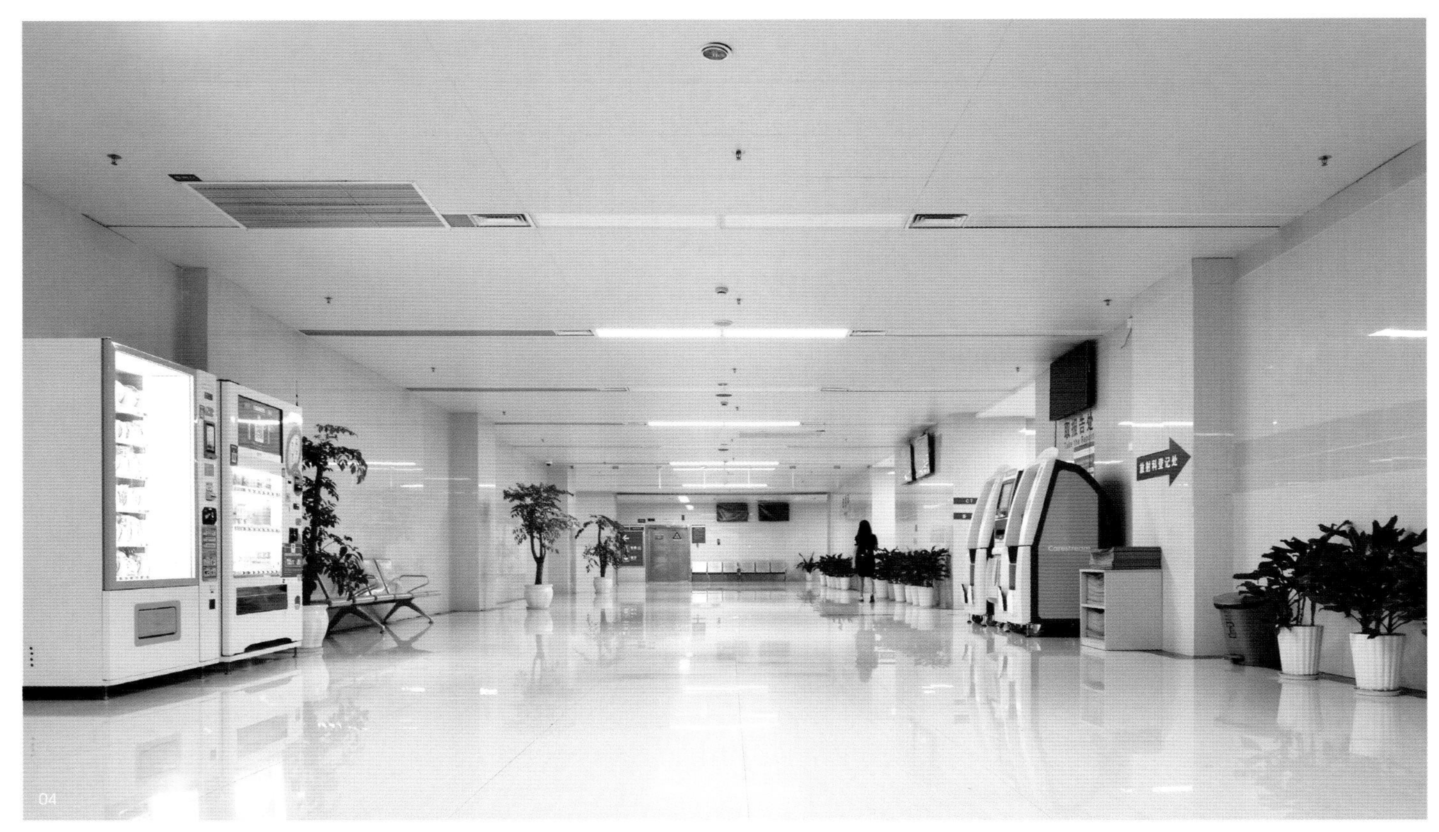
04

的采光通风条件。门诊单元按照科室特点可以再次划分出两种不同的方式：一种采用分段划分式，将靠近医院街的前段作为一次候诊及分层挂号收费区，中段作为就诊区，尾段作为检查治疗区，也可根据需要在尾段再次划分出医生工作区；另一种则采用混合划分式，将靠近医院街的前段作为一次候诊及分层挂号收费区，剩余部分以走廊为界，一侧作为就诊区，另一侧作为检查治疗区，较长单元的尾段远端也可以根据需要再次划分出医生工作区。门诊单元在医疗大厅的局部位置也可以两两组合，形成较大诊区，如三楼北侧东西两个单元相邻处向中间延伸，吞并该处的医疗大厅形成内科诊区的一次候诊和分层挂号收费区，四楼该部位则合并为体检中心的前区。这种灵活多变的门诊单元形式，为功能组合提供了弹性并创造了空间的多样性。

友好便利的护理单元

住院部标准层平面采用单复廊形式，以护士站为核心形成高效的医疗护理单元。护士站介于医辅区和病患区之间，病患区、治疗辅助区、生活辅助区和公共区分区明确。护士站视野开阔、护理便捷均衡，可有效监管公共区域，同时紧邻治疗室和抢救室，工作方便。北侧医辅专用区域与病患区彼此分离，做到互不干扰而又联系紧密。护理单元的设计兼顾各类使用者的便利性，在提高平面效率的同时减少“黑房间”，使人员停留的主要用房可以获得充分日照。走廊宽敞明亮，病房舒适温馨，南向中部布置阳光室，走廊尽端设置阳台，结合舒展的弧形外墙，构建了有利于康复的、生动的内外部空间。

复合高效的医技中心

现代医院临床科室对医技部的依赖程度越来越高，医技部的整体状态更是衡量医疗水平高低的重要标志。医技中心的布置充分考虑医疗流程要求，并结合部门的位置关系，进行系统性协同设计。医技部位于住院楼底部，便于双向联系门急诊和住院部，形成了一套处理能力强、运转高效的诊疗技术 CPU。

特色鲜明的建筑形象

设计打破传统、拒绝冰冷，以“圆”为母题，凝聚团结一心的精神，展现医患之间密切配合、共斗病魔的决心和勇气。同时，这一独具特色的高层建筑，也基于街道尺度和城市形象，给所在区域树立了一个鲜明的地标，彰显了时代特色与创新精神。

04 / 放射科大厅内景
05 / VIP 部外景
06 / VIP 部内景

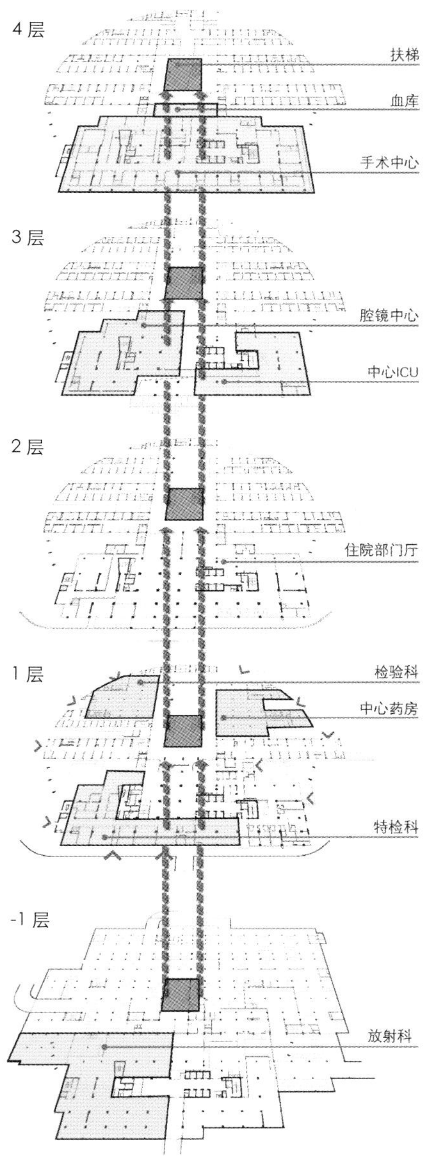

■ 医技中心组织结构分析

05

06

07 / 入口大厅内景
08 / 急诊部入口外景
09 / 门诊大厅
10 / 门诊部三合院

07

08

09

10

鲁西南医院（一期）

SOUTHWESTERN LU HOSPITAL (FIRST-PHASE)

重庆大学建筑规划设计研究总院有限公司

鲁西南医院坐落于山东省聊城市阳谷祥光生态工业示范园区内，为宓城医养健康产业园规划的龙头项目，是集医疗、教学、科研、预防保健为一体的三级综合性医院。项目按照国际医疗联盟JCI的标准设计和建设，全力打造标准化、规范化、军民融合的大型综合型民营医院，是冀鲁豫三省交界区域的重要医疗救治基地。

项目分两期进行设计和建设，并按分期将场地划分为南北两个地块，总用地面积141 249平方米，其中南面一期用地面积113 928平方米，一期建筑面积119 081平方米。门急诊部、医技部为5层，建筑高度23米；住院部12层，建筑高度48.7米；餐饮中心3层，建筑高度13.5米。一期总床位数600床，日门诊量1800人次。

■ **总平面图**

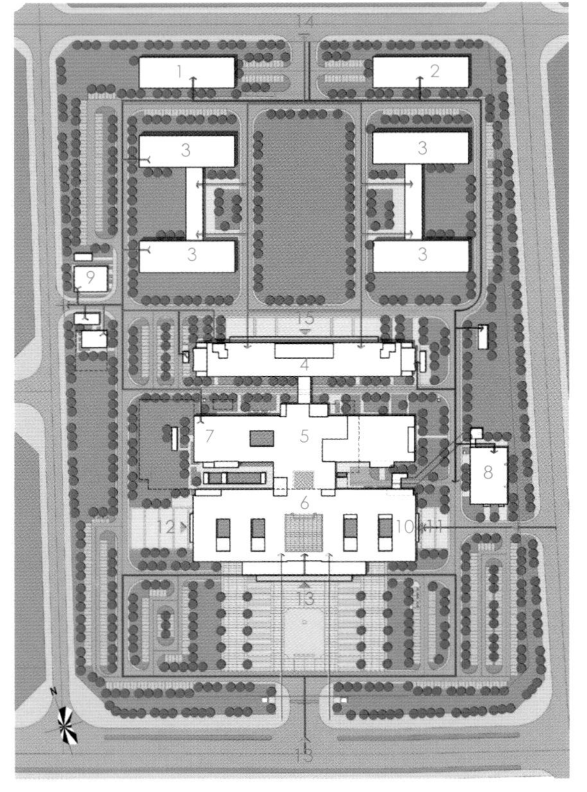

1 远期后勤楼
2 远期生活楼
3 远期专科楼
4 住院部
5 医技部
6 门诊部
7 行政部
8 餐厅
9 洗衣房
10 急诊部
11 急诊入口
12 儿科入口
13 门诊出入口
14 住院、后勤出入口
15 住院部入口

01

山东省聊城市 / 项目地点
2015 年 / 设计时间
2018 年 / 建成时间
141 249 平方米 / 用地面积
119 081 平方米 / 建筑面积
600 床（一期）/ 床 位 数
框架剪力墙结构建筑 / 结构形式
地上 12 层，地下 1 层 / 层　　数
何洪建、吴烈 / 总 负 责
杨奇（主创）、刘旭、杨昶、周桦 / 方案团队
杨奇、刘旭、杨昶、周桦、史昆琳、袁媛、杨冀翼、刘洋等 / 建筑专业
王七林、周晓雪、谢虹、龙丽萍、崔艳、陈果、李盼、王梧萩等 / 结构专业
赵颖、潘芸芸、陈昕、吴宁、黄世清、张林、罗旭、张义雄、龚思福、罗睿、廖了、吕思颖、卢军等 / 设备专业

01 / 西侧实景照片

化整为零的设计策略

化整为零的布局相较于集中式布局，在控制建设成本上有极大的优势。在集中式布局中，层数较低的门诊和医技部分受上部住院部的影响也必须按一类高层建筑设计，无形中会提高建造成本。该项目将门诊、医技、住院拆分设计，各自独立，使整体项目中除了住院部外，其余建筑均控制在 24 米以内，从而降低由于建筑等级的提高带来的结构、消防、设备等建造成本的提高。同时，各建筑还可同步施工，加快建设速度，提高资金利用率。鲁西南医院从开始设计到投入使用只用了 3 年时间。

科学合理的总体布局

在总体规划上，鲁西南医院采用“综合医疗 + 专科大楼”的布局形式，将医院核心的门诊、医技、住院部门布置在场地中心，而专科大楼作为二期扩展项目单独成区，与综合医疗区形成围合结构。在主体结构上，门诊、医技、住院部采用常见的王字形结构，功能清晰、分区明确。

门诊部一层西侧为儿科和妇产科，并设置独立的出入口，减少妇幼患者与其他患者的接触，保护易感染人群；一层东侧为急诊部，其大门直接面向院区救护车入口开启，保证了急救车的快速到达。中医科被设置在门诊部二层西侧最末端，减少中药气味对其他区域的干扰。

放疗科和核医学科被设置在医技部的地下一层，利用地下掩体降低设备放射射线的影响。影像科和介入治疗科被设置在一层，方便重型设备的安装。检验科和血透中心被设置在二层，将大量病患人流引导向医技的较低层。

住院部地下一层布置使用人员较少的库房、研究室、病案室等功能，而一层布置静脉配置中心、消毒供应室，方便物流中转，三层至十二层均为各住院病区。

便捷流畅的交通流线

在水平交通组织上，鲁西南医院设置了联系各门诊科室的东西向医疗街和联系门诊部、医技部和住院部的南北向医疗街，

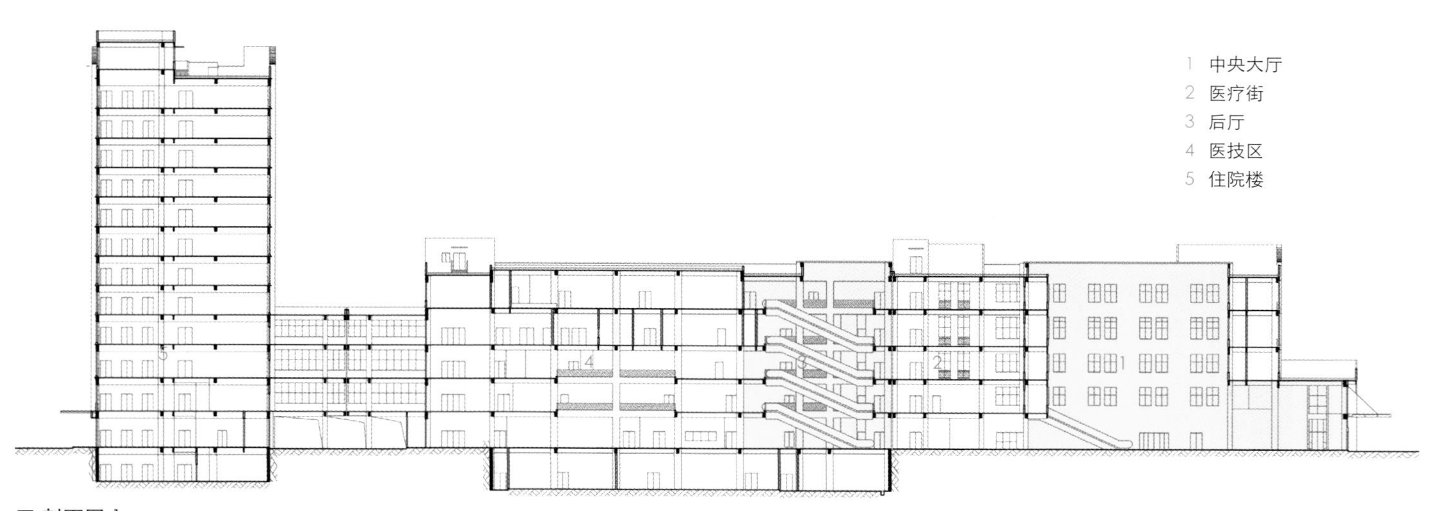

■ 剖面图 1

02 / 正面实景图
03 / 医院主入口

03

04

05

从而将门诊人流与医技部、住院部人流分开，减少拥堵。设计按照不同人群的需求对竖向交通进行分类、分功能布置：在东西向医疗街的北侧布置专门服务于门诊人群的扶梯和电梯，在南北向医疗街上针对放疗患者、医技患者和住院患者在不同区域设置对应的电梯及扶梯。各竖向交通体各司其职，减少了拥堵。

平面流线组织强调对各条流线的区域化管理，门诊部、医技部、住院部均设置病患通道（医疗街）、医生专属通道、医护专梯、物流通道、污物通道等，各条流线相对隔离，从平面空间划分上降低不同人员相互交叉的风险，做到洁污分流、医患分流、物人分流，流线组织清晰安全。

双护理单元

标准层采用双护理单元方式，以降低住院部层数，缩短垂直传输距离，方便病患快速上下。两个病区可以共用竖向交通体，减少电梯配置数量，而且双护理单元模式可以加强同层两个病区间的联系，有利于形成大病区，为学科交叉、专业互补、人员灵活配置创造可能性。同时，这种方式还可以共享服务设施和资源，如咖啡区、备餐间、晾晒间、活动区等，提升空间的利用率。

全地下放疗中心及核医学中心

医院要求设置四组直线加速器、一组后装机、一组赛博刀以及 ECT、PET-CT 等核医学检查设备。项目从防护成本、防护可靠性、安全独立的人员流线、设备结构及层高的特殊性等方面综合考虑，将放疗中心及核医学中心独立设置于医技部西侧的花园中，并设置下沉式庭院用于后期设备的吊装进出。下沉式庭院也为地下公共空间提供阳光、绿植。设计通过专有通道及电梯使放疗中心及核医学中心与医院主街相连。

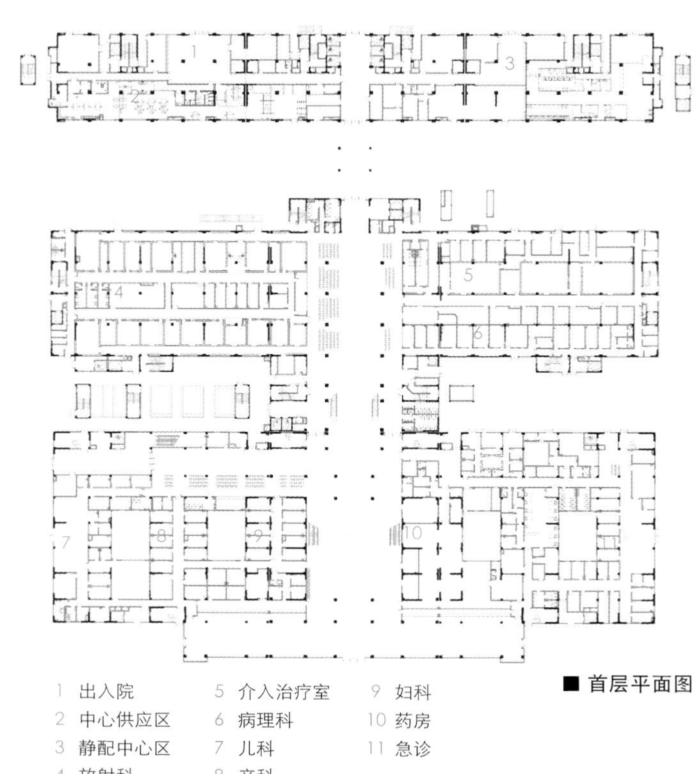

■ 首层平面图

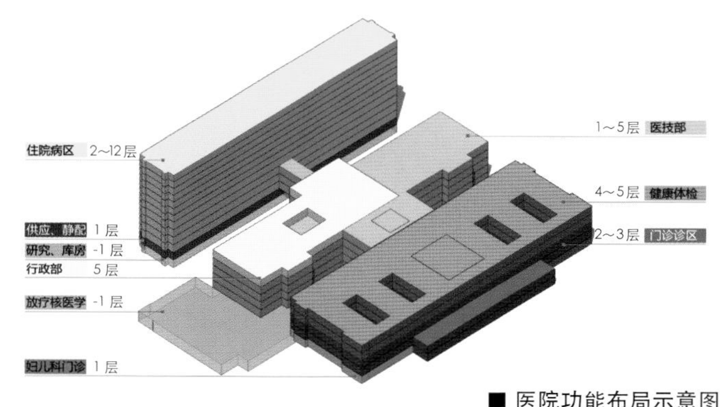

■ 医院功能布局示意图

04 / 门诊大厅天窗
05 / 抽血窗口
06 / 医疗街内部
07 / 门诊后厅内景

06

07

08 / 医疗街内景
09 / 挂号窗口等候大厅
10 / 病房内景
11 / 放疗与核医学中心内景

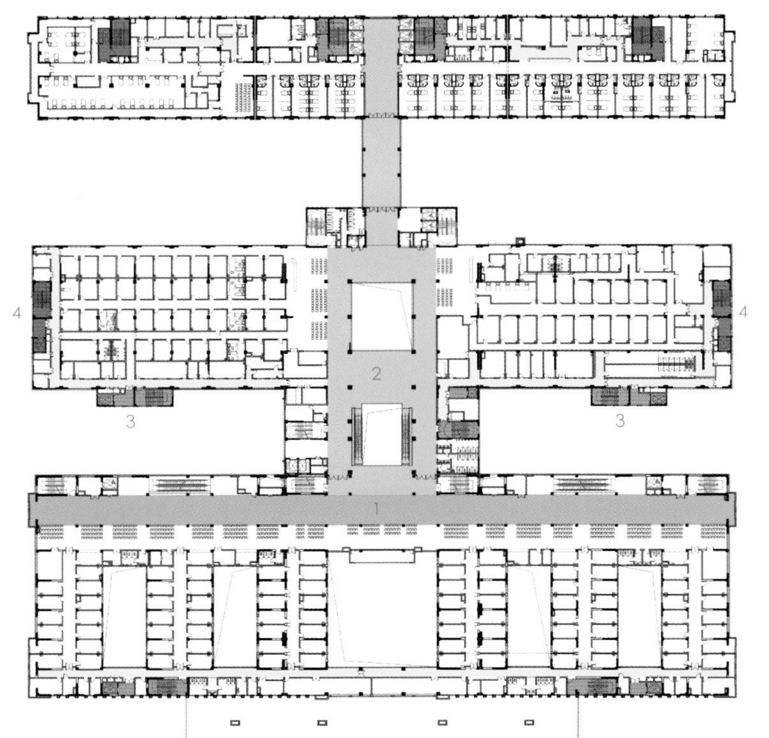

1 门诊医疗街
2 医技医疗街
3 医护专梯
4 污物专梯

■ 交通流线示意图

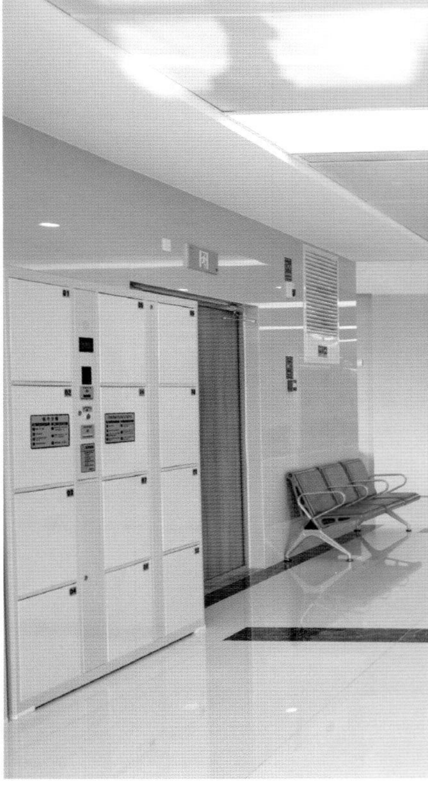

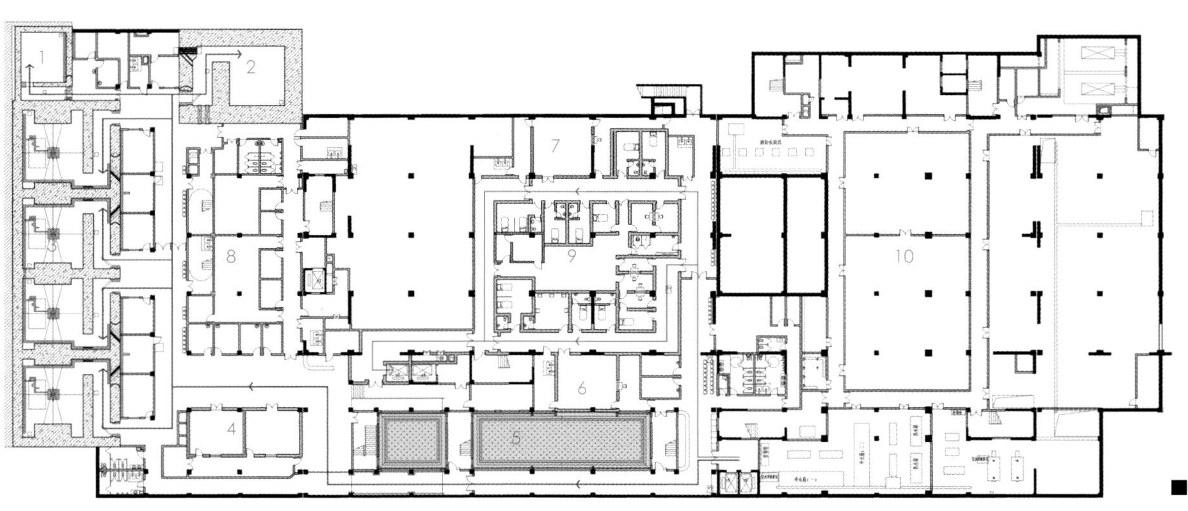

1 后装机
2 赛博刀
3 直线加速器
4 模拟 CT
5 采光井
6 ECT
7 PET-CT
8 放疗中心
9 核医学中心
10 设备用房

■ 放疗与核医学中心平面

1 晾晒区
2 污洗间
3 病房区
4 医护区
5 备餐
6 休闲区

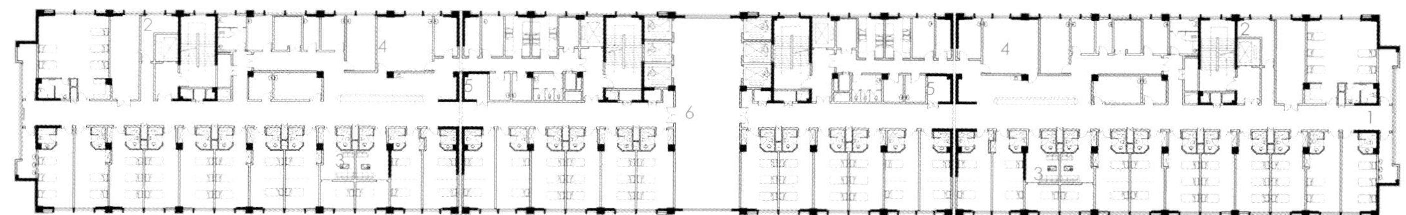

■ 标准层平面

08

09

10

11

重庆铜梁区中医院医疗综合楼

MEDICAL COMPLEX BUILDING OF TRADITIONAL CHINESE MEDICINE HOSPITAL,TONGLIANG,CHONGQING

重庆大学建筑规划设计研究总院有限公司

重庆市铜梁区中医院于 1986 年建院，为国家三级甲等中医医院。医院技术精湛，专科专病医治能力强，中医药特色优势突出，是一所集中医医疗、教学、科研、预防、保健、康复于一体的中医医院。

中医院新址位于南城街道铜大路和南北大道交界处以南，建设总用地面积 183 581 平方米，规划总建筑面积约 160 000 平方米，总编制床位 1150 床。医院分四期建设，本次设计的医疗综合楼为三期工程，用地面积 100 667 平方米，建筑面积 87 627 平方米。医疗综合楼门急诊和医技部为 3 层，住院部为 12 层，地下 1 层，建筑高度 53.1 米，日门诊接待量 1500 人次，拥有床位 866 床。

■ 总平面图

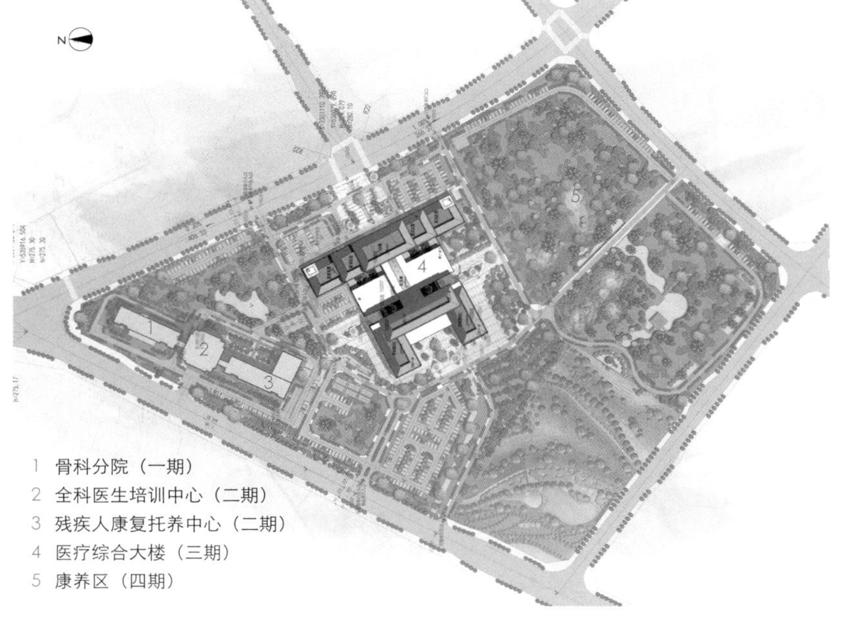

1 骨科分院（一期）
2 全科医生培训中心（二期）
3 残疾人康复托养中心（二期）
4 医疗综合大楼（三期）
5 康养区（四期）

01

重庆市 / 项目地点
2019 年 / 设计时间
预计 2020 年建成 / 建设状态
183 581 平方米（三期 100 667 平方米）/ 用地面积
87 627 平方米 / 建筑面积
866 床 / 床 位 数
1500 人次 / 日 / 门 诊 量
框架剪力墙结构 / 结构形式
地上 12 层，地下 1 层 / 层 数
王琦、卢伟、周智伟 / 总 负 责
王琦（主创）、陈潇、吴舜 / 方案团队
王琦、卢伟、余国雍、汪舒、朱凌、史昆琳、黄浚垚 / 建筑专业
甘民、李立仁、陈永庆、徐致君、李荣、于晨洋、冯蜀逸、苟英旗 / 结构专业
赵颖、潘芸芸、陈昕、李骏、罗旭、张义雄、张思杨、罗睿、廖了、龚思福、吕思颖等 / 设备专业

01 / 鸟瞰图

生态有机的整体布局

该方案围绕园林式医院的目标，结合基地的地形地貌和外部交通特征，充分考虑分期建设的需求，做出合理的分区规划和科学的交通组织，为医院顺畅的运营管理和良性的发展提供保障。

医疗综合楼的门诊、急诊、急救和体检部布置在临近东侧主干道一侧，靠近城市建成区，既为大多数市民日常就诊提供便利，又避免了对其他功能区的干扰。住院部位于基地中部，环境安静，同时又临近西侧城市主干道，方便住院病人及探视人员进出。医技部设于住院楼下方并向东侧延伸，在水平方向顺畅地连接门急诊部，在垂直方向便捷地承接住院部流线。这一布局方案将各部分功能有机叠合、高效集约，极大地缩短了各部门之间的距离，充分发挥了医技部作为现代医院核心部门的积极作用，从而提高了医院的运行效率。

“三维十字”的空间结构

为了达到分区合理、使用高效、流线清晰、导向明确的目标，该方案引入了十字形医疗街作为空间骨架。纵向医院街序列为:门诊入口大厅—医疗中庭—住院入口大厅，将门诊、医技、住院三大板块有机串联、高效集约；横向医疗街以门诊部与医技部的连接处为中心分别向两侧伸展，将各个门急诊科室的候诊区联系起来，使沿医疗街布置的科室导向明确、动静分区合理。同时，建筑的竖向交通围绕十字形医疗街三维展开，医技中心以纵向医院街和医疗中庭为核心布置多组自动扶梯，方便患者在不同楼层的门诊和医技部门之间往来；门诊部则以横向医院街为轴分区布置多组垂直交通体，将门诊不同科室竖向连接，提供通往其他楼层门诊科室和医技中心的便捷通道。这种三维十字形空间结构，提高了医疗效率，节约了建筑用地，也为未来留出了更多的拓展空间。

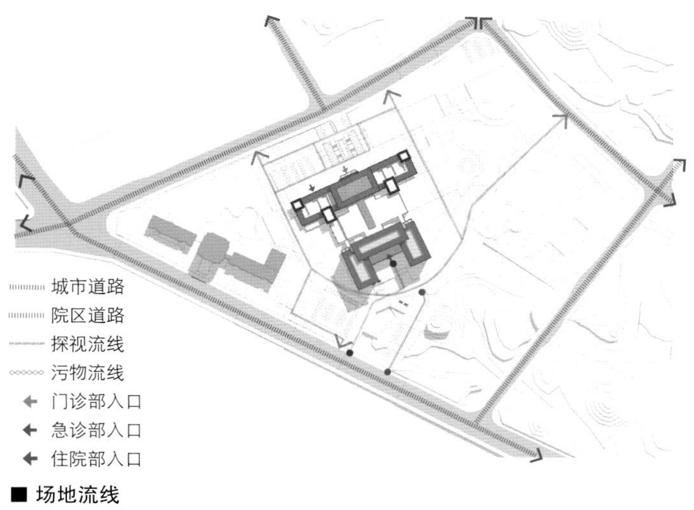

■ 场地流线

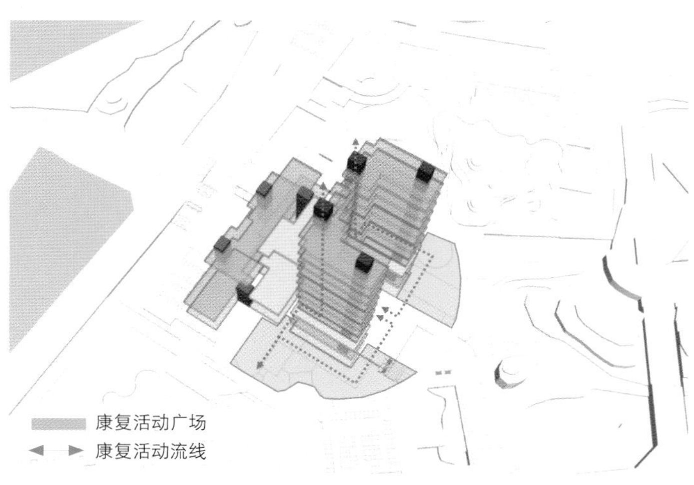

■ 康复活动场地

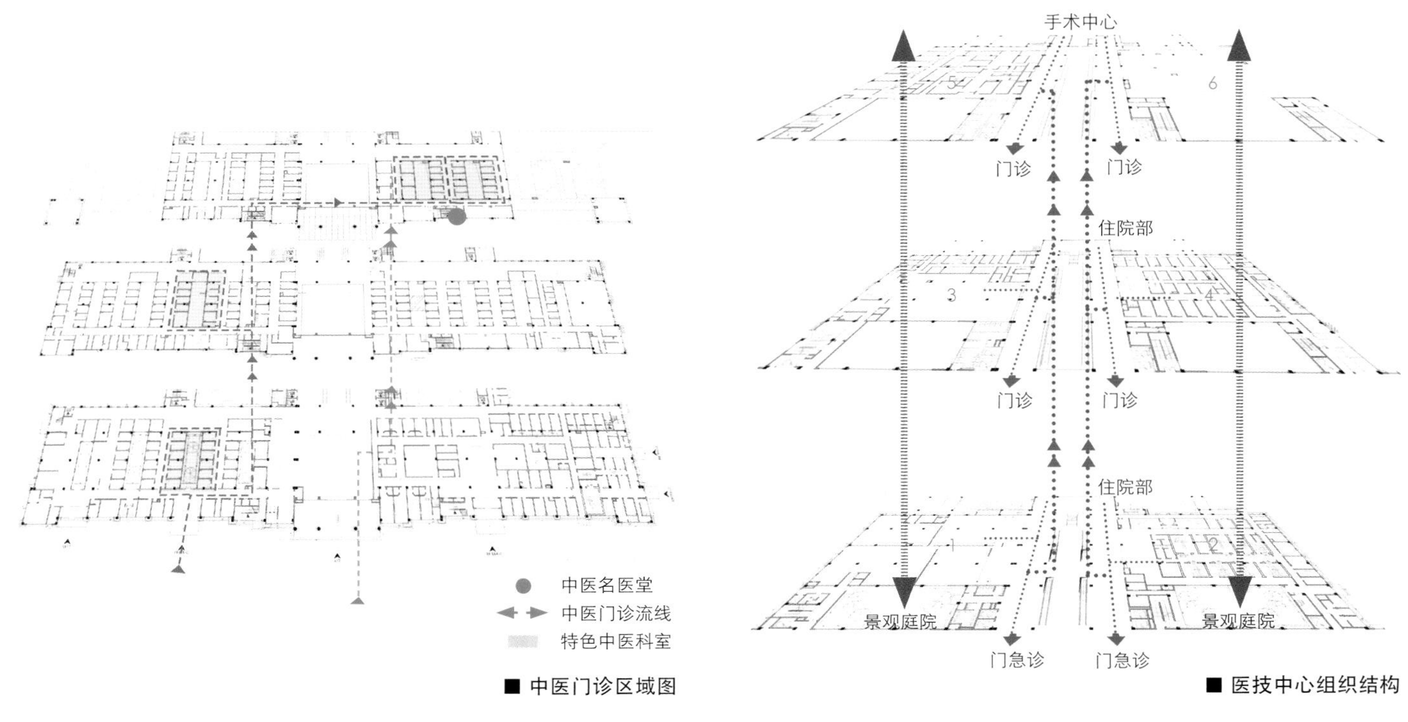

■ 中医门诊区域图

■ 医技中心组织结构

02

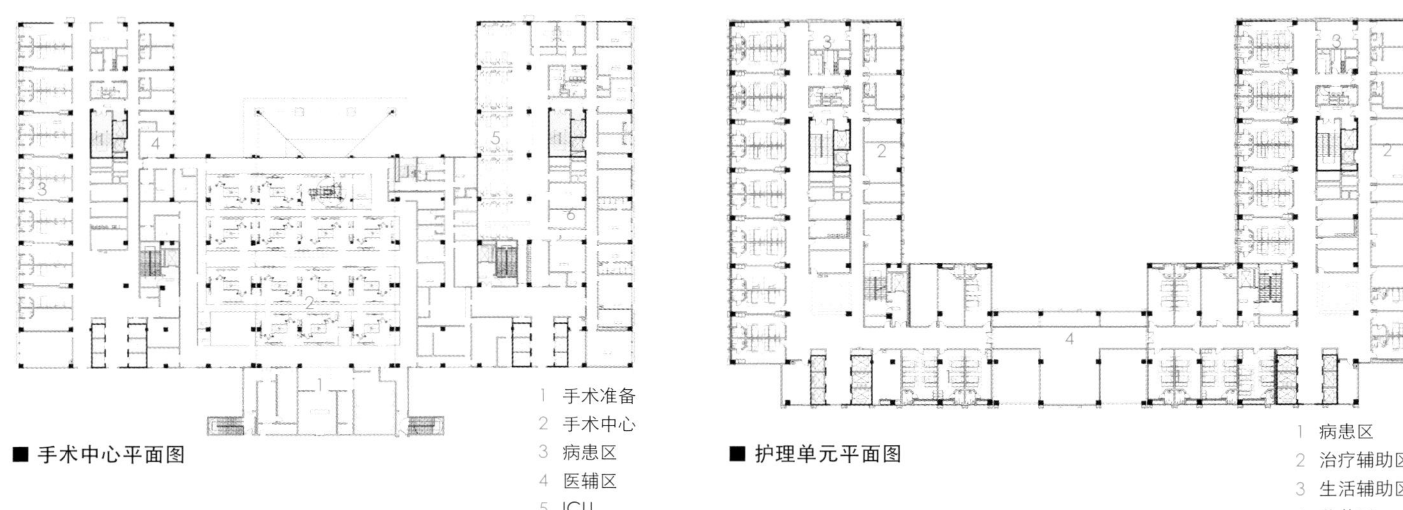

■ 手术中心平面图

1 手术准备
2 手术中心
3 病患区
4 医辅区
5 ICU
6 医辅区

■ 护理单元平面图

1 病患区
2 治疗辅助区
3 生活辅助区
4 公共区

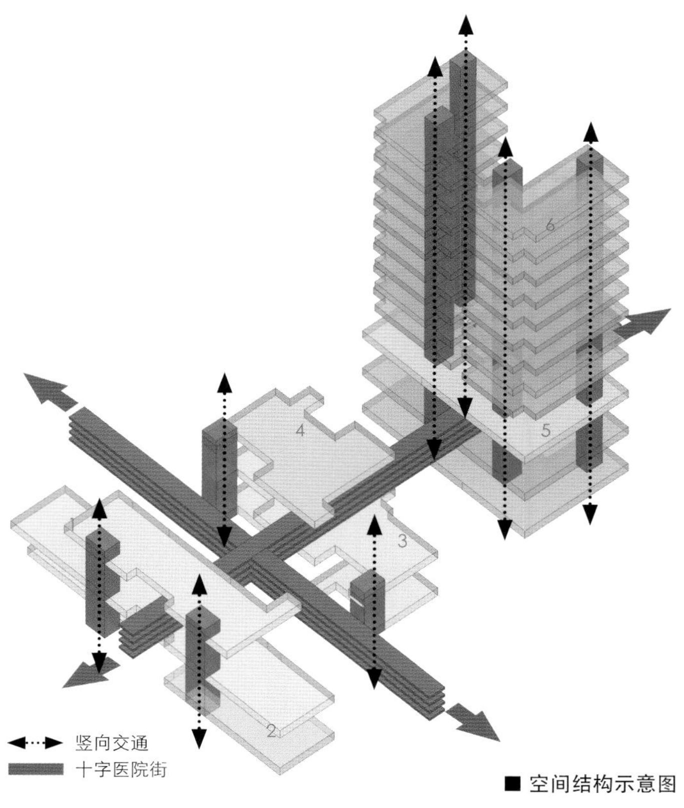

■ 空间结构示意图

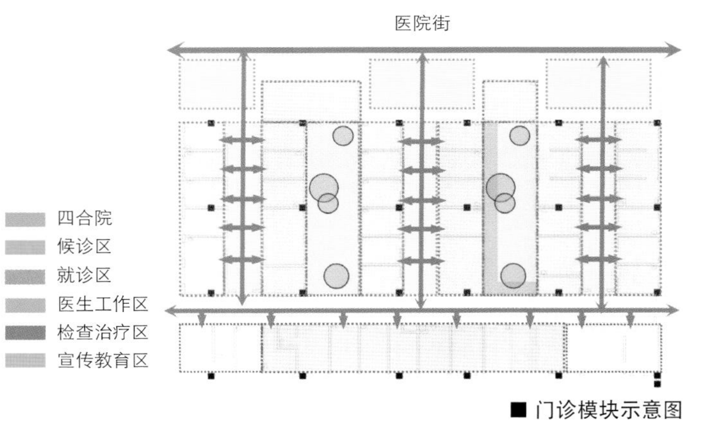

■ 门诊模块示意图

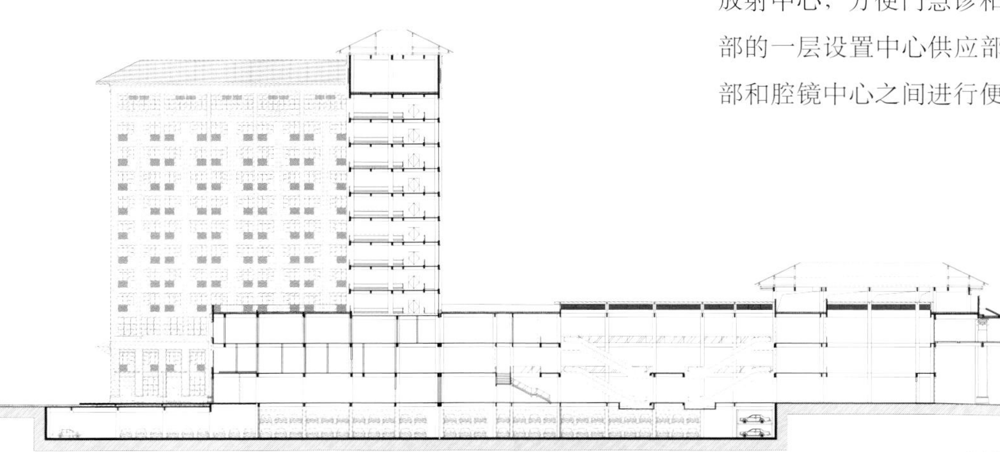
■ 剖面图

灵活通用的门诊单元

为实现功能的通用性和布局的灵活性，门诊区采用标准化的单元式模块。门诊单元采用四合院的围合式空间布局，并进行分段式功能切分——将靠近医院街的前段作为一次候诊区和分诊区，该区分别对应若干组纵向内廊；中段作为二次候诊及就诊区，通过具备二次候诊功能的内廊对接各个诊室；尾段作为检查治疗区和医生工作区，通过二次候诊内廊衔接就诊患者。两两门诊单元之间设有四合院，为相邻诊室和走廊提供了良好的采光和通风，营造了健康的就医及工作环境。这种模块化的单元规模适中，能满足一般科室的面积要求，对于较大的科室可采取两个单元合并及去除中间走廊形成大空间的方式，满足面积及空间尺度要求，如合并为口腔科。同时，标准单元在科室调整上也具备灵活性，为后期改造提供了充足的条件。

多方协同的医技中心

医技中心作为核心被布置于门急诊部与住院部之间的一至三层，依托纵向医疗街和医疗中庭，高效地服务于门诊部与住院部。医技中心在一层纵向医疗街的两侧布置了中西药房和放射中心，方便门急诊和住院部的高频率使用；在南侧住院部的一层设置中心供应部，通过洁梯和污梯在手术部、住院部和腔镜中心之间进行便捷的洁污物品传递。由于医技中心

04 / 主入口透视图

的检验科和功能检查科在全院医技中心中的使用频率最高，因此这两个科室被设置于二层的医疗中庭两侧。产房被设置在三楼的医疗中庭南侧，而手术中心被设置在两栋住院楼之间，以方便对接产科病房和普通病房。

流程清晰的手术中心

手术中心位于住院部两栋住院楼之间的三楼，能够很好地兼顾两栋住院楼的手术病人以及东侧急诊部的急诊手术病人，并能做到同层衔接 ICU。手术室布局规整，洁污分区合理，流线组织科学，感染控制严格。通过流线的设计，两栋病房楼的手术病人和需要利用手术中心的急诊手术病人通过东侧连廊汇集到手术中心入口区，再通过换床区后进入手术中心的洁净走廊；医辅人员通过北侧专用的卫生通过区后直达手术中心的洁净走廊；术后病人根据需要可以选择回病房或经连廊到重症监护室，医辅人员则原路返回。手术中心设无菌物品库，通过专用电梯连接中心供应室，而术后污物则通过连通每间手术室的专用污物走廊收集打包后，集中运至地下室暂存间或至一层中心供应室处理。

花园连廊的护理单元

为了控制建筑高度并减小垂直交通的压力，结合基地条件和最佳朝向，住院部分两栋楼设计。各栋住院楼每层为一个护理单元，两个护理单元间通过空中花园式的连廊彼此相连，必要时两栋楼可以组成较大的同层联合护理单元。护士站介于医辅区和病患区之间，并以其为核心构成高效的护理工作群。护理单元内部分区明确、流线清晰、护理距离较短，并能有效监管公共区域特别是电梯厅，同时紧邻治疗室和抢救室，方便护理。医辅专用区域与病患区彼此分隔，做到互不干扰而又各自方便。护理单元兼顾各类使用者的舒适性，最大化采用自然采光通风，使人员停留的主要房间能够获得充足的日照。中间连廊开敞通透，视野极佳，可进行花园式的绿化布置，为住院病人提供不一样的空中体验及高品质的康复环境。

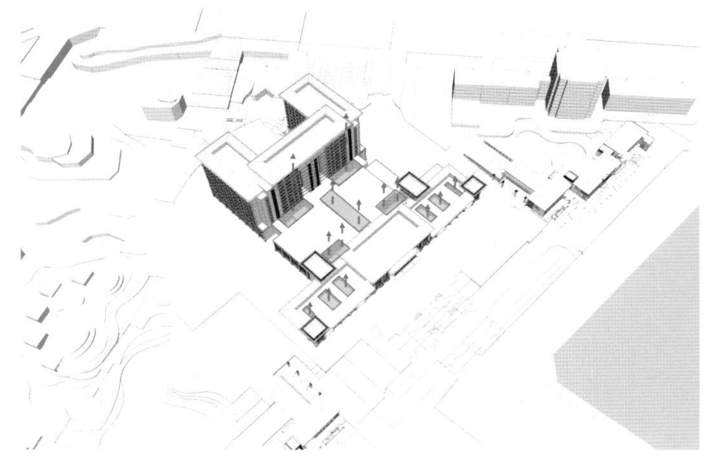

■ 四合院分布图

院落精神的空间表达

设计基于对中国传统民居、园林等建筑与空间的理解，结合对现代中医院医疗模式的分析，认为采用具有典型的“合院式”建筑形式作为建筑布局和构型的母题，更能适合中医院的功能组织并契合精神内涵。因此，该方案从总体规划到单体建筑设计，都贯彻了庭院式布局的设计思想。门急诊部通过一个个门诊单元的组合形成了多个小型四合院，为诊室提供了采光通风的有利条件；医技中心作为连接门诊与住院部的核心，通过医疗街的切割产生了四个中型庭院，为大尺度的建筑空间提供了健康的保证；住院部两栋病房楼各呈 L 形，L 形的短肢通过空中连廊彼此连接，构成了 U 形围合关系，成为大型的庭院，间接呼应了中式传统的三合院。这些大大小小的庭院，为建筑带来了功能上的好处，也体现了传统的院落精神，巧妙地回应了设计主题。

04

晋煤集团总医院改扩建项目

JINCHENG GENERAL HOSPITAL RECONSTRUCTION

重庆大学建筑规划设计研究总院有限公司

晋煤集团总医院是山西医科大学附属医院。医院现有开放床位 650 床，改扩建工程完成后，晋煤集团总医院将拥有 2000 张床位，成为具有门急诊、住院、疾控、康复四大功能的标准三级甲等综合医院。

一期改扩建工程的用地约为 137 011 平方米，总建筑面积 214 383 平方米，其中既有建筑改造约 70 000 平方米，新建筑约 140 000 平方米，包括门急诊楼、内科楼、科研教学楼、传染科楼、疾控中心、职防所等。二期康养区计划用地 166 666 平方米，建筑面积 39 000 平方米。

■ 总平面图

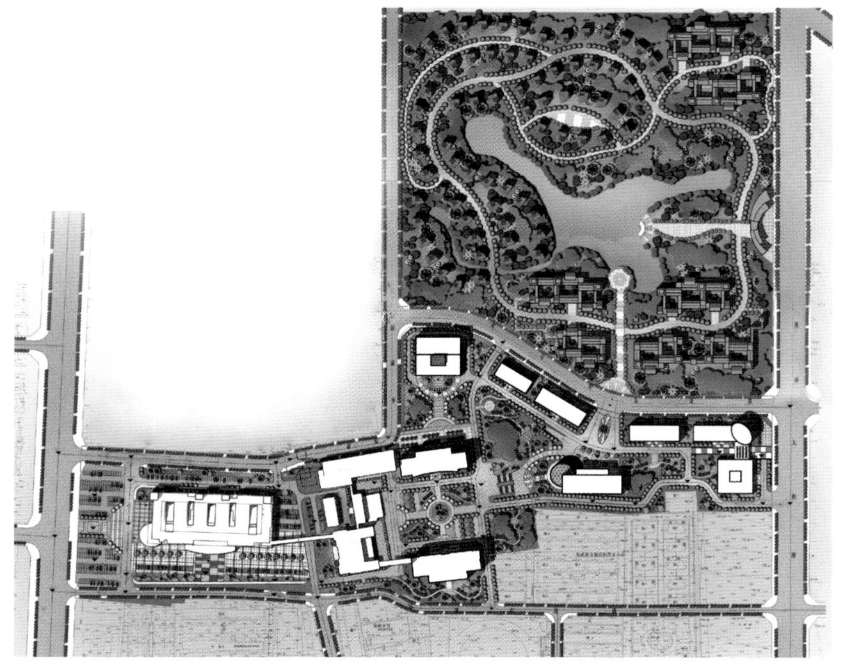

01

山西省晋城市 / 项目地点
2012 年 / 设计时间
一期门急诊 2016 年建成、内科楼完成初步设计 / 建成时间
137 011 平方米 / 用地面积
214 383 平方米（一期 42 000 平方米）/ 建筑面积
住院 1500 床、康复 500 床 / 床 位 数
周智伟、魏宏杨、戴志中、梁路 / 总 负 责
周智伟（主创）、梁路、朱凌、王旭光、黄诗媛、龚怡欣、寇宗捷 / 方案团队
周智伟、梁路、罗丽娟、朱凌、李洁、卢伟、李泓键 / 建筑专业
周晓雪、王七林、龙莉萍、李立仁、崔佳、崔艳、陈果 / 结构专业
吴宁、赵颖、陈昕、张义雄、黄世清、张小虎、李骏、张林、姚加飞、龚思福、谭文波、罗睿、吕思颖 / 设备专业

01 / 鸟瞰图

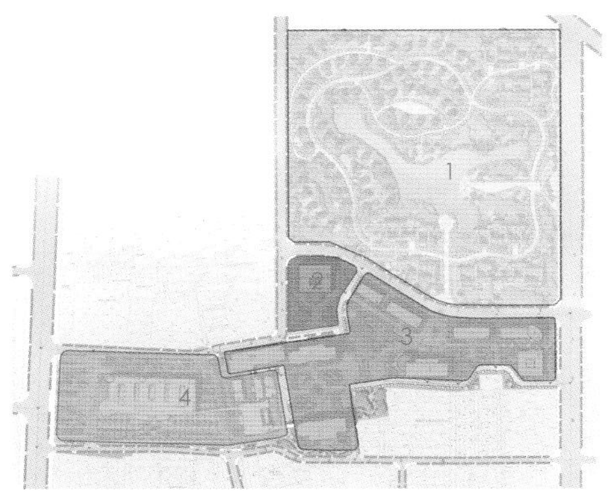

1 疗养区
2 行政办公区
3 住院楼、专科楼
4 及辅助用房
5 门诊医技区

■ 功能分区图

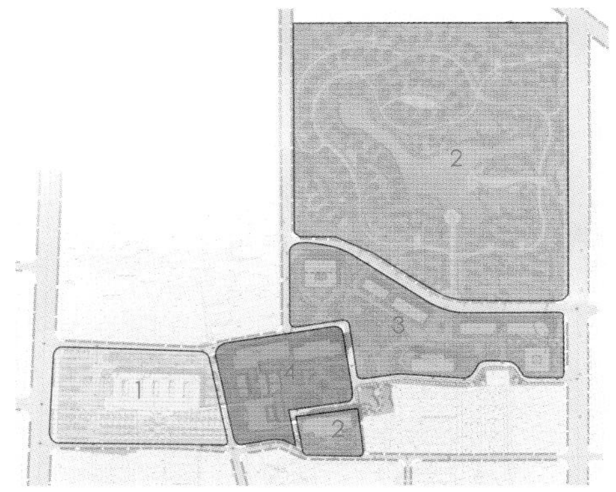

1 一期
2 二期
3 三期
4 既有建筑

■ 建设分期图

科学合理的总体规划

基地南部设置医疗区、新门急诊楼、医技大楼（老门诊改建）、外科楼（老建筑）以及内科楼，整合形成医疗核心区，北部新增用地用于建设康复疗养区。医疗核心区的各个建筑通过空中景观连廊相连，并按照“人车分流、步行优先、洁污分流、医患分流”的原则有序地组织复杂的功能及流线。改扩建工程分三期进行：一期建设门急诊楼及其配套设施，二期建设内科楼、康复中心，三期建设疾控中心、四个专科中心及后勤保障用房等。

高效便捷的门急诊模块

门急诊楼总建筑面积为 42 300 平方米（不含地下车库），地上 5 层，地下 1 层，高度 23 米。门诊主入口设在基地南侧，面向景观广场，西侧分别设置儿科、产科入口，北侧设置急救、急诊部入口，车辆到达方便快捷，同时也可避开南侧和西侧的人流密集区域，道路右侧停靠流线顺畅，设有足够的车辆紧急停靠位置，满足大型矿难发生时的应急抢救需要。建筑东北侧角落为发热门诊、肠道门诊的专用出入口，位置隐蔽，便于确诊后迅速隔离转移；体检入口设于东南面，靠近医技楼一侧；医护出入口在东侧，方便与院区其他功能区的联系；负一层为影像中心（放射科），通过地下通道与东侧医技楼（改建）连为一体。

门急诊各部分空间通过南向庭院构成一个联系紧密的有机整体，交通流线和功能布置清晰明了。内庭院及绿化平台给建筑带来更多的自然景观及自然采光通风。

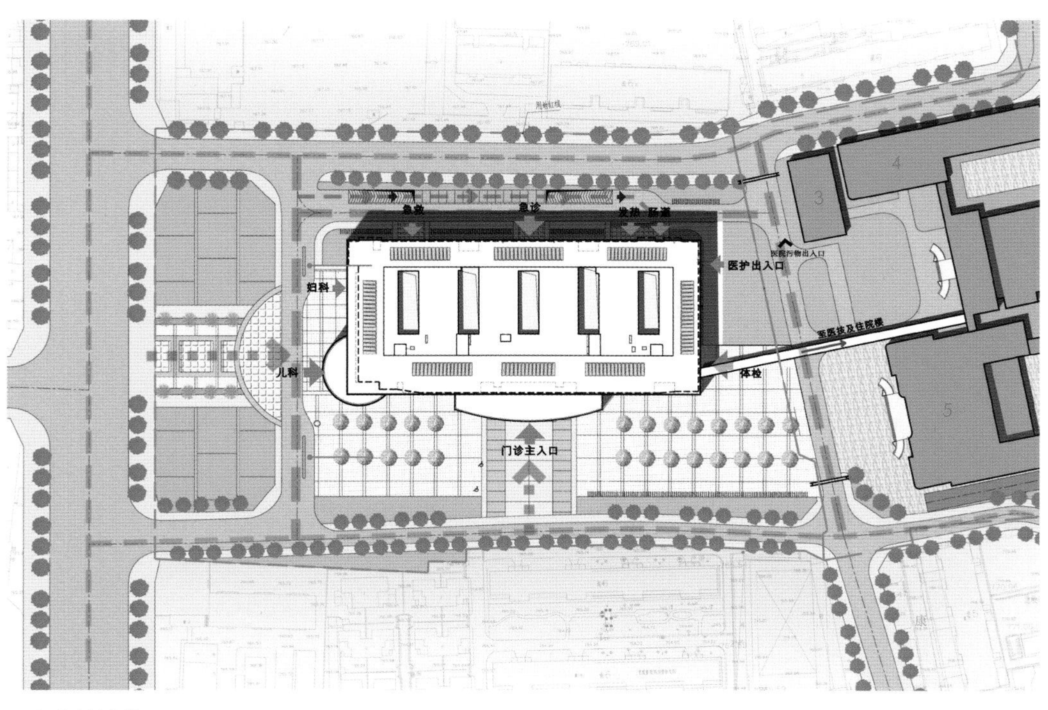

1 地下车库入口
2 地下车库出口
3 污水站
4 住院楼
5 医技楼（原门诊楼）

人行流线
车行流线
市政道路
既有建筑

■ 门急诊楼总平面图

02 / 南侧实景
03 / 门诊主入口
04 / 东侧实景

03

04

05 / 西北侧实景
06 / 门诊内景 1
07 / 门诊内景 2

功能完备的护理单元

内科楼建筑面积 31 407 平方米，有 850 张床位，地上 17 层，地下 1 层。标准层护理单元面积 1944 平方米，正常运行时拥有床位 54 床，但病房内设施按三人间设计，保证在特殊时期床位可增加至 72 床，避免出现在过道加床的情况。考虑到后续发展，病房还可以转换成更多单人间，使护理单元床位数减至 40 床，从而提高医疗服务质量和档次。

标准层护士站设于中部电梯厅入口处，以便对每个病房有最佳的监护视线和最短的服务距离。医疗辅助部分自成一区，进入该区域需经过护士站，或通过医疗辅助区两端的刷卡机（外出不受限制）。病房被布置在最佳朝向，东西两侧设置晾晒及私密休息区，主要房间及公共空间均为自然通风采光。

病患及探视人员从南面主入口进入病房楼，通过主要电梯进入各层病房；医护人员及供应物品从北面出入口通过医护供应电梯进入到各层；污物则从护理单元东面的污梯运送到一层的污物出口，再到太平间及洗衣房或者直接到地下一层装车运走。

05

06

07

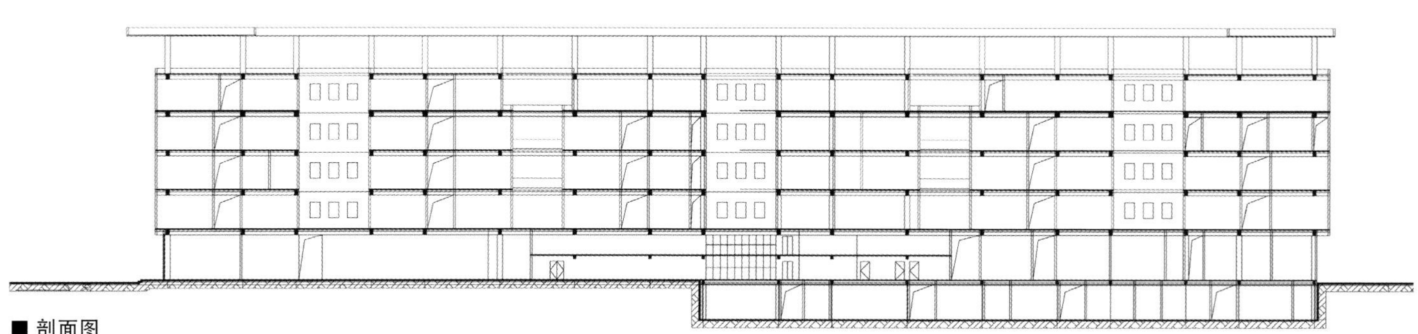

■ 剖面图

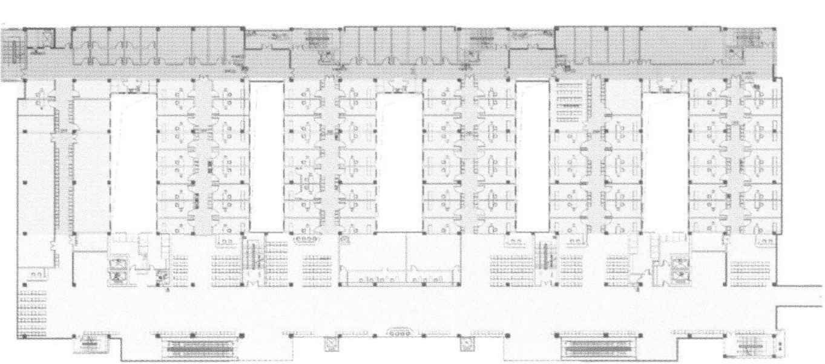

就诊区　　检查治疗区（医生工作区）

一次候诊区　　二次候诊区

■ 功能分区

病患流线

医护流线

■ 医护流线

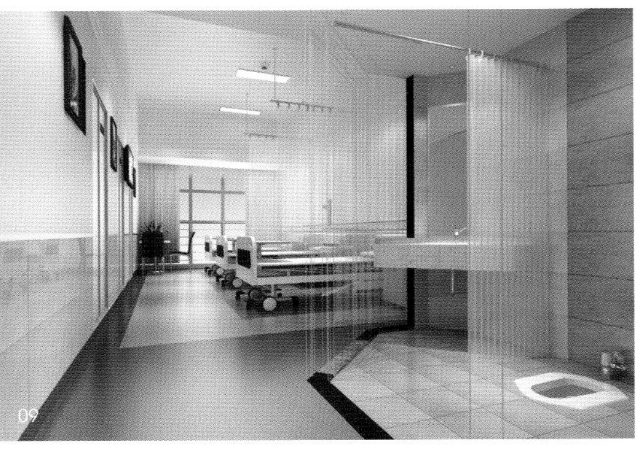

08 / 护士站
09 / 三人间
10 / 门诊共享空间

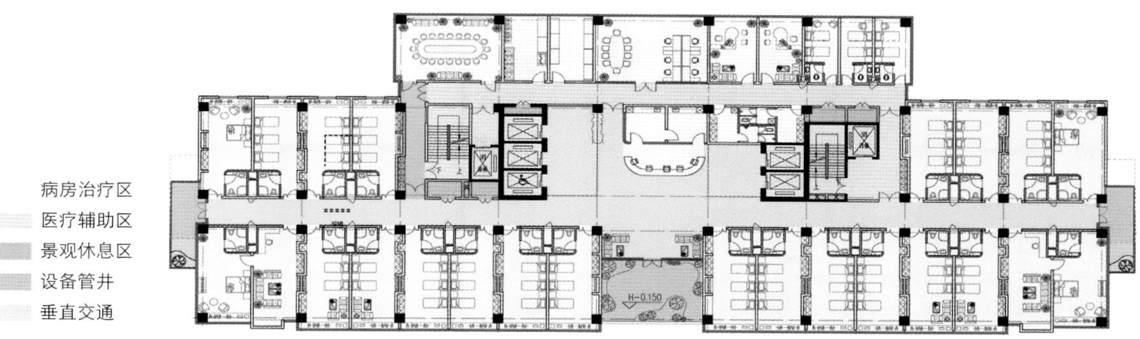

■ 标准层平面图

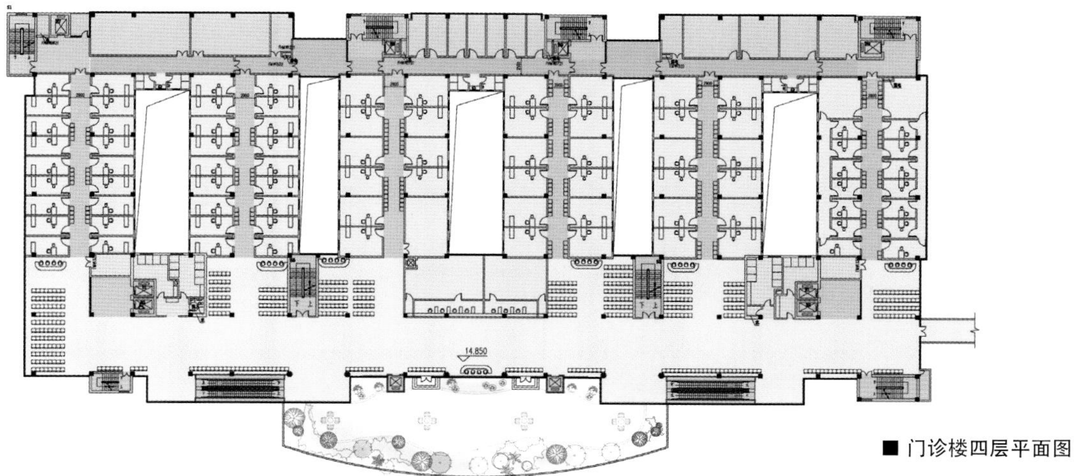

■ 门诊楼四层平面图

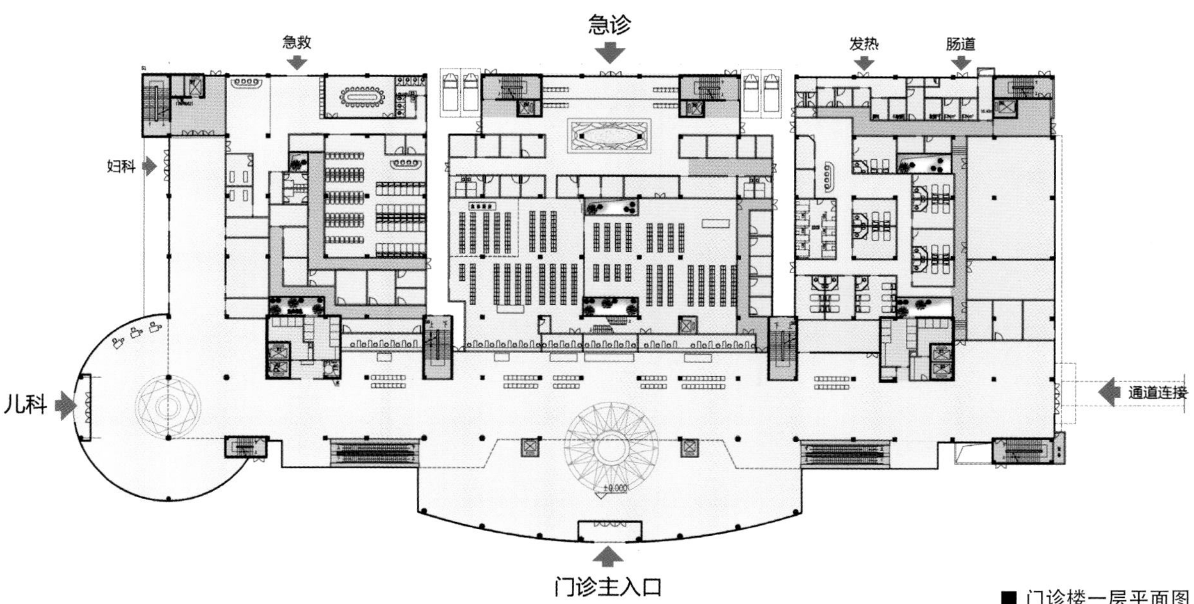

■ 门诊楼一层平面图

PROJECTS OVERVIEW
七校设计院优秀医疗项目总览

清华大学长庚医院一期工程

设计公司：清华大学建筑设计研究院有限公司
项目地点：北京市
建筑规模：147 000 平方米
设计 / 建成：2009 年 /2014 年
床位数：1000 床

北京老年医院

设计公司：清华大学建筑设计研究院有限公司
项目地点：北京市
建筑规模：36 643 平方米
设计 / 建成：2011 年 /2017 年
床位数：400 床

徐州市中心医院新城区分院一期工程

设计公司：清华大学建筑设计研究院有限公司
项目地点：江苏省徐州市
建筑规模：147 868 平方米
设计 / 建成：2010 年 /2017 年
床位数：500 床

丹东市第一医院（一期工程）

设计公司：清华大学建筑设计研究院有限公司
项目地点：辽宁省丹东市
建筑规模：29 941 平方米
设计 / 建成：2005 年 /2008 年
床位数：333 床

承德医学院附属新城医院

设计公司：清华大学建筑设计研究院有限公司
项目地点：河北省承德市
建筑规模：122 985 平方米
设计 / 建成：2009 年 /2016 年
床位数：1200 床

徐州市中心医院内科医技大楼

设计公司：清华大学建筑设计研究院有限公司
项目地点：江苏省徐州市
建筑规模：64 800 平方米
项目时间：2010 年 /2016 年
床位数：1000 床

清华大学玉泉医院

设计公司：清华大学建筑设计研究院有限公司
项目地点：北京市
建筑规模：32 300 平方米
设计 / 建成：2010 年 /2015 年
床位数：500 床

中国中医科学院望京新门诊楼

设计公司：清华大学建筑设计研究院有限公司
项目地点：北京市
建筑规模：26 000 平方米
设计 / 建成：2006 年 /2009 年
床位数：800 床

徐州三胞国际医院

设计公司：清华大学建筑设计研究院有限公司
项目地点：江苏省徐州市
建筑规模：254 000 平方米
设计 / 建成：2013 年 /2016 年
床位数：1500 床

北京大学第三医院北戴河分院

设计公司：清华大学建筑设计研究院有限公司
项目地点：河北省秦皇岛市
建筑规模：250 000 平方米
设计 / 建成：2017 年 / 在建
床位数：1200 床

海北州中藏医康复中心

设计公司：清华大学建筑设计研究院有限公司
项目地点：青海省海北州
建筑规模：30 000 平方米
设计 / 建成：2017 年 / 在建
床位数：300 床

定州市人民医院门诊、医技、病房综合楼

设计公司：天津大学建筑设计研究院
项目地点：河北省定州市
建筑规模：123 000 平方米
设计 / 建成：2013 年 / 2017 年
床位数：800 床

衡阳市中心医院

设计公司：天津大学建筑设计研究院
项目地点：湖南省衡阳市
建筑规模：160 000 平方米
设计 / 建成：2009 年 / 2018 年
床位数：1500 床

武清区第二人民医院

设计公司：天津大学建筑设计研究院
项目地点：天津市
建筑规模：47 691 平方米
设计 / 建成：2014 年 / 2018 年
床位数：400 床

天津医科大学附属肿瘤医院住院楼改造工程

设计公司：天津大学建筑设计研究院
项目地点：天津市
建筑规模：30 614 平方米
设计 / 建成：2004 年 / 2006 年
床位数：943 床

天津市医科大学代谢病医院天津医科大学朱宪彝纪念医院

设计公司：天津大学建筑设计研究院
项目地点：天津市
建筑规模：120 000 平方米
设计 / 建成：2012 年 / 2018 年
床位数：1200 床

潍坊市中医院

设计公司：天津大学建筑设计研究院
项目地点：山东省潍坊市
建筑规模：40 160 平方米
设计 / 建成：2004 年 / 2006 年
床位数：600 床

包头市中心医院北梁医院

设计公司：天津大学建筑设计研究院
项目地点：内蒙古自治区包头市
建筑规模：130 000 平方米
项目时间：2015 年 / 在建
床位数：950 床

珙县中医院和县妇幼保建计生服务中心

设计公司：天津大学建筑设计研究院
项目地点：四川省宜宾市
建筑规模：86 000 平方米
设计 / 建成：2015 年 / 在建
床位数：560 床

北京市昌平区中西医结合医院住院部

设计公司：天津大学建筑设计研究院
项目地点：北京市昌平区
建筑规模：27 800 平方米
设计 / 建成：2017 年 / 在建
床位数：505 床

天津静海疾控管中心

设计公司：天津大学建筑设计研究院
项目地点：天津市
建筑规模：7100 平方米
设计 / 建成：2016 年 / 在建

承德兴隆县中医院

设计公司：天津大学建筑设计研究院
项目地点：河北省承德市
建筑规模：50 000 平方米
设计 / 建成：2017 年 / 在建
床位数：400 床

天津市滨海妇儿保健中心及新北街社区卫生服务中心

设计公司：天津大学建筑设计研究院
项目地点：天津市
建筑规模：22 000 平方米
设计 / 建成：2013 年 / 2017 年
床位数：50 床

天津市武警医院

设计公司：天津大学建筑设计研究院
项目地点：天津市
建筑规模：150 000 平方米
设计 / 建成：2013 年 / 在建
床位数：1000 床

天津滨海新区公共卫生服务中心

设计公司：天津大学建筑设计研究院
项目地点：天津市
建筑规模：29 500 平方米
设计 / 建成：2013 年 / 2016 年

巩义市人民医院

设计公司：天津大学建筑设计研究院
项目地点：河南省巩义市
建筑规模：14 000 平方米
项目时间：2013 年
床位数：1200 床

姜堰市中医院

设计公司：东南大学建筑设计研究院有限公司
建设地点：江苏省泰州市
建筑面积：33 000 平方米
设计 / 建成：2009 年 /2011 年
床位数：450 床

姜堰市人民医院

设计公司：东南大学建筑设计研究院有限公司
建设地点：江苏省泰州市
建筑面积：40 000 平方米
设计 / 建成：2006 年 /2011 年
床位数：500 床

如皋人民医院

设计公司：东南大学建筑设计研究院有限公司
建设地点：江苏省南通市
建筑面积：52 000 万平方米
设计 / 建成：2009 年 / 2013 年
床位数：500 床

武进第二人民医院

设计公司：东南大学建筑设计研究院有限公司
建设地点：江苏省常州市
建筑面积：37 000 平方米
设计 / 建成：2010 年 / 2013 年
床位数：500 床

南通大学附属医院门诊楼

设计公司：东南大学建筑设计研究院有限公司
建设地点：江苏省南通市
建筑面积：40 000 平方米
设计 / 建成：2016 年 /2019 年
床位数：500 床

南京医科大学附属口腔医院扩建项目

设计公司：东南大学建筑设计研究院有限公司
建设地点：江苏省南京市
建筑面积：44 000 平方米
设计 / 建成：2013 年 /2019 年
床位数：500 床

江苏省妇幼保健医院

设计公司：东南大学建筑设计研究院有限公司
建设地点：江苏省南京市
建筑面积：62 000 万平方米
设计 / 建成：2014 年 /2017 年
床位数：900 床

南京市残疾人康复中心

设计公司：东南大学建筑设计研究院有限公司
建设地点：江苏省南京市
建筑面积：40 000 平方米
设计 / 建成：2015 年 /2019 年
床位数：400 床

江苏省肿瘤医院改扩建工程

设计公司：东南大学建筑设计研究院有限公司
建设地点：江苏省南京市
建筑面积：16 000 平方米
设计 / 建成：2017 年 / 设计中
床位数：800 床

南京公共卫生医疗中心

设计公司：东南大学建筑设计研究院有限公司
建设地点：江苏省南京市
建筑面积：11 000 平方米
设计 / 建成：2013 年 /2017 年
床位数：1000 床

南京鼓楼医院仙林国际医院

设计公司：东南大学建筑设计研究院有限公司
建设地点：江苏省南京市
建筑面积：104 616 平方米
设计 / 建成：2006 年 /2013 年
床位数：600 床

苏州市第九人民医院

设计公司：同济大学建筑设计研究院（集团）有限公司
项目地点：江苏省苏州市
建筑规模：296 083 平方米
设计 / 建成：2014 年 /2019 年
床位数：2000 床

上海市第一人民医院改扩建工程

设计公司：同济大学建筑设计研究院（集团）有限公司
项目地点：上海市
建筑规模：47 735 平方米
设计 / 建成：2012 年 /2017 年
床位数：300 床

中国医学科学院肿瘤医院深圳医院改扩建二期工程

设计公司：同济大学建筑设计研究院（集团）有限公司
项目地点：广东省深圳市
建筑规模：22 000 平方米
设计 / 建成：2019 年 / 设计中
床位数：1200 床

青岛市市民健康中心

设计公司：同济大学建筑设计研究院（集团）有限公司
项目地点：山东省青岛市
建筑规模：318 000 平方米
设计／建成：2015 年／在建
床位数：3000 床

湖南三博脑科医院

设计公司：同济大学建筑设计研究院（集团）有限公司
项目地点：湖南省长沙市
建筑规模：98 000 平方米
设计／建成：2018 年／设计中
床位数：620 床

复旦大学附属妇产科医院青浦分院

设计公司：同济大学建筑设计研究院（集团）有限公司
项目地点：上海市
建筑规模：68 000 平方米
设计／建成：2018 年／设计中
床位数：500 床

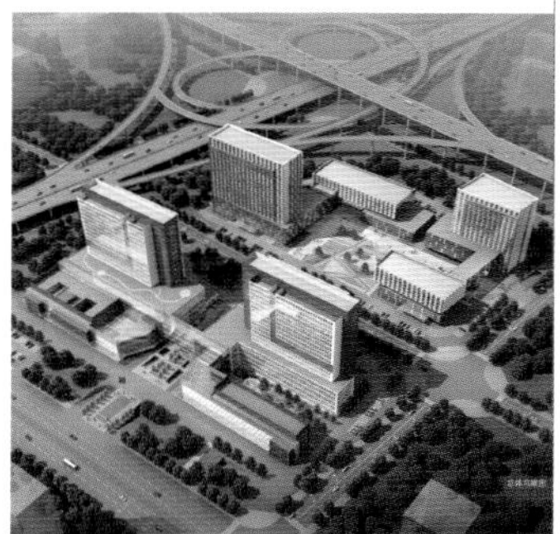

洛阳正骨医院郑州医院科研教学综合楼

设计公司：同济大学建筑设计研究院（集团）有限公司
项目地点：河南省洛阳市
建筑规模：68 000 平方米
设计／建成：2017 年／在建
床位数：687 床

大连市高新园区综合医院建设项目

设计公司：同济大学建筑设计研究院（集团）有限公司
项目地点：辽宁省大连市
建筑规模：15 000 平方米
设设计／建成：2017 年／在建
床位数：1200 床

沣东（新城）国际医院

设计公司：同济大学建筑设计研究院（集团）有限公司
项目地点：陕西省西安市
建筑规模：300 000 平方米
设计／建成：2015 年／在建
床位数：2240 床

沂源县人民医院新院

设计公司：同济大学建筑设计研究院（集团）有限公司
项目地点：山东省淄博市
建筑规模：120 000 平方米
设计／建成：2016 年／在建
床位数：1200 床

成都中医药大学附属医院

设计公司：同济大学建筑设计研究院（集团）有限公司
项目地点：四川省成都市
建筑规模：150 000 平方米
设计／建成：2016 年／在建
床位数：1200 床

深圳市龙岗中心医院外科综合楼与整体规划

设计公司：同济大学建筑设计研究院（集团）有限公司
项目地点：广东省深圳市
建筑规模：49 000 平方米
设计／建成：2018 年／设计中
床位数：2000 床

上海市第一人民医院眼科临床诊疗中心项目

设计公司：同济大学建筑设计研究院（集团）有限公司
项目地点：上海市
建筑规模：108 000 平方米
设计／建成：2017 年／在建
床位数：600 床

湖南妇女儿童医院

设计公司：同济大学建筑设计研究院（集团）有限公司
项目地点：湖南省长沙市
建筑规模：140 000 平方米
设计 / 建成：2015 年 / 在建
床位数：1050 床

连云港市新建妇幼保健中心

设计公司：同济大学建筑设计研究院（集团）有限公司
项目地点：江苏省连云港市
建筑规模：70 000 平方米
设计 / 建成：2015 年 / 在建
床位数：600 床

云南省第一人民医院经开区医院

设计公司：同济大学建筑设计研究院（集团）有限公司
项目地点：云南省昆明市
建筑规模：105 000 平方米
设计 / 建成：2015 年 / 在建
床位数：1200 床

青岛市残疾人康复中心

设计公司：同济大学建筑设计研究院（集团）有限公司
项目地点：山东省青岛市
建筑规模：100 000 平方米
设计 / 建成：2014 年 / 在建
床位数：800 床

滇南中心医院

设计公司：同济大学建筑设计研究院（集团）有限公司
项目地点：云南省红河哈尼族彝族自治州
建筑规模：390 000 平方米
设计 / 建成：2014 年 / 在建
床位数：2000 床

江苏盛泽医院三期

设计公司：同济大学建筑设计研究院（集团）有限公司
项目地点：江苏省苏州市
建筑规模：86 000 平方米
设计 / 建成：2014 年 / 在建
床位数：800 床

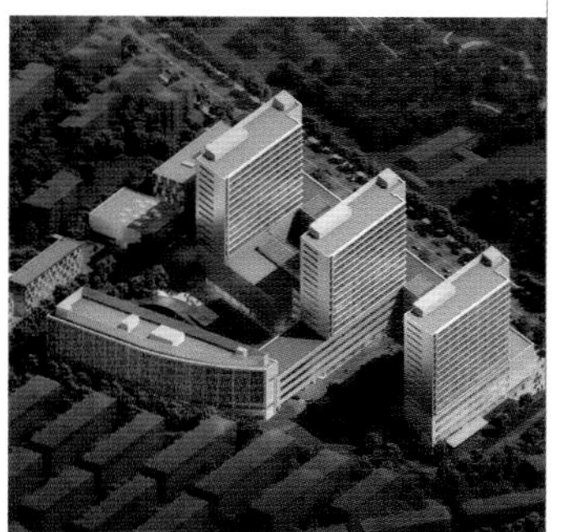

徐汇南部医疗中心

设计公司：同济大学建筑设计研究院（集团）有限公司
项目地点：上海市
建筑规模：229 500 平方米
设计 / 建成：2013 年 / 在建
床位数：1500 床

苏州大学附属第一医院平江分院

设计公司：同济大学建筑设计研究院（集团）有限公司
项目地点：江苏省苏州市
建筑规模：188 000 平方米
设计 / 建成：2009 年 /2015 年
床位数：1500 床

中国人民解放军南京军区总医院肾病临床医学研究中心综合大楼

设计公司：同济大学建筑设计研究院（集团）有限公司
项目地点：江苏省南京市
建筑规模：41 000 平方米
设计 / 建成：2014 年 / 在建
床位数：400 床

李庄同济医院

设计公司：同济大学建筑设计研究院（集团）有限公司
项目地点：四川省宜宾市
建筑规模：65 687 平方米
设计 / 建成：2012 年 /2016 年
床位数：400 床

四川资阳中医院

设计公司：同济大学建筑设计研究院（集团）有限公司
项目地点：四川省资阳市
建筑规模：110 000 平方米
设计／建成：2010 年 /2017 年
床位数：1200 床

赣州市人民医院新院建设工程

设计公司：同济大学建筑设计研究院（集团）有限公司
项目地点：江西省赣州市
建筑规模：250 000 平方米
设计／建成：2009 年 /2012 年
床位数：1500 床

东方医院南院（浦东医院征地新建工程）

设计公司：同济大学建筑设计研究院（集团）有限公司
项目地点：上海市
建筑规模：100 000 平方米
设计／建成：2008 年 /2012 年
床位数：850 床

闸北区市北医院改扩建

设计公司：同济大学建筑设计研究院（集团）有限公司
项目地点：上海市
建筑规模：33 500 平方米
设计／建成：2008 年 /2012 年
床位数：300 床

上海交通大学医学院附属新华医院医疗保健综合楼改扩建

设计公司：同济大学建筑设计研究院（集团）有限公司
项目地点：上海市
建筑规模：34 800 平方米
设计／建成：2008 年 /2010 年
床位数：476 床

成都军区昆明总医院住院大楼

设计公司：同济大学建筑设计研究院（集团）有限公司
项目地点：云南省昆明市
建筑规模：65 000 平方米
设计／建成：2006 年 /2009 年
床位数：1200 床

兰溪市人民医院异地扩建工程

设计公司：浙江大学建筑设计研究院有限公司
项目地点：浙江省兰溪市
建筑规模：75 962 平方米
设计／建成：2009 年 /2013 年
床位数：950 床

永康中医院迁建工程

设计公司：浙江大学建筑设计研究院有限公司
项目地点：浙江省永康市
建筑规模：79 674 平方米
设计／建成：2014 年／在建
床位数：600 床

海安县人民医院开发区分院

设计公司：浙江大学建筑设计研究院有限公司
项目地点：江苏省南通市
建筑规模：252 000 平方米
设计／建成：2015 年／在建
床位数：1000 床

临安区中医院迁建及康养中心建设

设计公司：浙江大学建筑设计研究院有限公司
项目地点：浙江省杭州市
建筑规模：110 785 平方米
设计／建成：2017 年／在建
床位数：760 床

绍兴市中医院改扩建工程

设计公司：浙江大学建筑设计研究院有限公司
项目地点：浙江省绍兴市
建筑规模：104 330 平方米
设计 / 建成：2019 年 / 设计中
床位数：1000 床

象山县中医院

设计公司：浙江大学建筑设计研究院有限公司
项目地点：浙江省宁波市
建筑规模：76 000 平方米
设计 / 建成：2013 年 / 在建
床位数：520 床

哈尔滨医科大学附属第四医院松北院区

设计公司：哈尔滨工业大学建筑设计研究院
项目地点：黑龙江省哈尔滨市
建筑规模：201 823 平方米
设计 / 建成：2016 年 / 在建
床位数：1000 床

三亚残疾儿童康复中心、三亚哈尔滨医科大学鸿森医院（三亚残疾儿童康复中心）

设计公司：哈尔滨工业大学建筑设计研究院
项目地点：海南省三亚市
建筑规模：59 940 平方米
设计 / 建成：2014 年 /2017 年
床位数：500 床

哈尔滨医科大学附属第四医院门诊外科楼

设计公司：哈尔滨工业大学建筑设计研究院
项目地点：黑龙江省哈尔滨市
建筑规模：136 419 平方米
设计 / 建成：2007 年 /2009 年
床位数：1600 床

盘锦市中心医院

设计公司：哈尔滨工业大学建筑设计研究院
项目地点：辽宁省盘锦市
建筑规模：188 000 平方米
设计 / 建成：2009 年 /2012 年
床位数：2000 床

哈尔滨医科大学附属第一医院门诊保健楼

设计公司：哈尔滨工业大学建筑设计研究院
项目地点：黑龙江省哈尔滨市
建筑规模：78 600 平方米
设计 / 建成：2003 年 /2007 年
床位数：340 床

阜外华中心血管病医院

设计公司：哈尔滨工业大学建筑设计研究院
项目地点：河南省郑州市
建筑规模：204 471 平方米
设计 / 建成：2013 年 / 未建
床位数：1500 床

哈尔滨医科大学附属第一医院群力院区综合性创伤中心（黑龙江省儿童医院）

设计公司：哈尔滨工业大学建筑设计研究院
项目地点：黑龙江省哈尔滨市
建筑规模：74 400 平方米
设计 / 建成：2013 年 /2015 年
床位数：1000 床

哈尔滨医科大学附属第二医院门诊楼

设计公司：哈尔滨工业大学建筑设计研究院
项目地点：黑龙江省哈尔滨市
建筑规模：68 700 平方米
设计 / 建成：2005 年 /2008 年
床位数：1600 床

黑龙江省医院

设计公司：哈尔滨工业大学建筑设计研究院
项目地点：黑龙江省哈尔滨市
建筑规模：135 000 平方米
设计 / 建成：2011 年 /2012 年
床位数：1500 床

哈尔滨医科大学附属肿瘤医院（黑龙江省肿瘤医院）

设计公司：哈尔滨工业大学建筑设计研究院
项目地点：黑龙江省哈尔滨市
建筑规模：103 500 平方米
设计 / 建成：2012 年 /2013 年
床位数：850 床

黑龙江中医药大学附属第一医院国家中医药传承创新工程

设计公司：哈尔滨工业大学建筑设计研究院
项目地点：黑龙江省哈尔滨市
建筑规模：24 000 平方米
设计 / 建成：2017 年 /2018 年
床位数：500 床

黑龙江中医药大学附属第一医院

设计公司：哈尔滨工业大学建筑设计研究院
项目地点：黑龙江省哈尔滨市
建筑规模：62 000 平方米
设计 / 建成：2009 年 /2013 年
床位数：600 床

中国人民解放军第二一一医院外科病房楼

设计公司：哈尔滨工业大学建筑设计研究院
项目地点：黑龙江省哈尔滨市
建筑规模：28 000 平方米
设计 / 建成：2002 年 /2003 年
床位数：300 床

哈尔滨第二四二医院门诊住院楼

设计公司：哈尔滨工业大学建筑设计研究院
项目地点：黑龙江省哈尔滨市
建筑规模：53 000 平方米
设计 / 建成：2010 年 /2013 年
床位数：650 床

沈阳熙康健康管理中心

设计公司：哈尔滨工业大学建筑设计研究院
项目地点：辽宁省沈阳市
建筑规模：18 000 平方米
设计 / 建成：2011 年 /2015 年
床位数：600 床

内蒙古自治区国际蒙医医院扩建项目

设计公司：哈尔滨工业大学建筑设计研究院
项目地点：内蒙古自治区呼和浩特市
建筑规模：183 000 平方米
设计 / 建成：2016 年 /2017 年
床位数：1650 床

道里区人民医院、疾控中心、妇幼保健院

设计公司：哈尔滨工业大学建筑设计研究院
项目地点：黑龙江省哈尔滨市
建筑规模：40 000 平方米
设计 / 建成：2011 年 /2012 年
床位数：330 床

营口市第二人民医院

设计公司：哈尔滨工业大学建筑设计研究院
项目地点：辽宁省营口市
建筑规模：78 000 平方米
设计 / 建成：2010 年 /2017 年
床位数：800 床

营口市妇产儿童医院

设计公司：哈尔滨工业大学建筑设计研究院
项目地点：辽宁省营口市
建筑规模：42 000 平方米
设计 / 建成：2014 年 /2016 年
床位数：330 床

重庆医科大学附属大学城医院

设计公司：重庆大学建筑规划设计研究总院有限公司
项目地点：重庆市
建筑规模：208 536 平方米
设计 / 建成：2010 年 / 2014（一期）
床位数：1500 床（一期 1000 床）

重庆医科大学附属第一医院金山医院

设计公司：重庆大学建筑规划设计研究总院有限公司
项目地点：重庆市
建筑规模:200 776 平方米（一期 112 431 平方米）
设计 / 建成：2004 年 /2017 年（一期）
床位数：1000 床（一期 638 床）

成都中医药大学附属医院改扩建工程（一期）

设计公司：重庆大学建筑规划设计研究总院有限公司
项目地点：四川省成都市
建筑规模：76 000 平方米
设计 / 建成：2006 年 /2012 年
床位数：800 床

重庆铜梁区中医院医疗综合楼

设计公司：重庆大学建筑规划设计研究总院有限公司
项目地点：重庆市
建筑规模：87 627 平方米
设计 / 建成：2019 年 /2020 年预计建成
床位数：866 床

鲁西南医院（一期）

设计公司：重庆大学建筑规划设计研究总院有限公司
项目地点：山东省聊城市
建筑规模：119 081 万平方米
设计 / 建成：2015 年 /2018 年
床位数：600 床（一期）

成都军区总医院干部病房楼

设计公司：重庆大学建筑规划设计研究总院有限公司
项目地点：四川省成都市
建筑规模：35 000 平方米
设计 / 建成：2008 年 /2012 年
床位数：536 床

第三军医大学重庆新桥医院第三住院楼

设计公司：重庆大学建筑规划设计研究总院有限公司
项目地点：重庆市
建筑规模：55 000 平方米
设计 / 建成：2008 年 /2010 年
床位数：910 床

重庆医科大学附属儿童医院礼嘉分院门急诊楼

设计公司：重庆大学建筑规划设计研究总院有限公司
项目地点：重庆市
建筑规模：48 000 平方米
设计 / 建成：2006 年 /2012 年
门诊量：3000 人次 / 日

重庆医科大学附属口腔医院北部分院

设计公司：重庆大学建筑规划设计研究总院有限公司
项目地点：重庆市
建筑规模：47 000 平方米
设计 / 建成：2008 年 /2013 年
床位数：400 张牙椅、50 张病床

重庆市肿瘤防治中心二期工程

设计公司：重庆大学建筑规划设计研究总院有限公司
项目地点：重庆市
建筑规模：104 000 平方米
设计 / 建成：2013 年 /2017 年
床位数：1000 床

威宁县人民医院整体搬迁工程

设计公司：重庆大学建筑规划设计研究总院有限公司
项目地点：贵州省威宁县
建筑规模：131 000 平方米
设计 / 建成：2016 年 / 在建
床位数：1000 床

昌都市妇幼保健院（妇女儿童医院）

设计公司：重庆大学建筑规划设计研究总院有限公司
项目地点：西藏自治区昌都市
建筑规模：48 000 万平方米
设计 / 建成：2015 年 /2019
床位数：300 床

重庆市急救医疗中心门诊住院综合楼

设计公司：重庆大学建筑规划设计研究总院有限公司
项目地点：重庆市
建筑规模：80 000 万平方米
设计 / 建成：2012 年 /2017 年
床位数：810 床

第三军医大学重庆西南医院外科大楼

设计公司：重庆大学建筑规划设计研究总院有限公司
项目地点：重庆市
建筑规模：97 000 平方米
合作单位：北京联华建筑事务所有限公司
设计 / 建成：2001 年 /2003 年
床位数：1278 床

重庆市龙兴医院

设计公司：重庆大学建筑规划设计研究总院有限公司
项目地点：重庆市
建筑规模：70 000 平方米
设计 / 建成：2018 年 / 设计中
床位数：500 床

昌都市人民医院

设计公司：重庆大学建筑规划设计研究总院有限公司
项目地点：西藏自治区昌都市
建筑规模：53 000 平方米
设计 / 建成：2016 年 /2019
床位数：640 床

第三军医大学重庆新桥医院门急诊楼

设计公司：重庆大学建筑规划设计研究总院有限公司
项目地点：重庆市
建筑规模：72 000 平方米
合作单位：深圳市建筑设计研究总院
设计 / 建成：2008 年 /2010 年
门诊量：7000 人次 / 日

第三军医大学重庆西南医院门急诊楼

设计公司：重庆大学建筑规划设计研究总院有限公司
项目地点：重庆市
建筑规模：78 000 平方米
合作单位：北京联华建筑事务有限公司
设计 / 建成：2005 年 /2006 年
门诊量：10000 人次 / 日

重庆市两江新区第二人民医院

设计公司：重庆大学建筑规划设计研究总院有限公司
项目地点：重庆市
建筑规模：10 000 平方米
设计 / 建成：2019 年 / 设计中
床位数：700 床

汉中市中心医院门诊综合楼

设计公司：重庆大学建筑规划设计研究总院有限公司
项目地点：陕西省汉中市
建筑规模：55 000 平方米
设计 / 建成：2010 年 /2014 年
床位数：500 床

解放军第三医院

设计公司：重庆大学建筑规划设计研究总院有限公司
项目地点：陕西省宝鸡市
建筑规模：70 000 平方米
设计 / 建成：2013 年 /2020 预计建成
床位数：600 床

第三军医大学重庆大坪医院住院综合大楼

设计公司：重庆大学建筑规划设计研究总院有限公司
项目地点：重庆市
建筑规模：112 000 平方米
合作单位：麦子敬建筑师事务所
设计 / 建成：2006 年 / 2007 年
床位数：1200 床

雅安卫生计生服务中心（雅安市人民医院）

设计公司：重庆大学建筑规划设计研究总院有限公司
项目地点：四川省雅安市
建筑规模：136 000 平方米
设计 / 建成：2014 年 /2017 年
床位数：1000 床

重庆医科大学附属第一医院综合楼

设计公司：重庆大学建筑规划设计研究总院有限公司
项目地点：重庆市
建筑规模：90 000 平方米
设计 / 建成：2006 年 /2013 年
床位数：780 床

重庆市涪陵中心医院病房大楼

设计公司：重庆大学建筑规划设计研究总院有限公司
项目地点：重庆市
建筑规模：49 000 平方米
设计 / 建成：2008 年 / 2012 年
床位数：500 床

长寿区人民医院北城分院

设计公司：重庆大学建筑规划设计研究总院有限公司
项目地点：重庆市
建筑规模：123 000 平方米
设计 / 建成：2016 年 /2020 年预计建成
床位数：1000 床

安顺市西秀区人民医院二期工程

设计公司：重庆大学建筑规划设计研究总院有限公司
项目地点：贵州省安顺市
建筑规模：95 000 平方米
设计 / 建成：2019 年 / 设计中
床位数：800 床

第三军医大学重庆新桥医院主病房大楼

设计公司：重庆大学建筑规划设计研究总院有限公司
项目地点：重庆市
建筑规模：58 400 平方米
设计 / 建成：2002 年 /2005 年
床位数：950 床

晋煤集团总医院改扩建项目

设计公司：重庆大学建筑规划设计研究总院有限公司
项目地点：山西省晋城市
建筑规模：214 383 平方米（一期 42 000 平方米）
设计 / 建成：2012 年 /2016 年（一期建成，二期设计中）
床位数：住院 1500 床、康复 500 床

图书在版编目(CIP)数据

优秀医疗建筑作品集／江立敏等编 .—桂林：广西师范大学出版社，2019.9
ISBN 978-7-5598-2161-4

Ⅰ. ①优… Ⅱ. ①江… Ⅲ. ①医院－建筑设计－作品集－中国－现代 Ⅳ. ① TU246

中国版本图书馆 CIP 数据核字 (2019) 第 189114 号

出 品 人：刘广汉
责任编辑：肖　莉
助理编辑：冯晓旭
装帧设计：马韵蕾

广西师范大学出版社出版发行
(广西桂林市五里店路 9 号　　邮政编码：541004
网址：http://www.bbtpress.com)
出版人：张艺兵
全国新华书店经销
销售热线：021-65200318　021-31260822-898
广州市番禺艺彩印刷联合有限公司印刷
(广州市番禺区石基镇小龙村 邮政编码:511400)
开本：889mm × 1 194mm　1/16
印张：19.5　字数：488 千字
2019 年 9 月第 1 版　2019 年 9 月第 1 次印刷
定价：288.00 元